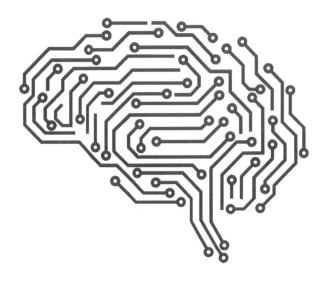

Research

idea

from Zero to Mastery

科研选题
从零开始到精通

吴志根 ———— 著

ZHEJIANG UNIVERSITY PRESS
浙江大学出版社
·杭州·

图书在版编目（CIP）数据

科研选题：从零开始到精通 / 吴志根著. — 杭州：
浙江大学出版社, 2024.2
ISBN 978-7-308-24076-5

Ⅰ.①科… Ⅱ.①吴… Ⅲ.①科研课题－方法 Ⅳ.
①G311

中国国家版本馆CIP数据核字(2023)第145856号

科研选题：从零开始到精通
KEYAN XUANTI: CONG LING KAISHI DAO JINGTONG

吴志根　著

策划编辑　李　晨
责任编辑　李　晨
责任校对　高士吟
封面设计　春天书装
出版发行　浙江大学出版社
　　　　　（杭州市天目山路148号　　邮政编码　310007）
　　　　　（网址：http://www.zjupress.com）
排　　版　杭州林智广告有限公司
印　　刷　杭州捷派印务有限公司
开　　本　710mm×1000mm　1/16
印　　张　23.75
字　　数　375千
版 印 次　2024年2月第1版　2024年2月第1次印刷
书　　号　ISBN 978-308-24076-5
定　　价　78.00元

为什么写这本书?

　　距离我的上一本专著《国际高水平 SCI 论文写作和发表指南》的出版已 4 年多。在此期间,《国际高水平 SCI 论文写作和发表指南》有幸得到了广大科研人员的厚爱,在此深感荣幸。然而在与读者深入接触的过程中,我强烈感受到很多研究生和年轻科研教师即便掌握了高水平学术论文的写作方法,也苦恼于没有高质量的内容素材,处于"巧妇难为无米之炊"的尴尬境地。这也好理解,如果研究课题的选题质量不高、方案设计出错、数据分析不合适,再高超的写作技巧也无济于事。其中,我遇到更多的是尚且处于科研生涯早期的读者,他们研究的课题还没有确定或者处于不断被导师否定选题的阶段,于是非常焦急地向我求助如何高效阅读论文和提炼选题。

　　多年深耕科研指导的我,自然受到了上述现状的启发,萌生了撰写本书的想法。在深入调研分析后,我确实发现市面上缺乏一本适合早期科研人员开展文献调研和选题确定的高质量教材。这可能是因为这个阶段不受广大科研人员重视,毕竟选题质量即便低一些也不会立马带来负面影响。这不像论文,如果不发表就不能毕业或不能成功晋升职称。实际上,对于有多年科研经验的研究人员来说,他们都能体会到找准选题方向的重要性。正如诺贝尔物理学奖获得者杨振宁先生所言,"对于一个研究生,对他将来影响最大的,不是学会一两个技术或是怎么做实验的方法,而是要找到一个将来有发展的领域。这是他们一生最重要的事情。我看过上千个博士生,有的 10 年以后非常成功,有的却失败了。不是因为成功的比不成功的聪明多少、努力多少,就是非常简单的一句话:有人找到了正确方向,有人却走进了穷途末路,费了很多时间得不出结果。所以,我给研究生一句话：要清楚方向，选对方向！"

要解决没有科研想法或选题质量低下的问题，实属不易。在我看来，至少需要具备以下三个方面的认知和技能：（1）树立正确的选题思维，有利于少走弯路和节约宝贵时间；（2）掌握文献检索和文献阅读及总结分析的优秀技能，这个基本功越扎实，科研点子就越可能迸发出来；（3）熟悉提炼想法的思路和方式方法，为从文献和实践工作中挖掘出优质科研想法提供有效工具。鉴于此，我开始了针对性研究，并且在和科研人员的互动交流中，不断修改完善，最终形成了本书。

本书适用人群

硕博研究生：撰写开题报告、毕业论文和学术论文。

教师/医生：撰写基金申请书、研究计划和学术论文。

本科生：撰写本科毕业论文和学术论文。

其他研发人员：研究项目立项。

内容简介和特色

本书基于笔者针对自己常年指导广大科研人员从事科学研究时收集的痛点问题而开展的调查和研究，包含完整的文献调研和提炼科研想法的全过程，也包含辅助选题的思维。本书从认识文献和期刊开始，引导培养正确的文献调研和选题思维，从而在全局上树立正确的选题观。接着介绍如何从零基础开始进行中英文文献检索、高效阅读和总结分析，配上常见的确定选题方向和提炼想法的策略及方法，以此为确定高质量选题提供扎实的知识储备和实用的方法，同时有利于实现其他调研目的，比如学习专业知识。为了提升选题效率，书中还给出了文献调研的 10 个锦囊。

本书内容具有以下特征：

覆盖面完整，包含整个文献调研、阅读和想法提炼过程，也介绍了从实践工作中提炼选题想法的思路。本书可以成为选题确定的工具书。

适用面广，既有基础的文献知识介绍和阅读英文文献所需要的长难句分析教学，也有深入的文献阅读和提炼选题想法的方法传授。因此，读者不管是否拥有丰富的科研经验，都可以从中获得针对性的帮助。

逻辑循序渐进，前后贯通成体系，力求深入浅出和易于理解。

实操性强，提供了临床医学、土木工程、管理学等多个学科的案例分析，便于不同学科的科研人模仿学习。

本书还有什么使命/梦想？

磨刀不误砍柴工，优秀的文献调研和选题思路就像一把锋利的手术刀，可以让你精准剖析国内外最新的学术成果，并抽丝剥茧出优秀的科研想法，非常值得每位读者去好好"打磨"它。笔者衷心希望本书能成为读者的"磨刀石"，帮助读者在确定选题想法方面不再迷茫，不再走弯路。

如何阅读能产生最好的效果？

读者可根据自己所在的不同科研阶段和阅读目的选择对应的章节。比如刚成为研究生的读者，可以从基础的认识学术文献和期刊及选题思维入手阅读（第1、2章）；想提高阅读英文文献效率的读者，可以集中阅读第5至7章；想提高文献检索效率的读者，可以阅读第3章；已经有一定科研项目基础的读者，基本具备阅读论文的基础，可以跳到第7和第8章开展深入的论文精读和想法提炼。此外，读者通过阅读案例分析进行练习，并结合自己的研究内容进行调整优化，就能快速收获阅读成效。

尽管本书经历了4年多的研发和打磨，必定存在着诸多考虑不周之处，恳请各位读者批评指正，提出宝贵意见。在本书的撰写过程中，笔者得到了研淳Papergoing团队及各位同事的大力支持，他们为案例分析提供了许多素材，也参与了部分初稿内容的整理与编辑，在此表示衷心感谢。

吴志根

2024年2月

目　录

认识学术文献和期刊

　　运动员每天需要做体能练习以增强基本功。对于科研人员来说，经常阅读学术文献就是增强科研基本功和更新知识的主要方式之一。然而，笔者发现很多科研新手对文献的种类、基本格式、关键要素、特定功能等缺乏了解，经常迷失于汗牛充栋的文献丛林中（如教材、专著、论文），漏读重要文献或者因为阅读顺序不对而浪费宝贵时间。

　　试想，一名科研新手不了解学术文献的种类和阅读顺序，一开始就直接阅读高水平英文论文，毫无疑问他会碰壁，甚至会误以为科研太难而失去信心。如果懂得循序渐进、由浅入深地阅读文献，比如先从教材入手学习专业知识和基本原理，就会降低科研起步的难度，增强自己的信心。即使是阅读中文论文，如果我们对论文内容要素和写作逻辑都很陌生，阅读效率和吸收效果也会大打折扣。

　　对于发表学术成果最主要的载体——学术期刊，很多科研新手更是知之甚少。如果不了解核心期刊、ESCI 或 SCI 期刊、掠夺性期刊、预警期刊，以及投审稿过程等概念，可能导致检索文献时只看论文信息而忽略期刊信息，错失辅助判断论文质量的机会。同时也会错失通过期刊关键信息，如编委名单和发表范围，初步了解一个学科领域的研究方向的机会。此外，他们也会在论文投稿阶段未能合理选定目标期刊而频繁被拒稿，浪费大量时间。

　　就像运动员在比赛之前要热身，科研人员在下载和阅读大量学术文献前，首先要明白学术文献是什么，来自哪里，它有哪些种类，对我们做科研有什么帮助。只有认识了学术文献和期刊，了解其功能之后，我们才能更有针对性地筛选、阅读文献和掌握知识点，否则就容易像运动员一样由于没有热身而"受伤"（这里指盲目下载论文、乱读文献而失去阅读兴趣和信心）。在本书的第 1 章中，笔者将对学术文献和期刊进行全面和详细介绍，帮助大家理解各类文献的特点、论文的内容要素、中英文学术期刊的关键知识和遴选体系，并介绍如何通过阅读学术文献将知识点应用在各种文体（如开题报告、科研计划、论文）的写作上。通过本章的讲述，笔者希望读者能对学术文献和期刊及其功能有一个较完整和清晰的认识，为之后进行高效筛选和阅读文献打好坚实基础。

1.1 学术文献定义和种类

学术文献（academic literature）是发表科学研究成果的特定载体，主要以文字（如论文）、图像（如实验照片）、视频（如实验操作过程）、音频（如物体开裂声音）等形式存在。在科研活动中，我们最常接触的学术文献主要有图书（专业教材、学术专著、词典）、论文、特种文献和学术视频这四大类。

1.1.1 图书

图书作为一种传统印刷出版物，具有特定的书名和著者名，编有国际标准书号，有出版商、出版地和出版年份，有定价且受版权保护（一般版权期限为作者有生之年及去世后 50 年）。在各式各样的图书类型当中，专业教材、学术专著和词典是我们进行学术研究、撰写论文的重要参考图书。

（1）专业教材

专业教材通常由一位或者多位专家学者将所在学科领域内的专业知识编纂整理成书，通常是专业课程的配套教材。例如，由贲可荣和张彦铎编著，清华大学出版社出版的高等教育计算机教育规划教材《人工智能》就是一本典型的面向计算机专业学生的教材。

如果一本专业教材不断被更新和再版，说明受到师生的广泛认可和推崇。这样畅销的专业教材就可以被称作经典教材，在一届又一届学生当中留下好口碑。

例如，美国著名经济学家保罗·萨缪尔森所著的 *Economics*（《经济学》）就是一本影响了海内外众多学者的经济学经典教材。《经济学》首版于1948年，在全球范围内已被翻译成40多种文字，销量超千万册，目前国内已出版至第19版。经典教材通常是由行业内知名学者编撰并不断更新，在质量上追求精益求精。据笔者了解，国际上有些经典教材是学者们几乎汇聚其一生研究成果编撰而成，因此每个专业上的经典教材一般只有一到两本。

做科研首先要熟悉所研究学科领域的知识，教材是指导我们学习专业知识的重要工具。专业教材在内容的编排上通常比较翔实，注重基础性、通用性和入门性，系统而全面地总结了学科的知识理论结构。对专业教材的阅读和学习有助于我们了解学科全貌，获得扎实的学科专业知识，成为我们日后进行科研活动的土壤。

在结构的编排上，专业教材通常采用螺旋式编排，将学科知识由简单到复杂、由浅入深逐步演化，前后章节内容相互联系、环环相扣。这种编排方式符合大部分人由浅入深的学习和认知规律，有助于提升理解和吸收专业知识的效率。我们以土木工程领域知名学者内维尔教授编著的专业教材 *Properties of Concrete*（《混凝土性能》）为代表进行说明。为方便不同专业的读者理解，笔者将教材目录翻译成中文进行展示。

图1.1所示的是这本教材14章内容的编排结构。作者首先介绍制备混凝土样本的两大材料——水泥和骨料（骨料可理解成沙子和石头），然后分析混凝土的性能，先介绍材料搅拌后的基本性能，过渡到混凝土硬化后的四大关键性能的说明，最后补充解释其他方面的知识，包括测试方法、特殊性能混凝土和混凝土配合比设计。我们可以看出，作者在展示混凝土较为复杂的关键性能知识前，先讲解较为简单的基本性能。同时，按混凝土性能发展的先后顺序先展示未硬化前的搅拌性能再介绍硬化性能。由此可见整体结构编排由浅入深、层层递进。

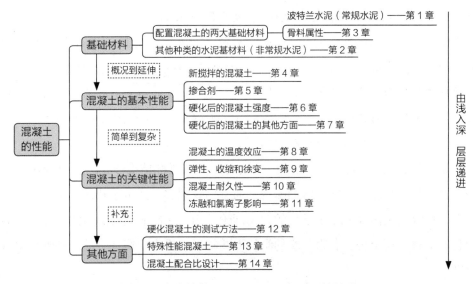

图 1.1　专业教材 *Properties of Concrete* 的目录

（2）学术专著

学术专著指的是国内外专家学者对某一学科领域或某一科研专题进行较为集中、系统、全面、深入论述的著作，一般对特定的科学问题有独到见解，自成体系，是研究人员积累的高质量研究成果的集中汇总。学术专著以本学科领域内的专家和研究人员为主要读者，也可以作为同学科研究生的教学参考用书。例如，上海科学技术出版社出版的《大气气溶胶和雾霾新论》就是由著名学者庄国顺教授撰写的特定学科领域的学术专著（见图 1.2）。该书专门论述了大气气溶胶与雾霾的形成机制及其对气候变化的影响，凝聚了作者 20 多年来参与的大型科研项目的成果。全书包含 7 篇，共 70 章研究内容，页数超过 1000 页，字数多达 126 万字。

图 1.2　学术专著《大气气溶胶和雾霾新论》

还有一类学术专著是针对某一个具体科研专题的系统回顾与深入论述。例如，浙江大学出版社出版的《可信软件基础研究》是国家自然科学基金重大研究计划"可信软件基础研究"的出版成果，针对国家关键领域中软件的可信问题，从基础理论体系、方法与平台架构、典型应用示范等方面对可信软件进行了深入研究。从它的目录结构中我们可以看出（见图1.3），针对特定科研专题的学术专著包含科研专项项目的概况、研究现状和发展趋势、研究成果和未来展望。这与学术论文的内容较为相似，但是学术专著是对整体科研专项成果的集中深入论述，内容上更加丰富，更成体系。

目　录

第1章　项目概况
1.1 项目介绍
1.2 项目布局
1.3 取得的重大进展
第2章　国内外研究情况
2.1 国内外研究现状
2.2 发展趋势
2.3 领域发展态势
第3章　重大研究成果
3.1 可信网络交易软件系统试验环境与示范应用
3.2 多维在线跨语言Calling Network建模及其在可信国家
电子税务软件中的实证应用
3.3 面向车联网的可信网络应用软件系统试验环境与示范
应用
3.4 航天嵌入式软件可信性保障集成环境和示范验证与应
用
3.5 可信软件理论、方法集成与综合实验平台
第4章　展望
4.1 国内存在的不足和战略需求
4.2 深入研究的设想和建议
参考文献
成果附录
索引

图 1.3　学术专著《可信软件基础研究》目录

对科研人员来说，阅读学术专著可以全面系统地了解学科领域内的研究进展和研究发展趋势，省去了一篇篇寻找该领域相关论文的麻烦。当然，如果我们对某一同行的研究非常感兴趣，也可以阅读其专著，以便系统地了解该作者的代表性研究成果。

对于专业教材和学术专著等图书，可以在数据库中检索，其中 BKCI（Book Citation Index，图书引文索引）就是 Web of Science 于 2005 年推出的专门收录学术图书的数据库，包括科学图书引文索引（BKCI-S）和社会与人文图书索引（BKCI-SSH）。其中自然科学领域的图书约占 40%，社会与人文领域的图书约占 60%。截至 2023 年 10 月，BKCI 共收录学术图书约 116000 种，每年新增图书约 10000 种。科研人员可以通过它检索全球高质量的学术图书资源，具体的检索方式将在第 3 章中英文文献高效检索中讲解。

（3）词典

通过查阅词典来了解词语的含义和用法，这是我们在小学就会的技能。同样的，我们在做科研时如果遇到不理解的专业词汇、学术词汇及常用句式，也可以查阅相关专业的词典。专业词汇比较好理解，那么这里的学术词汇指什么呢？它是指学术文献中出现的高频词汇，不与专业相关，如 improve、significant 等词。关于如何系统学习学术和专业词汇，可参考本书第 6 章。

对于中国科研人员来说，我们需要同时熟悉中文和英文词汇，以及它们之间的对应关系，因此就需要配备中文、英英、英汉词典。笔者在这里给大家推荐一些适合中国科研人员使用的词典，包含专业词汇和学术词汇。它们既有纸质版也有在线版，展示在表 1.1 中。

表 1.1 　中英文学术词典推荐

词典类型	名称	主要功能	获取方式
中文词典	中国规范术语	包含不同学科的中文专业词汇翻译与解释	http://shuyu.cnki.net
	术语在线	中文专业词汇解释，包含不同学科，兼备翻译与解释	https://www.termonline.cn/index
汉英词典	知网工具书库	专业术语翻译，包含不同学科，兼备翻译与解释	https://gongjushu.cnki.net/rbook
英汉词典	知网翻译助手	专业词汇翻译或查询，提供不同学科的多个翻译结果与中英双语例句	http://dict.cnki.net
	研淳 Papergoing 专业词汇库	专业词汇翻译或查询，包含多个学科	https://member.papergoing.com/words

续表

词典类型	名称	主要功能	获取方式
英英词典	柯林斯 Collins 线上词典	专业词汇翻译和释义，并提供语法解释和同义词	https://www.collinsdictionary.com/zh
	牛津大学出版社 *Oxford Learner's Dictionary of Academic English*	提供学术词汇和专业词汇的解释，以及词汇的使用方式与例句	外文书店或者手机下载对应书名的 APP
	ScienceDirect Topics	提供专业词汇解释，可选择不同学科领域，其词汇解释来源于专业教材	https://www.elsevier.com/solutions/sciencedirect/topics

1.1.2　论文

教材等图书类型的文献虽然比较全面和丰富，但图书的撰写和出版周期较长，反映的学术内容往往不能代表最新研究成果。相对而言，论文的发表周期较短，能及时反映科研进展，是我们进行科学研究最重要的学术文献。这使得我们在进行科研活动时需要经常查阅论文。此外，在申报科研项目（如基金项目）、汇报科研成果、获取学位、评定职称、申报奖项时，或多或少也会有发表不同层次学术论文的要求。总之，除了阅读论文，科研人员还需要写作和发表论文。

（1）论文的种类

根据论文发表的场合不同，论文主要分成三大类：期刊论文、会议论文和学位论文。顾名思义，期刊论文发表在学术期刊上，会议论文发表在会议论文集中，而学位论文则是毕业生为了通过学位答辩，将研究成果汇总在一起的一种文体形式，也会被收录到知网（中文学位论文）和 ProQuest Dissertations & Theses Global（英文学位论文）等数据库中。接下来，笔者就分别介绍期刊论文、会议论文和学位论文的概念、评议、出版等基本知识。

① 期刊论文。期刊论文的主要类型是原创性论文，也包括少量的综述、通讯、案例研究等。关于它们的区别可参考笔者的另一本著作《国际高水平 SCI 论文写作和发表指南》第 2 讲。

期刊论文主要是指研究人员针对某一科研想法进行深入研究，并取得创新重要结果后经过汇总和分析向相关学术期刊投稿，并经过同行评议后发表的一种内容载体，图 1.4 展示的就是笔者发表在 SCI 期刊 *Cement and Concrete Research* （《水泥与混凝土研究》）上的一篇原创性期刊论文。相较教材和学术专著而言，期刊论文需要经过国际同行的评议，因此内容质量更高，观点更严谨。而且，其发表周期较短（一般为 3 个月到一年），时效性强，对相关课题研究具有针对性，能及时反映当前学术研究的前沿动态，是研究人员获取学科和研究领域信息最快捷和最主要的途径。

Cement and Concrete Research
Volume 68, February 2015, Pages 35-48

ELSEVIER

Influence of drying-induced microcracking and related size effects on mass transport properties of concrete

Z. Wu ✉, H.S. Wong, N.R. Buenfeld

Show more ∨

⸰ Share   ⸰⸰ Cite

https://doi.org/10.1016/j.cemconres.2014.10.018   Get rights and content

Abstract

Microcracking has been suspected of influencing the transport properties and durability of concrete structures, but the nature and extent of this influence is unclear. This paper focuses on the influence of drying-induced microcracking. Samples were prepared with sample thickness/maximum aggregate size (t/MSA) ratios ranging from 2 to 20 and dried to equilibrium at 105 °C or 50 °C/7% RH or 21 °C (stepwise: 93% RH → 55% RH) prior to characterisation of microcracks and transport tests. Results show for the first time that there is a significant size effect on microcracks and transport properties. Samples with smaller t/MSA had more severe microcracking and higher gas permeability. Gas permeability decreased with increasing t/MSA (for a decreasing MSA), and remained constant beyond t/MSA of

图 1.4　笔者发表的一篇 SCI 期刊论文

　　期刊论文主要是回答研究了什么、为什么要研究、采用什么方法研究、得到了什么和研究成果有什么价值意义等问题，以推进对某个科学问题的理解。其诞生过程包括作者撰写稿件、作者向某期刊投稿，期刊编辑组织研究同行（即审稿人）审阅，作者根据审阅意见相应修改文章后再投稿进行二次审阅直到得到审稿人和编辑的认可和录用，最后出版发行。目前以数字电子版论文为主，少数期刊还发行纸质版论文。图 1.4 所示的期刊论文发表在期刊 *Cement and Concrete Research* 的第 68 卷的第 35 到 48 页中。该期刊由全球知名的爱思唯尔（Elsevier）国际学术出版社出版发行。

　　② 会议论文。期刊论文是作者向学术期刊投稿发表的论文，而会议论文则是向学术会议组织者投稿发表的论文。其包含的内容和写作结构与期刊论文一致，但是侧重点和篇幅会有所不同。会议论文更强调分享和交流学术新观点，讲究及时性，有时为了能及时向业内同行传递新的研究发现与研究成果，一些尚未完成的研究也会先以会议论文的形式发表。而在期刊论文中则需要对所提出的新观点进行详细分析和论证，内容更加丰富、完整和透彻。这也使得期刊论文的内容质量要普遍高于会议论文，字数也普遍更多。对于时效性很强的学科，比如计算机科学，很多研究人员会选择先发表国际会议论文，后续再扩充成期刊论文发表。举例来说，Rang Nguyen（冉·阮）和 Michael Brown（迈克尔·布朗）在 2016 年国际会议 IEEE Conference on Computer Vision and Pattern Recognition 上发表了论文 "Raw Image Reconstruction Using a Self-Contained sRGB–JPEG Image with only 64 KB Overhead"。到了 2018 年，他们再次发表了类似内容的期刊论文 "RAW Image Reconstruction Using a Self-Contained sRGB–JPEG Image with Small Memory Overhead"，该论文发表在计算机—人工智能领域 SCI 期刊 *International Journal of Computer Vision*（《国际计算机视觉期刊》）上，2022 年影响因子为 19.5。需要注意的是，为了避免学术不端，期刊论文需要在会议论文的基础上进行再次加工，补充新内容（笔者建议扩充 1/3 内容）以使论文更丰富和透彻。

　　像期刊论文一样，会议论文在录用前也需要进行同行评议，但是由于其更加注重同行交流，审稿严格程度一般要低于期刊论文。对于想要快速发表论文的科研工作者和海外留学申请人来说，向国内外学术会议投稿也不失为发表论文的一条捷径。科研人员的会议论文被录用后，还可以获得上台汇报论文内容和通过张贴海报（poster）展示论文关键内容的机会。这不仅可以让论文作者与国内外同行当面交流研究成果，还可以获得同行的讨论与反馈，进而完善自己的研究思路，发表高质量期刊论文。会议交流还可以认识同行，拓宽人脉，获得项目合作的机会。

　　大部分学术会议会将收录的论文整理成论文集出版。而对于质量上佳的会议论文，还有机会获得会议主办方的邀请，发表在学术期刊上。例如，图 1.5 展示的是笔者的一篇期刊论文，就是在笔者参加完第 33 届水泥与混凝土科学会议后，受邀得以快速发表在 SCI 期刊 *Advances in Applied Ceramics*（《应用陶瓷的进展》）上。

Effect of confining pressure and microcracks on mass transport properties of concrete

Z. Wu*, H. S. Wong and N. R. Buenfeld

This paper investigates the effect of low confining pressure on transport properties of cement based materials and establishes if it can be used to study the influence of microcracks on transport. Oxygen diffusivity and permeability of paste and concrete (w/c ratios: 0·35 and 0·50; curing ages: 3 and 28 days) were measured at increasing confining pressures up to 1·9 MPa (4–8% of 3 day compressive strength). Before transport testing, samples were subjected to gentle stepwise drying at 21°C or severe oven drying at 105°C to induce microcracking. Microcracks were quantified using fluorescence microscopy and image analysis. Permeability decreased significantly with increasing confining pressure and this was more significant for samples with a greater degree of microcracking. Image analysis shows that microcracks undergo partial closure when confined, but the total accessible porosity was not significantly affected. Implications of these results with respect to the influence of microcracks on transport properties are discussed.

Keywords: Microcrack, Microstructure, Permeability, Diffusivity, Transport properties, Confining pressure, Durability, Cement-based materials

This paper is part of a special issue on cement and concrete science

Introduction

The transport properties of cementitious materials have been studied for many decades. This is because movement of aggressive species such as chlorides, carbon dioxide, oxygen, sulphates and alkalis are responsible for most deterioration processes affecting concrete structures including reinforcement corrosion, sulphate attack and alkali-aggregate reaction.

Many transport tests, such as gas diffusion, gas permeation and water permeation, require the sample to be confined and sealed to prevent leakage through the sides of the sample during testing. The sample can be sealed using a variety of methods. These include sealing with epoxy and silicone,[1-3] or by mechanically loading a rubber ring that expands laterally to seal the sample,[4,5] or by air/oil pressure through a rubber sleeve or membrane (Hassler cell).[6-8]

However, it is not common to specify, measure, or report the confining pressure applied on the sample in research publications. Where this information is available, we observed that a large variation in confining pressure ranging from 0·7 up to 5·4 MPa has been used in previous studies.[4,9,10] This is surprising because concerns may be raised regarding possible fluid leakage through the sides of test samples when a low confining pressure is used. Similarly, damage to the microstructure may occur if samples are subjected to a high confining pressure.[11,12] Furthermore, concrete inevitably suffers from microcracking due to tensile stresses from drying shrinkage and thermal effects. These microcracks may close up when the sample is confined, which may subsequently influence the measured transport properties. However, the effect of confining pressure and microcracks on the transport properties of concrete is not well understood. Consequently the correct procedure for measuring the transport properties of microcracked concrete is uncertain.

Numerous studies have been carried to understand the effect of mechanical load induced microcracks on transport properties of cementitious materials. In many studies, the samples were subjected to stresses to induce cracking, unloaded and then tested for transport properties.[1,3,13-19] In some studies, transport measurements were carried out while the sample was simultaneously subjected to a load.[8,12,20-22] However, very few studies have been carried out on the relationship between cracks and transport properties of concrete, where the crack characteristics and transport properties were simultaneously measured under load.[21,22]

Most of the literature reviewed above concerns the transport properties of concretes containing mechanically-induced damage produced by loading the sample at 30 up to 100% of ultimate strength or by controlling the crack opening displacement from 25 μm up to 0·55 mm that produces relatively large cracks. There is generally a lack of studies on the influence of drying induced microcracks and this is surprising considering that most concrete structures are subjected to drying shrinkage. This is partly due to the fact that drying induced microcracks are small (<10 μm) and heterogeneous, and partly due to difficulties in studying microcracks in controlled experiments. There are also difficulties in isolating the influence of microcracks from other factors such as moisture content and accessible porosity that inevitably change when concrete is dried and have major influences on transport.

Department of Civil and Environmental Engineering, Imperial College London SW7 2AZ, UK

*Corresponding author, email z.wu10@imperial.ac.uk

© 2014 Institute of Materials, Minerals and Mining
Published by Maney on behalf of the Institute
Received 12 July 2014; accepted 8 August 2014
DOI 10.1179/1743676114Y.0000000197

Advances in Applied Ceramics　2014　VOL 113　NO 8　485

图 1.5　会议论文完善后发表在 SCI 期刊上

　　学术会议是最主要的科研活动之一，因此每个领域基本上都有相应的在国内外举办相应的学术会议。例如，成立于 1962 年的 ACL（Annual Meeting of the Association for Computational Linguistics，计算语言学协会年会），是自然语言处理与计算语言学领域最高级别的学术会议，由计算语言学协会主办，每年举办一次，代表了国际计算语言学的最高水平。

高质量会议论文在被发表后，就会被各种学术检索库收录。其中最知名的是科睿唯安（Clarivate）公司旗下的 Web of Science 数据库的子库 CPCI（Conference Proceedings Citation Index，会议论文引文索引），其由原来的 ISTP（科技会议录索引）和 ISSHP（社会科学及人文科学会议索引）在 2018 年 10 月 20 日合并而成。CPCI 又可分成 CPCI-S 和 CPCI-SSH。S 代表 science（科学），SSH 代表 social science & humanities（社会科学和人文），因此包含学科门类较为齐全。我们可以通过高校或研究机构访问 Web of Science 官网，选择 CPCI 数据库检索会议论文。

除了 CPCI 数据库，EI 会议在工程界也较为知名。在谷歌上搜索"EI conference + 学科 + 年份"，例如"EI conference material science 2022"，就可以检索到 2022 年材料科学领域被 EI 收录的会议信息。想查看以往有哪些会议被 EI 收录，具体可参考本章第 1.6 节中提供的查询方式。

③ 学位论文。对某一学科进行系统学习后，学生为了获取相应学位，在导师的指导下从事科研课题的研究，并将课题成果撰写成研究报告。通过指导老师和专家审核后，该研究报告就成为一篇系统性较强的学位论文。

按研究成果的丰富程度、内容的深度和广度以及学位层次，学位论文可分为学士学位论文、硕士学位论文和博士学位论文。撰写学位论文想必大家都经历过，或是即将经历。一旦毕业论文通过不了审核，毕业生就拿不到学位证书。它已成为国内外本科和研究生获取学位的关键环节。

国务院学位委员会和教育部在 2020 年 9 月 25 日发布的《关于进一步严格规范学位与研究生教育质量管理的若干意见》中，提出了明确的规范学位论文质量的管理意见。这使得国内各个高校也像西方世界名校一样将学位论文的质量要求提到了显著位置，特别是博士学位论文。例如江南大学、东南大学等高校要求严格落实学位论文评审工作，对博士学位论文实行全盲审。全盲审是指所有审阅老

师均不知道论文作者的名字，有利于审阅老师给出客观公正的意见。清华大学则是明确学位论文是学位评定的主要依据，这和笔者的母校帝国理工大学一致。

学位论文还被广大研究生称为"大论文"。这是因为学位论文的主要内容是发表于被称为"小论文"的期刊论文内容的汇总。在内容结构上，学位论文主要包括引言、文献综述、研究方法、研究结果和结论、研究价值和未来研究建议等内容。与期刊论文和会议论文相比，学位论文的篇幅更长，包含更全面、更系统和更基础的知识内容，是一项研究课题所有成果的汇总凝练，而期刊论文和会议论文则通常是针对某一特定具体问题的研究论述，篇幅较短。

因此，在文献调研阶段，如果我们想系统性地了解某项课题或者课题相关的背景知识，我们就可以阅读对应的博士或硕士学位论文。但由于学位论文是在毕业之后一段时间内才被公开，因此时效性不强。在西方高校中，这样做通常是为了将博士论文内容保密，直到作者将内容发表成期刊论文。如笔者的博士论文是笔者提交博士论文时设置了博士毕业 3 年之后才公开。但据笔者调查，国内学位论文在知网数据库中并没有明确的公开时间的说明，这取决于不同学校和知网之间的工作安排。

（2）论文结构和内容要素

在介绍完 3 种常见论文（期刊论文、会议论文和学位论文）的基本知识后，我们再进一步介绍构成论文的基本结构和内容要素，以便读者高效阅读论文。笔者在著作《国际高水平 SCI 论文写作和发表指南》中有过详细的论述，但论述是从作者视角去分析如何高效写作和发表论文。而本书的主要目的是帮助读者更好地阅读论文和提炼科研点子，因此在本书中笔者是从读者视角去分析概括论文的基本结构和内容要素。

一篇论文的结构主要包括题目、摘要、关键词、引言、研究方法、结果与讨论、结论、参考文献等。

① 题目（title）。论文题目利用最少的字数高度概括了一篇论文的主旨大意，一般不超过 20 字（中文论文题目）或 15 个单词（英文论文题目）。阅读论文题目能快速了解研究领域（如图像识别）、研究对象（如多发性骨髓瘤患者）、研究方法（如试验研究或案例描述）、研究目的（如探明影响关系或发展新结构）、想

法独特之处（如采用新思路）等。常说"看书先看皮，读文先读题"，我们通过阅读题目就能快速获得论文的核心信息，从而考察与自己研究方向的相关性。此外，对于有研究经验的同行来说，他们还能透过题目去判断论文的创新性和研究亮点，进而评估论文的阅读价值。

② 摘要（abstract）。论文的摘要是对论文核心内容不加注释和评论的简短概括，称得上是全文的精华。它简要回答了论文研究什么、为什么研究、怎么研究，以及研究得到了什么新结论等问题，让读者不必阅读全文就能大致把握论文主要内容，并了解创新性和研究价值。因此，摘要连同题目一起被称为一篇学术论文的 mini paper（迷你论文）。在文献检索和筛选阶段，我们还可以通过阅读论文题目和摘要去判断是否值得下载和阅读全文。

③ 关键词（keywords）。关键词是反映论文核心内容的专业词汇，其主要是方便读者快速了解论文的核心方向，也有利于检索平台按关键词收录和编排论文。好的关键词，可以让论文有更大机会被检索出来以及获得更靠前的排名，增加被下载和引用的机会。因此，好的关键词是一篇高被引论文的基本要求。反之，作为读者，我们在设置检索论文的关键词时，也需要注意关键词的选用和组合。

此外，关键词还需要做到范围不能太宽泛，要反映论文具体的研究内容，确保在检索时能精准定位到论文。一篇论文通常有 3 到 6 个关键词，一般使用名词性的词组。

④ 引言（introduction）。引言也称为"绪论""导言"，通常在论文正文的前面，可以看作是论文的"开场白"。其作用是在较短的数段文字内，引导读者了解研究背景、具体的研究问题、研究进展、作者研究内容背后的研究动机、设定的研究目标、采用的材料和研究方法，以及研究结论带来的研究价值和意义。优秀的引言写作，会循循善诱，激发读者对论文内容的阅读兴趣，甚至让读者产生对后续研究结果和结论的期待。

⑤ 研究方法（methodology）。研究方法部分相当于作者通往研究目标的路径，阐述采用的材料、研究对象、试验或分析手段和流程、采集数据的仪器设备、数据分析方法等。高质量论文的研究方法简洁、有逻辑、有理有据，既有研究方法的全貌介绍，也有方法的细节描述，还会对选择具体的材料、研究对象或方法给

出理由或解释（如符合某个"标准/规范"要求）。同时，也会提醒读者在执行方法中需要注意的细节或存在的不足及问题。当未来我们要采用一致或相似的研究方法时，我们就可以参考模仿，少走弯路，大大提高研究效率。

⑥ 结果与讨论（results and discussion）。结果集中展示了执行完研究方法后获得的研究结果数据。高质量论文的结果呈现往往重点突出、逻辑清晰、层次分明、易于理解。佐证论文创新点的主要结果需要被突出呈现，而其他结果的展示只要遵循同领域论文的基本要求即可。比如临床医学论文的结果第一部分往往是参与者的基本特征。创新的重要结果会在讨论中被优先进行讨论，而其他结果则被用于辅助支撑作者的研究观点。

同时，结果的展示还要符合读者的一般认知规律。比如先展示宏观结果再展示微观结果，先物理特性再化学特性，先二维再三维，先主要研究变量后次要研究变量等。针对展示出来的结果，下一步就是讨论分析了。这部分主要是概括关键发现、解释背后原因、同行研究结果对比、研究价值分析、存在问题分析与未来研究建议等。优秀的讨论可以架构结果和结论之间的桥梁，是说服读者接受作者的研究观点和判断的关键内容，也构成了一篇高水平论文的关键"养分"。

⑦ 结论（conclusions）。结论是论文作者通过对研究结果的充分讨论分析后做出的综合判断，比如认定变量对研究对象有显著性影响，是不可忽视的一个关键变量，并总结背后的影响机理。通常在一篇论文中会有多个结论点，每个结论点都有论文数据的充分佐证。

⑧ 参考文献（references）。参考文献是论文写作中参考过的经过同行评议的学术文献，附在论文正文部分的后面，是论文必不可少的部分。引用参考文献反映了论文的科学性、严谨性和及时性，也是对他人知识成果的认可和尊重。在本章中，笔者介绍的图书、论文、特种文献和学术视频均可以成为一篇论文的参考文献。通过阅读论文中的参考文献，我们可以检查作者引用的合理性（如引用文献的匹配度和准确性），了解更多详细信息，并且拓宽对某个科学问题的认知，还可以顺藤摸瓜探究某个科学问题或方法。

参考文献的书写格式有着严格的要求，不可随意进行更改。不同的格式在作者拼写、内容顺序、标点符号等方面有所区别。比较常见的英文论文参考文献格式有 APA 格式、MLA 格式和 CMS 格式等，中文文献较常使用的是 GB/T 7714—2015 格式。APA 格式来自于美国心理学会出版的 *Publication Manual of the American Psychological Association*（《美国心理协会刊物准则》），截至 2020 年底已出版至第 7 版；MLA 格式是美国现代语言协会制定的论文指导格式，来自著作 *MLA Style Manual and Guide to Scholarly Publishing*（《MLA 文体手册和学术出版指南》）；CMS 格式源于芝加哥大学出版社在 1906 年出版的 *The Chicago Manual of Style: The Essential Guid for Writers, Editors and Publishers*（《芝加哥手册：写作、编辑和出版指南》），截至 2020 年底，该手册已出版至第 17 版。

参考文献在文中的引用格式分为两种，分别是附加引用和叙述引用。前者表示在句子中附上引用的文献信息，如 The sample can be sealed with epoxy and silicone（Lion et al., 2005）或 [25]；后者在句子中作为叙述的一部分，如 Lion et al. [25] 或 Lion et al.（2005）found that...。

一般来说，期刊杂志在投稿须知上都会说明使用的参考文献格式，或直接采用以上标准格式抑或是基于它们的变形格式。例如著名的心理学期刊 *Psychological Bulletin*（《心理学公报》）的参考文献格式就是采用 APA 格式。为了让读者能在阅读论文的参考文献时快速抓取关键信息并在检索文献中运用它们，我们以 APA 格式为例进行格式的讲解。

🔍 举例 1　期刊论文

文中引用格式：当引用文献为单一作者时格式为（作者的姓，年份）；两个作者时格式为（作者 1 & 作者 2 的姓，年份），3 个及以上作者时，格式为（第一位作者的姓 et al.，年份）。例如，在 *Psychological Bulletin* 期刊的一篇论文的引言部分，由于要引用 Garon 等人（一共有 3 位作者）发表的研究成果，根据 APA 格式要求，作者数量为 3 人，那么引用格式就应该写成 Garon et al. (2008) 或 (Garon et al., 2008)。该引用格式反映在以上这篇论文中为 Attention tasks reflect the general attention system that develops early in infancy and initially allows children to orient to stimuli and then later enables them to sustain attention over longer periods of time (Garon et al., 2008).

参考文献格式：第一位作者的姓，名首字母缩写 .，第二位作者的姓，名首字母缩写 .，….（年份）. 题目 . 期刊名称 . 期号，页码 . doi.

注：20 个以内的作者必须全部写出来。若作者数量超过 20 个，则在第 19 个作者格式后面加上….，再加最后一名作者。

该参考文献格式反映在具体的论文中为 Zhou, B., & Krott, A. (2016). Data trimming procedure can eliminate bilingual cognitive advantage. *Psychonomic Bulletin & Review*, 23,1221–1230.http://dx.doi.org/10.3758/s13423-015-0981-6.

🔍 举例 2　专利

文中引用格式：专利号（年份）或（专利号，年份）。例如在文中引用格式为 U.S. Patent No. 10,092,513. (2018) 或是 (U.S. Patent No. 10,092,513, 2018)。

参考文献格式：第一位作者的姓，名首字母缩写 .，第二位作者的姓，名首字母缩写 .，….（年份）. 专利号 . 授权地：授权单位 .

注：20 个以内的作者必须全部写出来。若作者数量超过 20 个，则在第 19 个作者格式后面加上….，再加最后一名作者。

该参考文献格式在论文中的应用为 Muhlen-bartmer, I., & Ziemen, M. (2018). *U.S. Patent No. 10, 092, 513*. Washington, DC: U.S. Patent and Trademark Office.

1.1.3　特种文献

除了上述介绍的常见学术文献类型，还有一些虽然少见但也同样重要的学术文献，包括标准（或规范）、专利、科技报告和政府出版物等。由于它们的出版发行和获取途径都比较特殊，因此可称之为特种文献。在不同学科中，特种文献有不同的应用频次。例如，标准在工程学科中应用较多，政府出版物如中国统计年鉴则在经济学中应用较多。

（1）标准

标准是经权威机构（如行业协会、学会）批准的在特定范围内（如在工程开发应用中或是临床诊断治疗上）必须或推荐执行的规格、规则、技术要求、指导手册等规范性文献，以满足各行各业基本需要的技术要求。例如，中华医学会临床药学分会在 2020 年 3 月 6 日发布的《新型冠状病毒肺炎疫情防控药学服务指

导手册》。它通常由行业内学术专家、企业界工程师、协会专家等专业人士组成
的标准委员会基于大量科研和技术应用的实践效果起草制定。例如，美国石油协
会（American Petroleum Institute）的标准委员会就由油气公司、设备厂家和供应
商、承包商和咨询公司以及政府代表和学术专家联合组成。从标准委员会的成员
组成可以看出，其主要成员是来自工业界的技术专家，因此相比于论文文献，标
准更偏向于规范和约束具体的技术或方法的统一应用。基于此认识，科研人员就
可以在开展科学实验时，按照标准要求准备材料、制备样本和实施具体步骤，以
确保实验过程科学、一致和实验结果准确。

国际标准指的是国际通用的标准，比如 ISO（国际标准化组织）、IEC（国际
电工委员会）。在中国，标准包括国家标准、行业标准、地方标准、团体标准和
企业标准。其中，国家标准分为强制性标准和推荐性标准，行业标准和地方标准
是推荐性标准，要求通常高于国家标准。在科研活动中，我们主要参考采用强制
性国家标准（代号为 GB）、推荐性国家标准（代号为 GB/T）和行业标准（代号
为 XX/T, XX 是指行业代号如 JT 交通）。如强制性国家标准 GB 15811—2016《一
次性使用无菌注射针》，推荐性国家标准 GB/T 26368—2020《含碘消毒剂卫生要
求》，行业标准 JT/T 1344—2020《纯电动汽车维护、检测、诊断技术规范》。

由于每个国家在制定标准时，都会根据本国实际情况而制定，因此我们在科
研活动中除了参考本国标准，还得考虑其他主要科技创新国家的标准，如国际标
准 ISO、美国标准、欧洲标准和日本标准。这样可以确保科研实验在不同国家的
实验室中保持统一，便于相互模仿开展实验。表 1.2 展示的就是其他主要科技创
新国家和地区的标准代号以及检索方式。

表1.2 其他主要科技创新国家和地区的标准

地区标准代号	标准编号	示例	检索网址
国际标准 ISO	ISO+序号：发布年代	ISO 6507-4:2018 Metallic materials — Vickers hardness test — Part 4: Tables of hardness values	https://www.iso.org/home.html

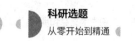

续表

地区标准代号	标准编号	示例	检索网址
国际电工标准 IEC	IEC+ 顺序号-发布年代	IEC 62067-2001 Power cables with extruded insulation and their accessories for rated voltages above 150 kV (U<(Index)m> = 170 kV) up to 500 kV (U<(Index)m> = 550 kV) - Test methods and requirements	http://www.iec.ch
美国标准 ANSI	ANSI+分类号.序号-发布年代	ANSI Z26.1-1996 Safety Glazing Materials for Glazing Motor Vehicles and Motor Vehicle Equipment Operating on Land Highways - Safety Standard	http://www.ansi.org
	各专业协会制定的标准经审批后提升为国家标准：ANSI/ 专业标准代号-分类号. 序号-发布年代	ANSI/SAE Z26.1:1996 American National Standard For Safety Glazing Motor Vehicles And Motor Vehicle Equipment Operating On Land Highways	
美国材料与试验协会标准 ASTM International	ASTM+材料分类和编号-发布年代	ASTM C226-19 Standard Specification for Air-Entraining Additions for Use in the Manufacture of Air-Entraining Hydraulic Cement	https://www.astm.org
欧洲标准 EN	EN+序号：发布年代	EN 16205:2020 Laboratory measurement of walking noise on floors	http://www.cen.eu
日本工业标准 JIS	JIS+字母类号-数字编号-序号年代	JIS Z 3104-1995 Methods of radiographic examination for welded joints in steel	https://www.jisc.go.jp/ eng

（2）专利

专利是记录发明创造有关内容的载体，且在一定时期内受法律保护，由专利机构依据发明申请颁发的一种文件。根据《中华人民共和国专利法》的规定，专利分为发明专利、实用新型和外观设计 3 种。其中发明是指对产品、方法或者其改进所提出的新的技术方案，如笔者参与研发的一个发明专利"一种基于 LSTM 和知识图谱的英文期刊推荐方法，CN1092992578"；实用新型是指对产品的形状、构造或者其结合所提出的适用于实用的新的技术方案，如笔者参与研发的一个实用新型专利"一种采用预应力的防撞钢梁装置，CN208615867U"；外观设计是指对产品的形状、图案或其结合以及色彩与形状、图案的结合所作出的富有美感并适用于工业应用的新设计。这三者中，发明专利的申请难度最大，也是知识产权中分量最重的一个，审查周期也最长（一般为两年左右，高价值发明专利可压缩至一年半左右）。而实用新型和外观设计的审查时间分别只有半年和一个季度左右。此外，从三者的适用条件来看，如果是关于设备、装置等产品设计的创新，不仅可以申请发明专利还可以申请实用新型专利；而如果是材料配方的创新，由于没有实物形状和构造等，则不能申请实用新型而只能申请发明专利。

各国专利的类型大致相似，例如英国专利包括发明专利（utility patent）和外观设计（design patent）两种，美国专利分为发明专利（utility patent）、外观设计（design patent）和植物专利（plant patent）3 种。

我国已连续多年成为世界上专利申请量最多的国家，其中 2019 年中国国家知识产权局受理的专利申请数量高达 140 万件，是排名第二的美国主管部门收到的专利申请量的两倍以上。其他专利申请量较多的国家主要是日本、韩国、德国。此外，根据世界产权组织 2020 年发布的公报，中国在 2019 年累计申请国际专利 58990 件，位列世界第一，其次分别为美国、日本、德国和韩国。

我国专利数量名列前茅除了与自身科技迅猛发展有关外，还与高校、各地方政府以资助、奖励等形式对专利申请或授权行为给予资金支持有关，如依据《北京市知识产权资助金管理办法（试行）》，2019 年度在北京市个人申请人每获得一个国内发明专利就奖励 1000 元。但随着国家越发强调专利质量和技术成果转化，这类财政资金支持将逐步取消。这已从 2021 年 1 月 28 日发布的《教育部 国家知识产权局 科技部关于提升高等学校专利质量促进转化运用的若干意见》的文件中得到政策上的反映。

专利所代表的技术创造和发展很大程度上取决于科学的进步，因此专利和学术论文之间存在着紧密联系。在每个专利中引用论文的数量已成为衡量科学对技术影响的一种标准方式。根据 Önder Nomaler（恩德·诺玛勒）和 Bart Verspagen（巴特·弗斯帕根）对不同学科中每个欧洲专利引用的学术文献数量（这里的学术文献主要是论文和专业图书）的调研，每份专利引用文献约为 0.6 篇。引用学术文献最多的学科领域是 pharmaceuticals（医药），为 1.91 篇 / 专利；最少的是 rubber and plastic products（橡胶塑料产品），为 0.08 篇 / 专利。

另一方面，学术论文中引用专利也时有发生。Wolfgang Glanzel（沃尔夫冈·格兰泽尔）和 Martin Meyer（马丁·迈耶）2003 年深入分析了在 1996 年到 2000 年间发表的 SCI 论文中引用美国发明专利的情况。他们发现仅有 1.7% 的 SCI 论文引用过专利，这些 SCI 论文的类型主要是原创论文而不是综述论文，且大部分论文仅引用一个专利。相比其他学科，在化学等理工类学科的论文中引用专利的情况更为常见。这些学科在科研过程往往需要借助一定的技术方案和设备，而专利文献对它们有较为详细的首次描述，因此，专利文献可成为学术论文的参考文献。

此外，有些技术创新内容虽然申请了专利，但是未必发表了学术论文，这启发我们在写理工科研究领域的系统综述时，除了查阅论文、图书，也有必要查询专利，以确保不遗漏关键研究成果。

（3）科技报告

科技报告是由科技人员介绍其从事的研发项目的正式报告，完整记录了项目目标、技术方法、设计或评估标准、实验或分析过程、项目结论、项目数据等内容。与学术论文和专利不同，科技报告不需要经过同行评议，一般由项目负责人所在单位撰写和负责提交给项目出资方，并由项目出资方决定是否公开。项目出资方主要是商业公司、政府机构（如美国航空航天局，NASA）及非营利非政府组织。一般来说，商业公司的科技报告仅限于内部使用而不选择公开。

对于公开的科技报告，可以帮助我们了解某项技术的研发过程、技术发展规划、建议或者技术应用情况（如应用场景和应用结果）等，增加研究领域知识，从而有利于启发科研想法以及完善研究思路等。例如，美国阿拉斯加州 North

Slope Borough（北坡自治区）政府在 2014 年公开了一份油气开发的技术报告，题为 "Oil and Gas Technical Report: Planning for Oil & Gas Activities in the National Petroleum Reserve-Alaska"。该技术报告的目的是引导未来在阿拉斯加州北部（具体名称为 National Petroleum Reserve-Alaska）的油气勘探和开发活动，介绍了当地油气开发相关背景、油气资源，评估相关联的问题，并给出了开发建议等丰富内容。如果我们的科研方向是关于油气资源可持续开发利用的优化，这样的技术报告就可以提供较大的参考价值。

（4）政府出版物

政府出版物又称"官方出版物"，是由政府部门及其专门机构编辑出版的具有官方性质的文献资料。政府出版物的数量庞大，内容广泛，除了专利、科技报告等科技类出版物，主要是一些行政类政府出版物，包括行政报告、统计报告、行政手册、法律和法令、规章制度、政策条例规定等，如国家统计局每年公布的粮食产量数据公告。再如国家卫生健康委发布的《新型冠状病毒肺炎诊疗方案（试行第八版）》，它可以用于提高新型冠状病毒肺炎诊疗工作的科学性、规范性和有效性。借助政府出版物，科研人员能够了解国家科技政策，获取官方调研数据和科研成果。

政府出版物具有官方性质，内容来源可靠，在论文中引用可信度高，是科研人员的重要文献资源，尤其在人文社科领域，经常会引用分析一些官方调查数据开展科学研究。例如，来自北京师范大学智慧学习研究院的白文倩和徐晶晶就基于《中国教育统计年鉴》全国时序数据，分析并预测 21 世纪以来义务教育信息化资源配置均衡状况，并提出了相关的建议。

1.1.4　学术视频

除了以上介绍的传统文字形式，学术文献还可以是视频或音频形式。音频形式存在的文献较少，因此我们主要介绍视频文献。它以视频的形式介绍关键专业知识概念、原理，或是展现实验过程等研究过程和成果，是一种新型的特殊文献形式。

当我们入门某个研究领域时，往往对一些专业知识或领域内出现的新知识点较为生疏。通常做法是阅读教材和论文等文字型文献，但如果专业知识较为抽象，不好理解，这时就可以查看介绍某个专业知识的学术视频。例如，学术演讲视频网站 Henry Stewart Talks Ltd（HSTalks）就提供各学科学者对专业知识的视频讲解。例如来自美国西北大学的朱迪斯·佩斯（Judith Paice）教授就分享"cancer pain"（癌痛）的专业知识。又例如，创刊于 2006 年的 *JoVE* 实验视频期刊（*Journal of Visualized Experiments, JoVE*）的官网就提供各个学科领域的专业概念解读视频。除此之外，我们还可以在谷歌和百度等搜索平台上搜索相关专业知识的视频。例如，笔者于 2022 年 3 月 6 日在谷歌上精确检索 "What is artificial intelligence"，就找到了 4.03 万条视频，而在百度上检索"什么是人工智能"，也出现大量相关介绍视频。

另外一类学术视频是详细介绍科学实验过程。我们在阅读文字型实验过程介绍时，通常会遇到两个难题：一是如果实验流程较多而我们又缺乏相关实验经验就非常容易出错；二是某些实验环节比较抽象，不好理解，导致我们无法开展实验。实验视频却能够清晰直观地展现实验的流程和细节，弥补文字叙述可能存在的不全面、不细致、不直观的局限性。同时，它们可以让我们更加有代入感地认识实验设备，更形象地理解实验过程。总之，实验视频可方便科研人员学习和模仿实验操作过程。我们可以在 YouTube 等网站上检索到大量实验视频。

得益于实验视频的优势，目前这类视频正日益受到学术界的关注。例如，*JoVE* 实验视频期刊，除了提供上面介绍的专业知识的解读视频外，还是全球第一本以视频方式展现生物学、医学、化学、物理等学科领域研究过程与成果的 SCI 期刊。截至 2021 年底，*JoVE* 实验视频期刊已发表来自 8000 余名作者的超过 4000 个实验视频（2022 年影响因子为 1.2）。我们在第 3 章"中英文文献高效检索"中提供了检索学术视频的主要学术数据库。

1.2 学术文献的应用

在了解完学术文献的定义和种类后，我们发现不同种类的学术文献各有特色和侧重点，它们一起构建起庞大的研究知识体系。那么阅读这些学术文献能给科研人员在哪些场合带来什么具体的帮助呢？概括来说，阅读学术文献既可以让我们储备课题研究所需要的基础专业知识、拓展认知，也可以给我们在撰写课题组周报 PPT、开题报告、申请博士项目的科研计划、基金申请书、学术论文（期刊论文、会议论文和学位论文）等内容时提供关键内容素材。例如，通过阅读论文掌握研究同行的最新研究成果，总结其研究不足。总之，学术文献贯穿科研过程始终，与我们每一位研究人员息息相关，具有重要的参考价值。

为了深入介绍学术文献的具体功能，以便读者能更加有效地阅读和利用好文献，接下来本书按照不同的应用场景作简要说明。由于笔者在本章第 1.1.2 节论文结构和内容要素中从阅读论文的角度介绍了论文的各个部分，因此这里不再赘述学术文献在撰写论文中的功能和作用。此外，因为课题组周报 PPT 是阅读具体论文后的内容汇总，所以读者可阅读本章第 1.1.2 节了解论文的各个部分与阅读学术文献的关系来理解文献在撰写课题组周报 PPT 中的重要作用，笔者在这里也不再重复分析课题组周报 PPT。

1.2.1 应用场景：开题报告 / 科研计划 / 基金申请书

开题报告、科研计划、基金申请书是我们正式开启一项科研项目前需要提交给专家审议的评审报告。若评审通过，本科生或研究生就可以确定研究课题，本科生或研究生就可以为成功入选海内外博士项目奠定坚实的基础，科研教师或医生就可获批基金资助项目。可见，它们在研究生或者科研教师的不同科研生涯阶段中具有举足轻重的作用。

具体地说，开题报告是课题方向确定不久后，开题者（通常是大四本科生、低年级硕士或博士研究生）对即将开展的毕业课题项目的规划说明。它主要包含选题根据和研究方案。例如，表 1.3 是一份浙江大学地球科学学院硕士和博士研究生开题报告。与之相比，全国其他高校的开题报告包含的内容也大同小异。从表 1.3 中可知，博士研究生开题报告在字数上要求不少于 6000 字，比硕士研究生的开题报告要多 2000 字。

表1.3 浙江大学地球科学学院硕博生开题报告表

1. 研究生简况

姓名		学号		入学日期		拟毕业日期	
院系		专业、方向					
导师		指导小组成员					
报告日期		报告地点				听众人数	

2. 开题论文简况

拟定论文题目	
类型	□基础研究　　□应用研究　　□开发研究　　□其他
来源	□是导师研究课题的一部分　　□与导师研究课题无关

3. 评审专家组情况（首位填写组长）

	姓名	职称	是否博导	所在学科（专业）	签名栏
专家组名单					

4. 评审意见（□通过　　□不通过）

5. 开题报告（要求不少于 4000 字／硕士研究生（或不少于 6000 字／博士研究生），网上导出表格后，另附：纸质文本交院系研究生科存档）

内容包括：

　　一、选题根据：1. 课题来源；2. 课题的研究意义、国内外研究现状分析；3. 主要参考文献

　　二、研究方案：1. 研究目标、内容和拟解决的关键问题；2. 拟采取的研究方法、技术路线、试验方案及可行性分析；3. 研究的创新点；4. 研究计划及预测进展；5. 预期研究成果

　　三、研究基础：

　　1. 与本项目有关的研究工作积累和已取得的研究工作成绩（报告者本人的单独列出）；

　　2. 已具备的实验、资料等条件，尚缺少的实验、资料条件和拟解决的途径

指导教师（组）意见：

指导教师（签名）：

年　　月　　日

另一个与开题报告包含相似内容的是本科生或研究生申请海内外博士项目的科研计划（research proposal）。它主要用于获取目标学校导师的认可，以便帮助申请者拿到入学录用通知书和奖学金，一般字数在 1000 到 2000 字之间。同时，这份科研计划也有可能在入学后经过导师的指导，修改润色成为正式的博士课题，其重要性可见一斑。它的主要结构包括题目、引言（主要含研究背景、研究进展综述、研究动机、研究目标）、研究材料与方法、数据分析方法、项目时间安排、参考文献等。

基金申请书主要包含立项依据、研究内容、研究目标及关键科学问题、研究方案及可行性分析（包括研究方法、技术路线、实验手段、关键技术等说明）、项目特色与创新之处、年度研究计划与预期研究结果、研究基础与工作条件及承担项目情况。基金申请书包含的关键内容与开题报告及科研计划类似，都是主要提出创新的研究想法和与之对应的解决方案。相比而言，这个由科研教师或医生撰写的基金申请书则对撰写者在内容写作、想法创新性、方案可行性等方面提出了更高要求，这样的高要求使得基金申请成功率往往较低，特别是国家级基金项目，如 2020 年国家自然基金的申请成功率已连续 5 年下降到只有 15.9%（根据国家自然科学基金委数据计算）。

1.2.2 学术文献的功能

从以上分析来看，撰写开题报告、科研计划和基金申请书处于开展科研项目的前期，即选题阶段，这就必然与学术文献有着紧密联系。即便我们通过参加学术会议或者从导师及合作者处得到一个科研想法，这样的想法也往往不够深入，不能满足立项的可行性要求。因此我们还需要通过阅读充足的相关文献，参考前人已有的研究成果和研究思路，不断完善科研想法，最终提炼出具有竞争力的创新点。通过阅读文献，我们可以了解学科全貌，学习专业知识，认识课题的研究背景和研究热度，获悉前人的研究成果，在此基础上总结该研究课题还存在哪些前沿性的问题可以做进一步的研究，并可以分析自己的研究是否有学术价值和现实意义。这都是阅读文献能给我们撰写选题或立项根据带来的帮助。

明确选题根据后，接下来就是确定主要研究内容和研究方案，即为了达成研究目标，准备进行哪几方面的研究，以及如何研究。简单说，科研人员需要通过各种理论、调查、实验和模拟分析等手段开展关键科学问题的探索以检验选题中提出的科研假设。此时阅读文献的重要性就体现出来了。在科研早期阶段，个人的想法、知识面和经验总是有限的（比如你看不懂论文方法部分以及选用方法的依据，就表明缺乏对应的知识和经验），但阅读文献可以汇集相同研究领域科研人员的已有研究内容和对应的研究方法，相当于集各家所长，再通过归纳、类比、推理等方式提炼关键的研究内容，制定科学、严谨、思路清晰的实施方案。这相当于站在学术巨人的肩膀上，科学有效地开展新课题科研。

我们不仅可以借鉴同一研究主题文献中的方法，还可以阅读跨学科学术文献，实现交叉应用。例如，笔者在浙江大学读研期间，通过阅读信息科学中的"信息熵"理论获得灵感，将其首次运用到识别混凝土结构的损伤程度，后续在课题组的不断完善下，该想法还获得了国家自然基金面上项目的资助（项目编号51379185）。

总之，学术文献在课题组周报 PPT、开题报告、科研计划、基金申请书和论文的写作中发挥着至关重要的作用。通过本节内容和本章第 1.1.2 节，笔者介绍了这些在个人科研发展过程中重要的成果形式，以及学术文献在其中的作用。了解了作用后，我们就可以更加有的放矢地阅读文献。

1.3 中英文期刊的基本概念

在以上介绍的各类学术文献中，我们最常阅读的是期刊论文，它不仅及时呈现领域内最新研究成果，而且经过同行评议后论文质量得到了保证。在接触期刊论文过程中，势必会接触到发表学术论文的载体，即期刊。相信很多入门科研的新手都有同感，还没开始阅读论文，就被 ESCI 期刊、SCI 期刊、EI 期刊、中文核心期刊、JCR1 区期刊、影响因子、开放性期刊、预警期刊等一系列专业名词搞得晕头转向。的确，我们在接触不同水平和类型的中英文期刊时，如果搞不清楚它们的相关概念和分类，就会在浩如烟海的期刊中迷失航向，难以高效检索和筛选出高质量的期刊论文。此外，对于需要发表论文的科研人员来说，搞清楚学术期刊的种类、特点、质量水平、收录学科情况以及是否开放等，在论文投稿时就不至于像无头苍蝇一样不知道该选什么期刊去投稿。

这一节内容中，笔者将介绍中英文期刊的基本概念，让大家掌握期刊的基本知识，然后在后面几节中分别介绍中国和国际的主流期刊分类体系，包括中文核心期刊、中国高质量科技期刊分级目录、EI 期刊、A&HCI 期刊、MEDLINE 期刊、SCI 期刊和 ESCI 期刊。

为了让读者较为全面地了解中英文学术期刊的相关知识，笔者精选了以下 9 个基本概念展开分析。

1.3.1　期刊的角色

一本学术期刊在学术出版过程中扮演什么角色呢？理解该角色有利于我们认识期刊的重要性。目前一篇学术论文的出版模式一般是由作者向期刊投稿（少数是期刊编辑向作者邀稿），经过期刊编辑和审稿人评议以及作者修改完善后发表在期刊上，同时由作者将论文版权无偿授予出版该期刊所在的出版社或期刊社。后由他们向学术文献数据库有偿提供论文资料供读者查阅使用（流程如图 1.6 所示）。

期刊和所在的编辑部在这一过程中决定了投稿的论文能否发表。同时，它所在的出版社或期刊社又是下游数据库的资源提供方。因此，它在整个论文出版和论文被读者使用过程中起到举足轻重的作用。这就是科研人员有必要熟悉期刊的内在原因。在后续章节中，大家可以陆续看到在文献调研和选题过程中期刊发挥着重要的作用。

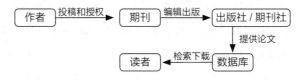

图 1.6　期刊在论文出版过程中的角色

1.3.2　期刊的卷和期

不同期刊有不同的出版周期，根据中文核心期刊要目总览 2017 版，中文核心期刊中有 46.4%、40.5% 和 7.5% 的期刊分别是双月刊、月刊和季刊，可见中文核心期刊主要是月刊和双月刊。这意味着大多数的中文核心期刊一年出版 12 次或 6 次。根据 Chen Xiaotian 教授 2019 年的抽样调查数据，大部分英文 SCI 期刊（这里指 SCIE）和 SSCI 期刊一年分别出版约 11 次和 5 次，因此大部分 SCIE 期刊是月刊，而 SSCI 期刊则是以双月刊为主。

一本期刊出版的论文一般按卷（volume）和期（issue）进行编排。卷号是从该刊物创刊年度逐年累加的编号，期号是按期刊发行的时间顺序进行的编号。期号可从第 1 期开始逐期一直累加起来，如著名医学期刊 *The Lancet*（《柳叶刀》）截止到 2023 年 3 月 6 日已累计出版到 401 卷的 10378 期；也可以在新的一卷中重新连续编排，即从第 1 期开始，如计算机领域的期刊 *IEEE Network* 每卷出 1 ～ 6 期；而如果一本期刊发表论文较少，也可以不设期号，如建筑材料领域的 *Cement and Concrete Research* 只有卷号；如果我们在引用一篇论文时提供了卷号和期号以及论文标题，就可以快速找到该论文在期刊中的具体编号位置。

一般来说，期刊通常每年出版一卷，也可以一年出版多卷或是多年出版一卷，还可以不设卷，卷的编号由创刊年份开始。卷号和期号在参考文献中的格式为"卷号（期号）"，例如"2014, 113（8）"，表示这篇论文发表于 2014 年，第 113 卷第 8 期。然而少数年刊不设卷号和期号，直接以年份对期刊进行编排，在参考文献中的格式为"年份：页码"，例如"2016：18-31"，意思是该论文发表在 2016 年刊的第 18 至 31 页。

1.3.3　期刊的影响因子

影响因子（impact factor, IF），是表征期刊中所有论文的平均被引用次数的指标，始于 1975 年，目前已成为衡量期刊学术水平和影响力的最关键的指标。按照最新 Web of Science 政策，只有入选 Web of Science 核心合集数据库 SCIE、SSCI 的期刊才有影响因子，这意味着只有 SCI 期刊（含 SCIE 和 SSCI）有影响因子，而其他非 SCI 期刊如 EI、ESCI、A & HCI 期刊等则没有影响因子。每年 6 月份 Web of Science 会发布"Journal Citation Reports"（《期刊引证报告》）以更新其中包含的 SCI 期刊数量、学科分布及期刊影响因子。SCI 期刊的影响因子查询方式等，可见本书第 9.2 节。

简单来说，影响因子就是期刊前两年发表的论文在当前年份被引用的次数除以期刊前两年内发表的论文总数。举个例子，某期刊在 2018 年、2019 两年时间里，共发表论文 100 篇，这些论文在 2020 年总共被引用 200 次，那么 2020 年该期刊的影响因子就是 200/100=2。除了两年影响因子，还有五年影响因子，但一般所说的影响因子就是指两年影响因子。

一般情况下，期刊的影响因子越高，代表其学术水平越高。这个特征使得期刊的影响因子被某些单位认为是评价学术成果的主要方式，即论文所在的期刊影响因子越高，就认为论文质量越高和学术成果越厉害，或者越满足毕业及职称评审要求。例如，有些高校的博士毕业或教师职称晋升要求发表的 SCI 论文所在的期刊影响因子或分区较高，也存在嘉奖发表高分 SCI 论文的情况。不过，这一现象正逐步得到改变。教育部和科技部在 2020 年 2 月联合印发了《关于规范高等学校 SCI 论文相关指标使用　树立正确评价导向的若干意见》，要求破除"SCI 至上"，破除"唯论文"，树立正确的评价导向。科技部和自然科学基金委又在 2020 年 7 月发布了关于进一步压实国家科技计划（专项、基金等）任务承担单位科研作风学风和科研诚信主体责任的通知，在其中明确提出科学、理性看待学术论文，注重论文质量和水平，而不能将论文发表数量、影响因子等与奖励挂钩，不得使用国家科技计划（专项、基金等）专项资金奖励论文发表。

从期刊和论文的特点分析，我们也可以看出影响因子并不是评价期刊水平高低的唯一标准。某些期刊由于学科比较冷门，被引用的次数自然比不上某些热门学科领域的期刊，因此我们比较期刊的影响因子，一定要在同专业领域内比较。此外，如果一本期刊发表较多的综述论文，总引用量也会显著上升，从而导致更高的影响因子，这是因为综述论文的被引量通常显著多于原创性论文。同理，同一学科中的综述性期刊（只发表综述论文）的影响因子也往往较高，例如在 2020 年应用数学领域所有期刊中影响因子排名第一的就是综述性期刊 *Siam Review*，其影响因子达到 10.78。

除了关注期刊的最新影响因子，还有必要查看它以往的影响因子。一般来说，高质量期刊的影响因子保持增长或稳定趋势，而低质量期刊（甚至被称为"水刊"）的影响因子会出现下降趋势。例如，图 1.7 展示的建筑材料领域内的顶级刊物 *Cement and Concrete Research* 和一本受预警期刊 *International Journal of*

Clinical and Experimental Medicine 的影响因子的历年对比。前者的影响因子连续上升，而后者的影响因子连续下降到接近 0.1。受预警的国际期刊可见中国科学院文献情报中心发布的《国际期刊预警名单（试行）》（一般是每年年末发布，第一次于 2020 年 12 月 31 日发布）。其他机构如中国科学技术信息研究所也有发布高风险期刊名单。

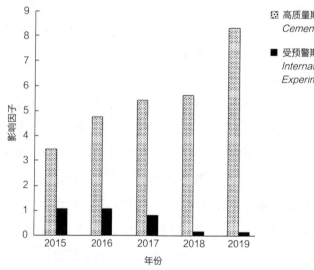

图 1.7　高质量期刊和受预警期刊代表的历年影响因子变化

（1）JCR 分区

科睿唯安公司每年 6 月出版的《期刊引证报告》（JCR），将 SCIE 和 SSCI 期刊按学科类别进行归类。在 2021 年的 JCR 中，一共有 229 个学科领域。每个学科类别按期刊影响因子高低，平均分为 Q1、Q2、Q3、Q4 这 4 个区，其中影响因子排名前 25% 的期刊在 Q1 区，以此类推，倒数 25% 的期刊

SCI 期刊及 JCR 分区查询

在 Q4 区。相关分区情况可以在 Journal Citation Reports 中查询，也可以在研淳 Papergoing 期刊查询页面中查找。

同一本期刊可能处在不同的学科类别下，因为一些期刊发表的论文涉及交叉研究，就会导致有不同的分区数。例如，SCI 期刊 *Plant Methods*，就划分在 Biochemical Research Methods 领域的 2 区和 Plant Sciences 的 1 区。

（2）中国科学院分区

2020 年 12 月 17 日，中国科学院更新了最新的期刊分区表，设置基础版和升级版。其中基础版沿用了以往的期刊分区表的指标方法体系，即将 SCIE 期刊划分为数学、物理、化学、生物、地学、天文、工程技术、医学、环境科学、农林科学、社会科学、管理科学及综合性期刊 13 个大类，每个大类按等级划分为 4 个区。与 JCR 分区的平均分配不同，中国科学院按 3 年平均影响因子进行分区，期刊数量呈金字塔状分布，排名前 5% 的期刊在一区，6%～20% 为二区，21%～50% 为三区，剩下后 50% 为四区。

而升级版分区则采用了新的指标方法体系。它将期刊范围从 SCIE 期刊扩展为 SCI 期刊（即同时包含 SCIE 和 SSCI 期刊），并打破之前按学科体系对期刊进行分区评价的桎梏，注重学科交叉的特点，设置人文科学、经济学、法学、管理学、教育学、心理学、数学、物理与天体物理、化学、材料科学、地球科学、环境科学与生态学、农林科学、生物学、医学、计算机科学、工程技术和综合性期刊共 18 个大类，新增 385 本 SCIE 和 SSCI 期刊。

与基础版不同，升级版采用"期刊超越指数"取代影响因子数据作为期刊分区的依据。它将论文主题体系引入期刊评价，计算每篇论文在所属主题中的影响力，汇总期刊发表的每篇论文的分值，得出"期刊超越指数"，即该期刊发表的论文其引用数高于相同主题、相同文献类型的其他期刊论文的概率。2019—2021 年，中国科学院同时发布了基础版和升级版，但从 2022 年起将只发布升级版分区表。

1.3.4　期刊的编委会

国际期刊的编委会（editorial board）是负责管理和运营期刊的组织，把握期刊发展的方向，提升期刊国际影响力，通常由主编、执行主编、副主编和若干编辑委员组成。在期刊收到投稿人的稿件后，编委会成员将如何处理论文直到论文成功发表或被拒绝发表呢？一般来说，论文先由主编和执行主编进行筛选，根据主题分配给相关领域的副主编或编辑安排审稿人进行审稿，最后是执行主编或主编根据副主编和审稿人的推荐信息做出审稿意见：拒稿、大修、小修或录用的决定。部分期刊还会在收到稿件后的筛选阶段进行重复率查询，如果论文重复率过高则可能直接被拒。目前国际绝大多数英文期刊采用 iThenticate 软件进行查重，中文期刊则主要采用知网学术不端文献检测系统。

中文期刊的组织架构和国际期刊不同。中文期刊一般设置编委会和编辑部。编委会含主任、副主任及编委，负责期刊的重大决策（如办刊特色、栏目设置等），编辑部则主要负责约稿、受理投稿、组织审稿和编辑出版发行的具体工作。编辑部主任在期刊主编领导下负责编辑部内部事务。

高水平期刊编委会的成员大多为该期刊领域中资历较深的学者。他们往往在期刊领域内有所建树，发表了多篇行业内有影响力的高水平论文，在期刊领域内具有较高的代表性。因此，我们需要在文献调研阶段了解这些编委会成员，阅读他们的论文，这对于我们了解同领域的权威学者和主流研究方向颇有裨益。

由于担任国际期刊编委可以给学术履历增色不少，而且某些高校也鼓励教师担任国际期刊编委会成员（甚至设置业绩指标），因此很多人积极申请或接受邀请担任国际期刊编委。

1.3.5 期刊审稿及发表论文的过程

期刊审核发表论文的周期相对较长，一般为 3 个月到 1 年，大致会经历如图 1.8 所示的流程。具体来说，作者要先向目标期刊投稿，期刊编辑对接收到的稿件进行预审，判断稿件是否符合期刊的发表范围，文章水准（如创新性、重要性、写作质量等）是否达到期刊的基本要求，以及重复率是否过高等。如果不符合要求，稿件会被直接拒绝，符合要求的稿件会进入审稿环节。然后，编辑根据论文稿件的研究方向安排审稿人对文章进行审稿。审稿人完成对文章的审查后，编辑需要根据审议结果给稿件作者写一封审稿意见信，总结文章研究内容，评价优点也指出不足之处，提出相应的修改意见，并提出对该文章的处理意见，主要是拒稿、大修或小修。如果是拒稿，则本次投稿宣告结束。如果是大修或小修意见，作者则需要在规定时间内（一般为两个星期到一个月内）根据意见修改再次投稿。编辑会将修改后的稿件再次反馈给审稿人进行审议，检查修改是否到位。如果不满足，则继续提修改意见直至被录用；如果回复严重不满足要求，甚至也会给出拒稿意见；而如果满足要求则发出录用通知。当论文成功被接收后，就进入校核（proof）阶段去检查作者信息、作者顺序、格式排版、图片质量等无关专业内容的部分是否无误。之后，论文就在线成功发表了。期刊再将发表的论文提交给收录该期刊的数据库进行检索。一般经过 1 ～ 3 个月的等待时间，作者就可以在数据库如 Web of Science 中检索到自己的论文，如果有必要，还可以请学校图书馆开具论文的检索证明。

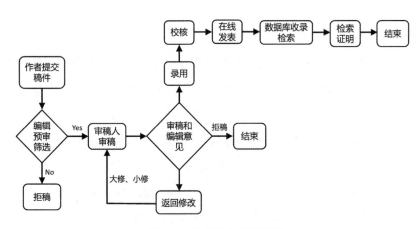

图 1.8　学术论文出版流程

1.3.6　期刊审稿人

学术期刊基本上采用同行评议（peer review）的方式由研究同行来评估稿件是否符合发表要求。因此，审稿人在论文走向发表过程中起到至关重要的作用了。一般来说，期刊编辑会建立一个不断扩充的审稿人库，囊括来自期刊编委及其邀请的同行。如果一篇论文的审稿人不够（一般要求 3 ～ 5 个审稿人），编辑还会从论文的参考文献及学术搜索引擎（如谷歌学术）中筛选补充合适的审稿人。部分期刊也会在作者投稿时要求推荐审稿人。期刊一般通过邮件邀请审稿人是否愿意在指定时间内（一般是 1 个月）对特定论文进行审稿。如果审稿人同意了，那他就成为该论文的审稿人之一。需要注意的是，如果从事某项研究的同行较少，就有可能发生期刊找不到或者找不全审稿人的尴尬境地。虽然我们不一定提倡要追逐研究热点，但是我们也要确保我们的研究成果有较大的研究价值，有一定的国内外同行感兴趣，这样才不至于发生无人审稿的情况。

审稿人一般是较为活跃的年轻科研人员（如博士生、讲师和副教授）和有丰富研究经历的资深学者（如教授和研究员）。前者数量要显著多于后者，主要是由于年轻学者有更大的审稿动力。成为审稿人，不仅可以通过阅读理解论文让自己和最新研究前沿保持一致，而且可以表明得到国际同行的专业认可（可写入个人学术简历中）和增加同期刊编辑的人脉联系，甚至未来受邀成为期刊编委成员。虽然参与审稿是义务劳动，但基于以上好处，还是有很多学者对成为审稿人很感兴趣并愿意付出宝贵时间。

1.3.7 开放性期刊

开放性期刊（open access）是指作者需要支付文章处理费而付费出版论文（费用大部分在 1000 ～ 2000 美元），而读者无需订阅期刊就可以免费下载获取论文资源。这样全球读者都可以无限制地免费下载阅读论文，极大地减少了获取障碍。与传统的出版方式相比，期刊出版的经费由订阅者转移到了论文作者身上。发表传统国际期刊论文时无需付费，但大部分国内中文期刊还是需要收取版面费。

OA 的实现方式有很多，主要有金色 OA（gold open access）和绿色 OA（green open access）。金色 OA 的版面费较昂贵，出版商上传经过同行审阅的文章最终版本，读者可以即时且永久地免费访问文章，另外金色 OA 的一个优点在于作者在共享文章的同时可以保留版权。绿色 OA 是作者自存档的方式，作者无需支付版面费，读者一开始需要付费订阅才能访问文章，出版商在论文发表一段时间后，会允许作者将论文免费共享，因此绿色 OA 的时效性较差。

伴随信息技术的发展，电子期刊逐渐占据重要地位，读者可以在网络上获取海量文献资源。传统付费订阅的方式给学术传播和交流带来一定程度的障碍，在此背景下开放性期刊获得了发展的空间，并形成逐年上涨的趋势。2020 年 SCI 期刊引用报告显示，新增 SCI 期刊 351 本，其中 178 本是开

开放性期刊查询网址

放性期刊，占比一半以上，可见开放性期刊增长趋势十分明显。从总量上来看，截至 2021 年 1 月 19 日，已有 15763 本开放性期刊。开放性期刊的优势在于它的审稿周期短，论文被录用后发表较快。此外，由于读者可以免费获取论文，有助于扩大读者群，提升论文被引用概率，推动知识的共享。

然而，随着开放性期刊的发展，也出现了不少所谓的"掠夺性期刊"。由于开放性期刊出版论文的费用由作者本人直接支付，作者又有快速发表论文的强大

动力，一些出版社就充分利用这点，大量发表论文的同时不严格审阅和控制论文质量，以多发论文来赚取高额利润。因此，科研人员们在投稿开放性期刊前，要仔细辨别期刊质量的好坏。一般来说，掠夺性期刊的拒稿率低、论文自引率较高、发文数量大、审稿时间快、论文质量低、同行口碑差。目前，国内相关机构如中国科学院文献情报中心就针对那些具备风险特征、具有潜在质量问题的国际期刊进行了预警，出台了《国际期刊预警名单（试行）》。其中大部分是开放性期刊，如 2020 版预警名单中约有 2/3 是开放性期刊。

1.3.8　期刊的宗旨和范围

很多缺乏投稿经验的科研人员会在投稿后一到两天就收到拒稿邮件，其主要原因之一是论文内容不匹配期刊的发表宗旨和范围。因此科研人员在向期刊投稿前需要仔细阅读期刊的 "Aims and Scope"（宗旨和范围），了解该期刊接受哪种类型和哪些研究领域的论文。如果你的论文研究方向与期刊范围不符，很大程度会被期刊拒之门外。另一方面，如果我们阅读了解课题领域内主要学术期刊的宗旨和范围，也有助于科研新手快速入门主要研究方向和研究内容。

那么我们该如何确定投稿期刊的目的和范围呢？我们可以在期刊官网找到其宗旨和范围，如图 1.9 所示的期刊 *Cancer Cell*（《癌细胞》）的宗旨和范围。其规定了期刊研究范围在癌症生物学和临床研究方面，包括遗传学、表观遗传学、细胞通信、DNA 修复诊断等方向。

Aims and scope

Cancer Cell publishes reports of novel results in any area of cancer research, from molecular and cellular biology to clinical oncology. The work should be not only of exceptional significance within its field but also of interest to researchers outside the immediate area. In addition, *Cancer Cell* findings in cancer research, diagnosis and treatment. The goal of *Cancer Cell* is to promote the exchange of ideas and concepts across the entire cancer community, cultivating new areas of basic research and clinical investigation.

Cancer Cell will consider papers for publication in any aspect of cancer biology and clinical research, including (but not limited to): Genetics, epigenetics, genomic instability • Cell signaling and communication • Cell cycle, DNA repair • Diagnostics (molecular profiling, pharmacogenomics) • Telomerase and transformation • Apoptosis • Angiogenesis, metastasis • Animal models • Cancer therapy (rational drug design, small molecule therapeutics) • Epidemiology and prevention.

图 1.9　学术期刊 *Cancer Cell* 的发表宗旨和范围

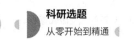

1.4 中文核心期刊

按期刊质量来划分期刊等级是目前最常用的一种中文期刊分类方式。根据期刊质量，我们将中文期刊分为核心期刊和普通期刊。核心期刊可以被理解为刊载某学科领域的多数论文，包含学科主要研究成果，反映学科前沿动态和最新成果，并且发文质量、被引率等都较高，在行业内有一定的学术影响力。简单说，核心期刊就是某学科领域众多学术期刊中的佼佼者和代表者，受到专业读者的认可和重视。

一本期刊能否成为核心期刊，主要取决于该期刊是否满足核心期刊的遴选标准。目前，国内主要有七大核心期刊目录，包含：① 北大核心；② 南大核心（CSSCI）；③ 中国科学引文数据库来源期刊（CSCD）；④ 中国人文社会科学期刊评价报告（如今已取代原有的中国人文社会科学核心期刊要览）；⑤ 中国科技核心期刊；⑥ 中国人文社科学报核心期刊；⑦ 中国核心期刊遴选数据库。其中北大核心、南大核心（CSSCI）和中国科学引文数据库来源期刊（CSCD）最为知名。各个高校或科研单位一般会选择一种或多种作为适用于本单位的"中文核心期刊"目录或者自己单位直接创建一个核心期刊目录。尽管大部分核心期刊遴选体系不具备全面评价期刊优劣和论文质量高低的功能，但在目前的学术评价中，往往是如果发表论文所在的期刊位于制定的期刊目录中，则认定该论文为中文核心期刊论文，成为成果评价和职称评审的加分项，即存在"以刊评文"的现象。

笔者团队统计分析了 50 所高等院校（含双一流和非双一流大学）选用的国内中文期刊遴选体系，结果如图 1.10 所示。可见，大部分学校选用本校设定的期刊目录，如"武汉科技大学学术期刊分级暂行规定"（恒大管理学院，2018），而南大核心 CSSCI 在三大最知名的核心期刊遴选体系中被大学认可选中的比例独占鳌头，其次是 CSCD 和北大核心。为了让读者增加对它们的了解，我们下面简要介绍这三大期刊目录。

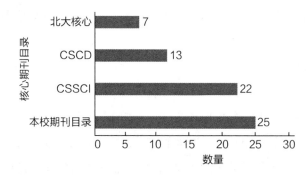

图 1.10 全国 50 所高校选用的中文期刊遴选体系

1.4.1 南大核心（CSSCI）

中文社会科学引文索引 CSSCI（Chinese Social Sciences Citation Index），简称南大核心或 C 刊，是由南京大学中国社会科学研究评价中心自主研制的引文数据库，用来检索中文人文社会科学领域的论文收录和被引用情况，在社科领域有较大影响力。

CSSCI 收录期刊采取定量（文献计量指标）和定性（学科专家）评价相结合的方式，兼顾地区与学科平衡，从全国 2700 余种中文人文社会科学学术性期刊中精选出学术性强、编辑规范的期刊作为来源期刊。每两年进行一次评选，目前最新的 2021—2022 版 CSSCI 来源期刊，共收录包括法学、管理学、经济学、历史学、政治学等在内的 26 个大类的 583 种学术期刊，另有扩展版收录了 229 种期刊（中国社会科学研究评价中心，2021）。

1.4.2 中国科学引文数据库来源期刊（CSCD）

中国科学引文数据库（Chinese Science Citation Database，CSCD），收录来源期刊涵盖物理、化学、生物学、数学、医药卫生、工程技术和环境科学等领域，共计期刊 1262 种，其中核心库 926 种、扩展库 336 种。扩展库是对核心库的补充，包括那些暂时达不到入选核心库标准，但又具备一定的学术水准的优质期刊。

CSCD 根据定性与定量相结合的遴选原则，利用中国科学引文数据库的数据和国内专家同行评估结果，每两年对来源期刊评选一次。中国科学引文数据库是我国的第一个引文数据库，具备数据准确、涵盖学科内容广泛、结构科学的优势，被誉为"中国的 SCI"。目前，CSCD 已被嵌入 Web of Science 平台中，极大方便了我国科研人员同步查询中英文高水平论文，拓宽了世界范围内科研人员了解中国科研成果的渠道。

1.4.3　北大核心

北京大学图书馆"中文核心期刊"的正式称呼是《中文核心期刊要目总览》，被其收录的期刊通常被称作"北大核心"。北大核心由北京大学图书馆和中国高等教育文献保障系统（CALIS）共同主持，北京地区 20 多所高校图书馆及国家图书馆等 29 个单位的众多期刊工作者及相关专家共同参与研发的成果。根据期刊的引文率、转载率、文摘等指标，运用文献计量学方法进行筛选，分学科、多指标综合评价，项目研究成果以印刷型图书形式出版，三年一评。

在 2020 版《中文核心期刊要目总览》中，收录核心期刊共有 1990 本，约占我国正式出版期刊总数的 20%，其涵盖学科众多，分人文社科、哲学、社会学、政治法律类；经济；文化、教育、历史；自然科学；医药、卫生；农业科学；工业技术共七编。

当我们不确定一本期刊是否被收录在某个核心期刊遴选体系内时，可去知网检索期刊的收录信息。如图 1.11 方框中所示，可以确定"计算机应用"这本期刊被 CSCD 和北大核心收录。而要确认一本期刊是否符合所在单位的期刊分级目录，则建议咨询所在单位的科研管理部门。

图 1.11　知网显示期刊收录情况

1.5 我国高质量科技期刊分级目录

自 2020 年以来，我国又出现了一个新的高质量科技期刊遴选体系，即由中国科协统一部署制定的"我国高质量科技期刊分级目录"。该目录旨在吸引高水平论文发表在中国科技期刊上，响应"把论文写在祖国的大地上"的号召，服务国家创新驱动发展战略。

它主要由国内各大专业学会（如中国机械工程学会和中华医学会）通过学术专家推荐和评议产生。截止到 2021 年 11 月，该期刊遴选体系按学科领域划分为临床医学、自动化、能源电力、中医药、地质学、机械工程、建筑科学、煤炭、地理资源、航空航天、植物科学、有色金属、细胞生物学、冶金工程技术与金属材料、材料失效与保护、汽车工程、铁路运输、生态学、数学、材料-综合、信息通信、安全科学共 22 个学科领域，每个学科领域的期刊分为 T1、T2、T3 这 3 个级别。其中 T1 表示已经接近或具备国际一流期刊，T2 指国际知名期刊，T3 指业内认可的较高水平期刊，共计收录期刊 4152 本，包含中英文期刊。这些期刊的质量得到了各自领域内同行的认可，可作为相关学科科研机构和科研人员了解国内外著名期刊的参考目录。未来可能有国内高校采纳"我国高质量科技期刊分级目录"作为本单位的期刊发表等级的标准之一。

1.6 EI 期刊

EI 是工程索引 Engineering Index Compendex 的简称，创办于 1884 年，其对应的 EI 数据库 Engineering Village 是一个提供工程技术领域学术文献查阅的综合性检索系统。

EI 数据库是目前最广泛和最完整收录高质量工程文献的数据库，而且收录数量在不断增加中。截至 2022 年 3 月 7 日，EI 数据库已收录 3878 本期刊、13 万多本会议论文集、146 本专著，包含将近 21 万篇学位论文、超过 1.77 亿篇期刊论文，以及 9800 万会议论文，主要包含英文、中文、法文和德文等 8 种语言，作者来自 85 个国家，涵盖主要工程学科中的 190 个工程领域。这些学科包括电气工程、土木工程、化学工程、机械工程、矿业冶金工程等。

根据 2022 年 3 月更新的目录，EI 共收录 4001 本期刊、828 本会议论文集，其中中国期刊 257 本，在这些当中 18 本为新收录。如果是中文期刊论文，其题目和摘要下面是对应的英文翻译版本。由于每隔几个月就会更新该收录目录，因此建议大家通过该网址及时查看（https://www.elsevier.com/solutions/engineering-village/content/compendex）。下载 View source list（查看来源列表）后，选择 SERIALS 即可查看 EI 期刊，选择 NON-SERIALS 即可查看 EI 会议，从而了解本学科领域有哪些期刊和会议被 EI 收录。

爱思唯尔公司的 EI 数据库区别于科睿唯安公司的 SCIE 论文数据库 Web of Science。两者是独立的数据库，这意味着一篇高质量的工程论文既可以入选 EI 数据库，也可以入选 SCIE 数据库，只要其所在的期刊同时被 EI 和 SCIE 数据库收录。由于 EI 论文是工程学科的论文，因此侧重于工程技术方面的学术研究，与工程类 SCI 论文注重工程前沿研究相比，EI 论文更侧向工程开发研究。

1.7 ESCI 期刊

ESCI（Emerging Sources Citation Index）是 Web of Science 于 2015 年发布的数据库。它将 Web of Science 的出版物收录范围进一步拓展，遵循 Web of Science 严格的选刊标准，将经过同行评审的具有地区代表性以及新兴领域的优质新刊收录其中。ESCI 相较于 SCI 的选刊标准低一个水准，其收录的期刊质量大致介于 EI 期刊和 SCI 期刊之间，因此可被视为英文 EI 期刊成为 SCI 期刊的必经之路。由于 ESCI 期刊并非正式的 SCI 期刊，所以并不提供影响因子数据。目前 ESCI 共收录学术期刊超过 7800 本，覆盖自然科学、生命科学、农业科学、社会科学、医学、工程学等众多学科。

一本新学术期刊成为 ESCI 期刊前需要经过 Web of Science 编辑团队的质量评估，涵盖 3 个方面 24 个质量指标，例如出版号 ISSN、同行审议政策、编委组成和单位信息、英文题目和摘要、合适的引用等。如果再想升级成 SCI 期刊，则需要再通过行业影响力标准的考核，包括四大指标：被哪些期刊引用以及引用量、论文作者在 Web of Science 中的发文和引用情况、编委会成员在 Web of Science 中的发文和引用情况、论文内容的重要性和创新价值。若一本 SCI 期刊质量下降而达不到影响力标准，也会被降级成 ESCI 期刊。图 1.12 示意了普通期刊与 ESCI 期刊及 SCIE、SSCI 和 A & HCI 期刊的发展关系。简单来说，ESCI 发挥着缓冲的作用，就好比足球队中从替补队员变为正式队员都有一个观察期。ESCI 是替补队员，表现得好才可以转正为正式队员 SCI，同样，正式队员如果能力退步也会被降为替补队员。

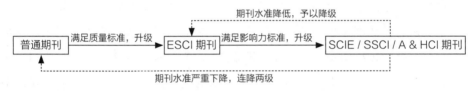

图 1.12　ESCI 与 Web of Science 三大核心数据库的关系

　　这里给大家一个提醒，我们登录 Web of Science 核心数据库进行检索时，要注意区分是 ESCI 期刊还是 SCI 期刊，如图 1.13 所示。由于它默认勾选全部的子数据库，所以我们在 Web of Science 里检索到的文献并不一定都是 SCI（还可能是 ESCI 期刊）。检索时最好根据自己的需求勾选相应的数据库。

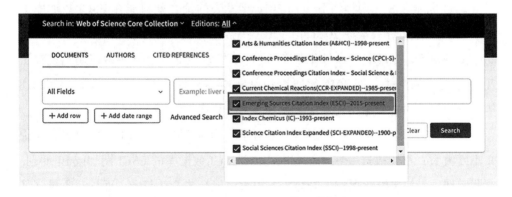

图 1.13　Web of Science 核心数据库

也许有读者会疑惑，假如我现在在 ESCI 期刊上发表了论文，若干时间后，

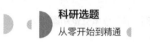

该期刊成功晋级 SCI，那我的论文能算作 SCI 论文吗？反之，如果我现在发表的论文是 SCI 期刊论文，而该 SCI 期刊在以后被降级成 ESCI 或者普通期刊后，那我的论文还能算是 SCI 论文吗？

一般来说，只要能在 SCI 数据库中检索到的文章都可以算作 SCI 论文，也就可以开检索证明。根据影响因子的计算规则（见本章第 1.3 节），一本 SCI 期刊在某年如 2020 年的 JCR 中被公布有了 2019 影响因子，那么其影响因子是根据 2017 年和 2018 年发表的论文在 2019 年的所有被引量和 2017—2018 发表的论文数量计算出来，因此，SCI 数据库也就会补充入选 SCI 数据库当年的前三年论文。如果发表的论文刚好在这段时间内，就很幸运地随着期刊入选 SCI 期刊而将原有非 SCI 论文升级成了 SCI 论文。而如果现在发表的论文在某 SCI 期刊中，等发表之后某年如 2021 年，该 SCI 期刊被降级了，那么 SCI 数据库还是会保留被剔除出 SCI 数据库时前一年（即 2020 年）以前的所有 SCI 论文（即发表在 2019、2018……的论文）。因此，如果一本期刊大概率在下一年公布的 JCR 中被剔除出 SCI 数据库，那么今年发表的论文很可能就不是 SCI 论文，即便今年该期刊还在 SCI 数据库中。

为保证严谨性，笔者对材料科学领域的期刊 *Membranes*（《膜》）做了一个测试。该期刊于 2020 年的 JCR 中由 ESCI 晋级为 SCI，于是有了 2019 年的影响因子。尽管该期刊在 2017 和 2018 年还不是 SCI 期刊，其在 2017 和 2018 年中发表的文章也能在 SCI 中检索到，而 2016 年发表的论文就只能在 ESCI 数据库里检索了。笔者又对一本在 2020 年的 JCR 中被剔除出 SCI 数据库的期刊 *Chimica Oggi-Chemistry Today*（《今日化学》）进行了检索验证。结果显示该期刊丧失了 2019 年的影响因子，即 2019 年所有的论文均不被收录进 SCI 数据库，而 2018 年及以前年份的 SCI 论文均被保留在 SCI 数据库中。

以上分析可以带给我们两点启发。对于想读博的同学，如果觉得发表 SCI 论文难度太大，不妨挑选一些比较有潜力入选 SCI 数据库的 ESCI 期刊或 EI 期刊。这些期刊质量如果继续保持上升势头，很大可能会被 SCI 收录，而一旦收录，其前三年的论文都会被补录成 SCI 论文。因此不妨试着向 ESCI 投稿，或许不久后就晋级到 SCI 的行列中，一举两得。同样对于尚处于科研起步阶段的研究人员来说，发表论文可选择的余地也增加了。而如果发现一本 SCI 的影响因子连年下降，如本章 1.3 节中的图 1.7 中显示的受预警期刊 *International Journal of Clinical and Experimental Medicine* 的影响因子就是连续下降到 0.166，于是在后一年即 2021 年公布的《期刊引证报告》中就剔除了该 SCI 期刊。

1.8 SCI 期刊

作为科研人员，我们最常听到的就是 SCI 期刊了。所谓 SCI 一开始是美国宾夕法尼亚大学结构语言学博士尤金·加菲尔德（Eugene Garfield）创立的一个科学引文索引（science citation index），后续又建立了科学引文索引扩展版（science citation index expanded，SCIE）、社会科学引文索引（social science citation index，SSCI）和艺术与人文索引（arts and humanities citation index，A & HCI 索引）。三者收录期刊数量由高到低依次是 SCIE、SSCI 和 A & HCI，分别占比三者总和的 64%、24% 和 12%（见图 1.14）。它们一起构成全球最大、覆盖学科最多的综合性高质量文献数据库，即 Web of Science 核心合集的主要部分。被这些数据库收录的期刊，都经过了文献专家严格评审，满足质量标准和行业影响力标准。

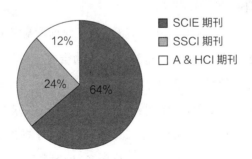

图 1.14 SCIE、SSCI 和 A & HCI 期刊数量占比

SCIE 数据库收录的期刊就是大家常说的 SCI 期刊，而 SSCI 期刊也被大家称呼为社科领域的 SCI 期刊，因此我们在这里统称它们两者为 SCI 期刊进行介绍，而将 A & HCI 放到下一节介绍。

SCI 期刊和 A&HCI 期刊中的论文最能代表各个学科领域的基础研究水平和研究进展，犹如一座每天更新的高质量知识库。阅读这些高质量论文有助于科研人员扩充知识面，深入了解学科研究状况，对自己的科研活动有很大的指导和启发作用。此外，发表 SCI 和 A&HCI 论文是科研人员科研评价、基金资助、成果申报、奖项评比、晋级考评、职称评审的重要参考标准，也是读博申请和进入职场工作的一块敲门砖。

1.8.1　SCIE 期刊

SCIE 是指科学和技术领域的 SCI，是全球最具学术价值的多学科综合索引，收录了自然科学、工程技术领域中最具权威和影响力的 9500 多种学术期刊，涉及数、理、化、工、农、林、医、生物等 178 个学科，收录的文献年份可追溯到 1900 年。

大家可能会疑惑，SCIE 与 SCI 是同一个东西吗？事实上，SCI 期刊最早是纸质版和光盘版，有 3700 多种期刊。伴随网络信息技术的发展，通过网络数据库进行信息检索成为主流，于是网络版 SCI，即 SCIE 期刊在 1997 年被推出，在新的期刊遴选标准指导下，更多期刊入选成为 SCIE 期刊，原有的 SCI 期刊也被纳入 SCIE 期刊目录中，于是两者被统称为 SCI 期刊。目前 Web of Science 中只存在 SCIE 数据库而没有了 SCI 数据库。

1.8.2　SSCI 期刊

SSCI 即社会科学引文索引，其对应的 SSCI 数据库聚焦社会科学研究论文，是用来对全球社会科学期刊论文进行检索分析的重要工具。SSCI 收录的期刊涉及心理学、经济学、政治学、教育学、传播学、法学、管理学、人口统计学等 58 个人文社科学科，超过 3500 种期刊。同时 SSCI 也收录 SCIE 收录的那些涉及自然与社会科学交叉研究的期刊，因此这些期刊同时被 SCIE 或者 SSCI 收录。例如，*Social Science Computer Review* 就是包含社会科学、计算机应用研究及信息技术对社会影响的一本跨学科期刊，同时被 SCIE 和 SSCI 收录。

SSCI 是 SCIE 的姊妹篇，二者的区别在于聚焦的学科方向不同，SSCI 侧重社会科学，而 SCIE 侧重自然科学。我们可以把 SSCI 在人文社科领域的地位视作 SCIE 在自然科学领域的地位，具有很高的权威性与影响力。

1.9 A & HCI 期刊

A & HCI 即艺术与人文引文索引，始于 1975 年，目前是 Web of Science 数据库中专注于艺术与人文科学领域的期刊索引数据库，与 SCIE 和 SSCI 一起构成 Web of Science 核心合集中的三大核心数据库。A & HCI 收录全球艺术人文领域约 1800 本期刊，覆盖艺术、建筑学、历史、文学、哲学、宗教等 28 个艺术与人文学科领域。与 SCIE 和 SSCI 期刊不同的是，目前 A & HCI 期刊并没有影响因子。对于某些含交叉研究的 SSCI 期刊可能也是 A & HCI 期刊，例如 *International Journal of Design* 就是一本同时被 SSCI 和 A & HCI 收录的期刊，其收录的论文主题包括设计的社会文化方面、全球化和本地化的设计方法等。

1.10 MEDLINE 收录期刊

MEDLINE 是美国国立医学图书馆（U.S. National Library of Medicine, NLM）面向研究人员、医护工作人员、教育工作者、行政人员和学生研发的国际性综合生命科学文献数据库，包含生命科学、行为科学、化学科学、生物、临床护理、公共健康、健康政策管理、环境科学、生物物理学和化学、动植物科学等学科领域。目前 MEDLINE 共收录世界范围内的期刊超过 5200 种，从 1966 年开始全面收录。这些期刊主要是英文期刊，比如 2010 年及以后的论文中，有 93% 的论文都是英文论文；如果是非英语期刊，其中的论文摘要需要有英文摘要。MEDLINE 收录的期刊都要通过文献筛选技术评审委员会（Literature Selection Technical Review Committee, LSTRC）的严格评估，从期刊的发表范围是否属于生物医学大领域、发表的论文质量（重要性、原创性及贡献程度等）、期刊编辑工作质量（如筛选论文的方法、利益冲突声明）、发行质量（如格式排版、图片等）等方面进行评估，每年有 3 次机会评估期刊的申请。从笔者随机抽查来看，MEDLINE 数据库均包含生命科学领域的 SCI 期刊。

MEDLINE 是著名的医学文献检索 PubMed 数据库的数据来源，可以从 MEDLINE 链接到 PubMed，所有被 MEDLINE 收录的期刊等文献资源都可以通过 PubMed 检索到。两者检索时，都是免费且无需注册。MEDLINE 数据库的一个显著特征是所有文献都被标记和关联到医学主题词库（medical subject headings，MeSH），该生物医学主题词库不仅全面存储了各个医学专业词汇而且建立了相似主题词的树状从属关系，意味着我们可以通过搜索一个医学主题词迅速找到各个相关领域的近义词及其关联的文献。图 1.15 示意了主题词 "Body Weight Maintenance（体重维持）" 在 MeSH 主题词库中的检索结果。

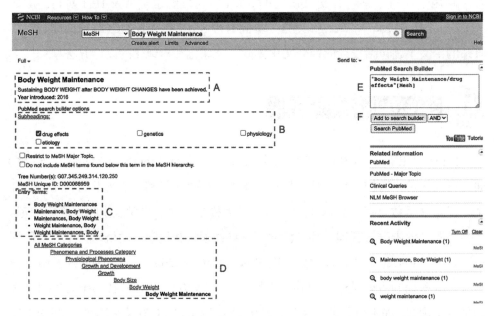

图 1.15 在 MeSH 主题词库中检索主题词 "Body Weight Maintenance" 的结果

图 1.15 中的 A 代表该主题词的描述；B 代表次级关键词，也被称为限定词，组合主题词共同检索，比如组合次级关键词 drug effects 表示检索药物维持体重的研究论文；C 代表主题词的相似词，与主题词的检索结果没有任何区别，比如检索 "body weight maintenance[Mesh]" 与 "maintenance, body weight[Mesh]" 的结果均是 378 篇文献（2021 年 8 月 31 日检索）；D 代表主题词与其上下级关键词的从属树状结构关系；点击 F 处的 Add to search builder（选择逻辑词 "与" AND）

即可得到 E 处的检索关键词组合，点击 Search PubMed 即可跳转到 PubMed 文献检索页面，如图 1.16 所示。

图 1.16　PubMed 中检索药物维持体重的研究论文的结果

此外，MEDLINE 已与科睿唯安公司合作，用户可以从科睿唯安公司的 Web of Science 平台进入 MEDLINE 数据库。

像 SCI 论文的地位一样，MEDLINE 收录的论文也成为某些高校评价科研成果的标准之一，如武汉科技大学规定博士研究生在读期间至少有 1 篇 A 级期刊论文被 SCIE、SSCI 或 MEDLINE 检索。

习 题

1. 文献调研过程中，最常接触的学术文献主要有（　　）。

A. 图书（专业教材、学术专著、词典）

B. 论文（期刊论文、会议论文、学位论文）

C. 特种文献（标准 / 规范、专利、科技报告、政府出版物）

D. 学术视频

F. 新闻报纸

2. 虽然了解一些中文专业词汇，但是不熟悉对应的英文专业词汇，那么哪一个词典最适合去查阅理解英文专业词汇？（　　）。

A. 知网翻译助手　　　　　　　　B. 研淳 Papergoing 专业词汇库

C. 柯林斯 Collins 线上词典　　　　D. ScienceDirect Topics

3. 学术文献主要在撰写以下哪些文件中发挥参考作用？（　　）。

A. 课题组周报 PPT　　　　　　　B. 开题报告

C. 科研计划　　　　　　　　　　D. 日常邮件

E. 基金申请书　　　　　　　　　F. 学术论文

4. 以下哪些收录类型的期刊有影响因子？（　　）。

A. EI　　　　　　　　　　　　　B. ESCI

C. SCIE　　　　　　　　　　　　D. SSCI

E. A & HCI

5. 如何避免因为研究内容不匹配期刊发表宗旨和范围而被快速拒稿？（　　）。

A. 广撒网多投稿，只要是本研究领域的期刊都去投稿，总有命中的

B. 仔细阅读目标期刊的 Aims and Scope，明确投稿范围

C. 咨询导师、有丰富发表论文经验的同行

D. 借助研淳 Papergoing 等期刊智能推荐系统查看期刊匹配程度

6. 把发表过的会议论文修改为期刊论文，以下哪些做法不可取？（　　　）。

A. 直接照搬会议论文的内容，按期刊论文格式重新排版

B. 补充论文内容，增添至少 1/3 的新内容，并形成严谨论证分析

C. 根据投稿期刊的要求，对论文进行修改润色

D. 在投稿时向期刊编辑说明该论文是由会议论文发展而来

7. 假如一本 SCI 期刊在 2020 年新公布的 JCR 中，被剔除出了 SCI 数据库，那我以前在这本期刊中发表的论文还是 SCI 论文吗（即能在 Web of Science 的 SCI 数据库中被检索到）？（　　　）。

A. 若发表年份是 2019 年，则不是 SCI 论文，即未被收录到 SCI 数据库中

B. 若发表年份是 2019 年，则还是 SCI 论文，因为 SCI 期刊是在 2020 年公布的 JCR 中才被剔除

C. 若发表年份是 2018 年或者更早年份，依然是 SCI 论文，即还在 SCI 数据库中被保留下来

D. 不管在哪一年发表，我的论文都不再是 SCI 论文了，因为期刊都已经不是 SCI 期刊了

第 1 章参考答案

参考文献

[1]　白文倩，徐晶晶 . 义务教育信息化资源配置均衡性研究——基于 2001 ~ 2018 年《中国教育统计年鉴》数据分析 [J] 现代教育技术，201, 29(10)：108-114.

[2]　CALDWELL J A, MALLIS M M，CALDWELL J L, et al. Fatigue countermeasures in aviation[J]. Aviation, Space, and Environmental Medicine, 2009, 80(1): 29-59.

[3]　陈建龙，朱强，张俊娥，等 . 中文核心期刊要目总览 [M]. 北京：北京大学出版社，2018 武汉科技大学恒大管理学院 . 武汉科技大学学术期刊分级暂行规定 [EB/OL]. (2018-08-28)[2023-02-21]. http://som.wust.edu.cn/info/1492/2711.htm.

[4]　CHEN X. Scholarly journals'publication frequency and number of articles in 2018-2019: A study of SCI, SSCI, CSCD, and CSSCI journals[J]. Publications, 2019, 7(3): 58.

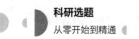
[5]   GARON N, BRYSON S E, SMITH I M.Executive function in preschoolers: A review using an integrative framework[J]. Psychological Bulletin, 2008, 134(1): 31-60.

[6]   GLANZEL W, MEYER M. Patents cited in the scientific literature: An exploratory study of 'reverse' citation relations[J]. Scientometrics, 2003, 58: 415-428.

[7]   GUNNERUD H L, BRAAK D T, REIKERAS E K L, et al. Is bilingualism related to a cognitive advantage in children? A systematic review and meta-analysis[J]. Psychological Bulletin, 2020, 146(12): 1059-1083.

[8]   ISABEL M B, MONIKA Z. Treatment of diabetes mellitus by long-acting formulations of insulins[P]. 2019-02-28.

[9]   可信软件基础研究项目组．可信软件基础研究 [M]. 杭州：浙江大学出版社，2018.

[10] NEVILLE A M.Properties of concrete[M]. 5th ed. Essex: Pearson Education Limited, 2011.

[11] NOMALER O, VERSPAGEN B. Knowledge flows, patent citations and the impact of science on technology[J]. Economic Systems Research, 2008, 20(4): 339-366.

[12] North Slope Borough, Department of Planning & Community Services. Oil and gas technical report: Planning for oil & gas activities in the national petroleum reserve-Alaska[EB/OL]. (2018-09-04)[2024-01-05]. https://catalog.northslopescience.org/dataset/2693.

[13] 世界知识产权组织．China becomes top filer of international patents in 2019 amid robust growth for WIPO's IP services, treaties and finances[EB/OL]. (2020-04-07)[2023-05-01]. https://www.wipo.int/pressroom/en/articles/2020/article_0005.html.

[14] 世界知识产权组织．World intellectual property indicators report: Trademark and industrial design filing activity rose in 2019; Patent applications marked rare decline[EB/OL]. (2020-12-07)[2023-01-08]. https://www.wipo.int/pressroom/en/articles/2020/article_0027.html.

[15] Web of Science. Web of Science journal evaluation process and selection criteria[EB/OL]. (2021-11-15)[2023-04-28]. https://clarivate.com/webofsciencegroup/

journal-evaluation-process-and-selection-criteria/.

[16] 武汉科技大学信息公开网 . 武汉科技大学关于博士、硕士研究生申请学位
取得学术成果的规定 [EB/OL]. (2019-06-28)[2023-03-24]. http://xxgk.wust.edu.cn/
info/1071/14911.htm.

[17] WU Z, WONG H S, BUENFELD N R. Effect of confining pressure and
microcracks on mass transport properties of concrete[J]. Advances in Applied
Ceramics, 2014, 113(8): 485-495.

[18] WU Z, WONG H S, BUENFELD N R. Influence of drying-induced microcracking
and related size effects on mass transport properties of concrete[J]. Cement and
Concrete Research, 2015, 68: 35-48.

[19] 吴志根 . 国际高水平 SCI 论文写作和发表指南 [M]. 杭州：浙江大学出版社，
2019.

[20] 浙江大学地球科学学院 . 关于 22 级硕士生、22 级普博生转博生和 21 级直博
生开题报告的通知 [EB/OL]. (2023-02-22)[2023-5-21]. http://gs.zju.edu.cn/2022/0705/
c35089a2601231/page.htm.

[21] 中国科学院文献情报中心 . 中国科学引文数据库（CSCD）来源期刊遴选报
告 (2021—2022 年度)[R/OL]. (2021-04-25)[2023-02-16]. http://sciencechina.cn/cscd_
source.jsp.

[22] 中国社会科学研究评价中心 .《中文社会科学引文索引 (CSSCI)》来源期刊
（集刊）遴选办法（试行）[EB/OL]. (2018-01-18)[2023-03-27].http://cssrac.nju.edu.
cn/gywm/lxbz/20200102/i64328.html.

[23] 庄国顺 . 大气气溶胶和雾霾新论 [M]. 上海：上海科学技术出版社，2019.

文献调研和选题的推荐思维

对于大部分科研人员和学生来说，他们往往需要通过文献调研来实现各种科研目的，比如想得到一个优秀的科研想法。但是这对于科研新手来说，颇具挑战性。究其原因，就是没有正确的调研方法、工具和思路，以至于他们在"文献信息过载"中迷失调研方向，备感迷茫。据笔者个人经验和调研，大多数学生未经深思熟虑就一股脑儿去搜索文献，然后通过 EndNote 等文献管理软件归类整理几十篇甚至上百篇文献，盲目开展文献阅读。当他们阅读了几篇论文后才发现，其实完全没有必要去下载和阅读其中的大部分论文。这不仅浪费了大量时间，而且会令他们抓不住重点文献而迷失在"海量"论文中。与之相反，如果我们在开展具体的文献调研前，就具备一位富有经验的科研工作者的文献调研和选题思维或认知，例如先排列组合关键词再去检索，这样不仅检索有序，而且能大大提高检索准确度。更有甚者，还有一部分学生甚至盲目乐观地提出科研想法，在完成实验后却发现想法不具备创新性而追悔莫及。

高质量的文献调研和提炼想法是每一位科研人员确立具体科研项目和获得及发表高水平科研成果的基础。但遗憾的是，搭建好这一基础并不容易。毕竟文献调研是一个系统工程，包含选择数据库、确立关键词、组合关键词检索、筛选阅读文献和总结等环节。提炼想法更是一个高度创意类的活动，从来没有捷径可以快速得到想法。要系统掌握文献调研和选题的思路及方法，笔者认为首先非常有必要建立正确的认知，然后才是掌握具体的文献调研和提炼想法的方法或思维。在第 1 章认识学术文献和期刊后，笔者根据多年的文献调研和提炼想法的实践及指导经验，在第 2 章中总结出常见

的九大文献调研和选题思维，这样可以让大家先在认知层面上树立正确的理解，然后再通过理解和学习后续几章中提供的具体实操方法，将文献调研和选题工作变得有序、从容、精准和成体系。

2.1 有备而来开展文献检索，事半功倍

你是否遇到过以下场景？

① 下载了大量论文，甚至上百篇之巨，读了几篇之后，就去忙其他事情了。腾出时间来再回头阅读时，却发现不知道从哪篇继续往下读了。阅读大量论文也让人感觉到乏味，甚至失去阅读的动力。

② 直接下载保存检索出的论文，着手开始阅读时再去筛选重要论文，却发现一大半论文都不值得阅读。

③ 检索关键词单一，不知道如何组合起来检索，导致检索出大量论文，不知道如何从中筛选。

④ 不了解自己检索的数据库包含的文献范围是否匹配自己专业方向要求，有枣没枣打三竿。

⑤ 先花费大量时间学习文献管理软件，如 EndNote，再去检索、保存和整理论文。

以上 5 个问题，如果你符合其中的 3 个及以上问题的情形，说明你的文献检索质量和效率较低。那么出现以上这些情况的原因是什么呢？这主要是因为我们常常会不重视检索文献前的准备工作，莽莽撞撞地直接检索，采用摸着石头过河的手段。此外，大多数人没有经过系统地培训或指导，检索技能不过关。其实以上 5 个常见场景都可以通过高质量文献检索的操作和建立科学的调研思维去避免。我们接着分析一下这 5 个场景。

在第一个场景中，我们的初衷是直接检索出高质量且相关度高的文献（好的文献在数量上一定不会多）。虽然不同学科间略有差别，但是基本上都在 10 ～ 20 篇（写综述论文时，为了博采众长，参考文献多达上百篇）。通过选择正确的数据库、设置合适的关键词和采用高级检索技巧，就可以自动筛选出高质

量文献，避免烦琐的人工筛选。在阅读少量高质量文献时，如果读者在此基础上采用本书后面几章中提供的知识体系阅读方法，就可以避免阅读无序和阅读乏味的问题。有些读者可能会疑惑为什么经常听说在科研入门阶段需要海量阅读论文，而笔者却强调少而精地阅读论文呢？其实，对于科研新手来说，读论文的第一阶段是通过阅读论文去学习专业知识和入门某个研究领域。而达成这一目的更有效率的方式是集中阅读一两本专业教材和学位论文。

在第二个场景中，如果我们将筛选文献的工作主要置于阅读正文之前，即在检索时就通过题目摘要等检索信息进行快速判断论文相关性和质量，把关筛选，我们就不需要下载保存大量论文，可以节约大量时间。有些读者会担心，这样会不会遗漏一些重要文献。其实，如果找准了关键的 2 ～ 3 篇文献，精读它们之后，基本都可以根据其中的参考文献或者内容关键词再开展检索，从而找到其他的相关文献。因此，文献检索的主要工作在于阅读论文前的准备，但是在阅读过程中也需适当检索以不断完善需要阅读的文献数量和质量。

在第三个场景中，如果我们能优先列出多个关键词，然后进行排列组合，结合布尔运算符（与、或、非），就可以非常准确有序地找到相关度高的文献，避免迷失在海量论文中。正是基于此，大多数文献数据库基本上都提供包含上述功能的高级检索选项。例如，图 2.1 所展示的是文献检索数据库 ScienceDirect 的高级检索功能界面，里面可以设置多个关键词进行组合检索。

在第四个场景中，如果我们能事先了解自己所在专业上的主要文献数据库，就可以保证检索出来的文献是齐全的，避免漏掉某些关键文献。例如在土木工程学科中，美国土木工程师协会 ASCE 就有一个自己旗下的重要专业文献数据库。如果我们只是去常见的大类学科数据库，如 Elsevier、Springer（施普林格）、Taylor & Francis（泰勒 - 弗朗西斯）等进行检索，就很可能会错失掉重要的文献。这也说明我们有必要在开展具体的文献检索之前，先系统整理出专业领域的主要文献数据库。在第 3 章中，笔者除了提供各专业常用文献数据库给大家作参考，同时也在其中分享了找全专业领域内文献数据库的常见思路。

Find articles with these terms

_____

In this journal or book title   Year(s)

_____

Author(s)   Author affiliation

_____

Volume(s)   Issue(s)   Page(s)

_____

Title, abstract or author-specified keywords

_____

Title

_____

References

_____

ISSN or ISBN

_____

Article types ⑦

☐ Review articles   ☐ Correspondence   ☐ Patent reports
☐ Research articles   ☐ Data articles   ☐ Practice guidelines
☐ Encyclopedia   ☐ Discussion   ☐ Product reviews
☐ Book chapters   ☐ Editorials   ☐ Replication studies
☐ Conference abstracts   ☐ Errata   ☐ Short communications
☐ Book reviews   ☐ Examinations   ☐ Software publications
☐ Case reports   ☐ Mini reviews   ☐ Video articles
☐ Conference info   ☐ News   ☐ Other

Search Q

图 2.1　文献检索数据库 ScienceDirect 的高级检索功能界面

以上分析的是英文文献数据库，我们还需要整理出自己领域的中文文献数据库。在第 3 章中，与专业相关的常见中文文献数据库笔者也有介绍。

在第五个场景中，笔者发现不少研究人员的"工具思维"很重。其实使用文献管理软件并不是文献调研成功的关键，更重要的是要把有限的时间放在思考如何精准检索出最理想的文献上。唯有这样，才可以更快获得对课题方向的初步认识和开展深度检索，再结合软件提高文献管理的效率。在这个过程中，我们会逐步明确使用软件管理文献的具体需求，比如通过软件实现快捷下载和归类文献。有了明确的需求后，我们再去学习具体的软件功能就更有针对性、更有效。在本书第 4 章和第 9 章中，笔者介绍了不同形式的文献管理方法和软件操作指南。

总之，高质量文献检索是一项重要的基础工作，能大幅度提升后期阅读和选题的效率，达到磨刀不误砍柴工的效果。虽然一开始需要投入一定的时间进行检索准备，但是后期检索的效率和质量会得到显著提升。高质量的文献检索绝不仅限于简单的检索，而是一项系统工作。它包含多个环节（如本书后面章节中提出的"左轮枪调研选题模型"的多个要素），需要我们重视并采取恰当的方法，做到有备而来开展检索，事半功倍达成目标。在文献检索整项工作中，笔者建议将80%的精力放在文献检索的"准备工作"上，而只将20%的精力放在实际检索操作中。

2.2　"取精用宏"筛选和阅读高质量关联文献

常常有同学诉苦要读的文献太多了，甚至有些还说要在文献调研阶段实行"双百阅读"，即阅读中文论文100篇，英文论文100篇。我们总有害怕漏掉信息的顾虑，所以总是希望通过阅读更多的文献来补救。

随着科技成果的快速涌现，大部分领域都产生了大量的论文。同时，交叉研究的不断出现和深入，使得每隔一段时间都会涌现新的技术或研究热点。它们都有很大可能和自己的研究方向关联起来，也助推了自己领域相关论文数量的激增。通过阅读科睿唯安与中国科学院联合发布的《2021研究前沿》，我们可以发现，2021年的研究前沿课题中，交叉融合的特征非常明显。例如：在化学与材料科学领域中的课题"化学传感器在新型冠状病毒检测中的应用"，是一种化学、材料与医学的交叉研究；在信息科学领域中的课题"利用科学影像检测和诊断新冠感染的深度神经网络研究"，是一种人工智能与医学的交叉研究。

那么是否真的需要阅读如此多的论文呢？其实没有必要。我们从论文类型上进行分析。每一项研究都有不同层次的论文质量，有原创性论文（实现从0到1的突破），也有后来者的补充性创新论文（实现从1到1.1的改进），还会有跟风式的重复论文。这类重复论文的研究想法和原创性论文区别很小，但是通过更换材料或应用场景、呈现足够多的实验数据、投稿边缘学科期刊或大类学科非专业领域期刊等方式，也能在低水平期刊上发表。在这三类论文中，我们不要被第三类论文（即跟风式论文）影响，而要阅读第一类和第二类论文（精读为主，泛读为辅），以此获得相关的原创性想法和对应的论证方案及结论。此外，博士学位大论文，特别是中西方名校博士学位论文，它们的研究主题范围较大，且研究内容自成一体。可以说，它们是多篇小论文（本书中指期刊论文，下同）的集合体，可以帮助我们在全局上快速了解某个研究主题的研究进展，是笔者推荐的一种值得阅读的高质量文献类型。另外，即便挑选出了高质量的文献，它们之间也需要有内在的相互联系。我们的最终目的是形成一张高质量文献网络，而不是散落在各个研究主题上的零散文献。这就为后续系统开展阅读文献阅读、建立内容知识体系奠定了文献基础。

总之，笔者建议大家要具备"取精用宏"的思维，在检索文献阶段，就去筛选那些高质量且有相互关联的论文，摒弃那些低质量的论文。后期对高质量论文进行深入阅读，将其研究成果充分融入内容知识体系中，达到"少即是多"的效果。这样就更有利于激发优秀的科研想法和掌握已有的研究方案或方法。

2.3 文献为我所用，以目的为导向

科研要站在巨人的肩膀上，我们要善于汲取前人论文中的精华，但往往很多学生分不清精华和糟粕，不清楚想要通过阅读文献获得什么样的信息。缺乏明确的阅读导向会让我们在阅读文献时很容易陷入局部，而不能快速把握整体和内容要点，导致阅读效率低下。反之，如果我们清楚阅读目的，进行选择性阅读，就可以快速提取关键信息。例如，我们想了解某位同行最新的研究主题，就可以只查阅这位同行最近 3 年内论文的关键词，然后合并起来总结出研究主题。以韩国仁川大学年轻学者 Choongwan Koo（顾忠万）博士为例，据笔者统计，截至 2020 年 8 月 1 日，他共计发表了 51 篇 SCI 论文，其中 90% 的论文都在 JCR 一区，因此可以说他是一名优秀的青年学者，其研究主题值得同行去了解，以获得启发。我们将其在 2018 年到 2020 年（截至 2020 年 8 月 1 日）期间发表的 SCI 论文的关键词进行统计分析，得到了图 2.2 所示的研究主题云图。可以看出，

Koo 博士集中于 monitoring and diagnostics（监测与诊断）、finite element method（有限元方法）、change point analysis（变化点分析）、real-time big data（实时大数据）的研究。当我们快速了解到 Koo 博士这 3 年的研究主题后，如果还想进一步了解其具体的研究成果，只需要再阅读全文即可。

图 2.2　Koo 博士在 2018—2020 年的研究主题云图

在本书后面几章中，笔者分析了不同的阅读目的，例如了解研究背景、提炼创新点、学习研究方案等，以产出不同的文档形式，如周报、综述、开题报告、基金书、论文等。当我们确定它们其中之一为某个调研阶段的阅读目的后，再采取对应的阅读方法，往往就能事半功倍地获得我们想要的结果。此外，对于科研新人来说，文献调研是一个相对漫长的过程，一般都要几个月甚至长达一年。如果在长时间内，我们不能得到明确的调研结果而迷失在文献阅读中，长期处于一边阅读一边遗忘的状态，这会让我们失去阅读动力，大大降低阅读效果。反之，不断实现目标能不断带给我们成就感，继续推动文献调研，帮助我们提炼出优秀的科研想法。

为什么很多科研新手很难通过快速阅读吸收论文要点知识呢？在笔者看来，我们国内的科研新手由于深受之前教育的影响，往往不自然地"先学知识后读论

文"，在遇到陌生的专业知识时，总是先去全面学习一遍再回到论文上面。笔者建议将其反转为"先读论文后学知识"，即通过阅读论文整理基本框架思路再按需学习知识即可。在明确需求前提下深入阅读论文和学习必要的知识，可有的放矢，直达科研目标。

2.4 知识体系助力系统性阅读

虽然相关的文献很多，但我们常常会遭遇阅读失去方向和收获"支离破碎"不成体系的情况。也就是说，在阅读大量文献时，容易迷失方向，难以找到一条阅读主线，进而顺藤摸瓜找到最新的研究进展并分析出研究缺口。很多科研新手由于不了解科学研究有不断积累、前后相互关联及不断深入的特点，就容易在文献调研过程中，忽视建立专业基础而直接阅读论文。他们没有探寻各个文献之间的相关关系，通常只是采取单篇独立阅读的方法。尽管很多人会做阅读笔记，但他们缺乏将各个文献有效串联起来的经验，还是不容易找准研究进展脉络。要想通过阅读文献输出创新想法或设计新方案，我们不仅要理解单篇论文的研究成果，还要学会整合多篇论文的研究成果，最终消化吸收后转化输出自己的想法。这就是笔者认为的文献阅读的 3 个过程。它们依次是获取表面知识—整合加强知识点—转化输出新知识，如图 2.3 所示。

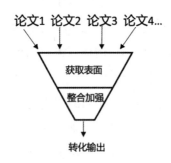

图 2.3　文献阅读到输出知识的过程

此外，笔者提倡多阅读高水平论文。然而由于它们通常包含透彻深刻的研究内容，较难被科研新手理解。这时候就容易出现放弃阅读的情况，毕竟每个人都会出现阅读疲劳。例如，经常有同学咨询笔者，如果看不懂论文中的方程推导，真是不想继续阅读下去，那该怎么办？还有些同学反映，在阅读高质量论文时，总觉得作者写的很好，看不出论文存在的瑕疵或不足，如此感觉甚好，表扬都还来不及，哪里还可以提出问题。

在笔者看来，以上问题或现象的出现，根本在于我们缺乏一个系统化的文献阅读思维。大家可以设想，如果我们将散落在各个文献中的知识点集合在一起，并通过有效的编排构成一张知识图谱，我们就可以按图索骥不断阅读更多相关的论文或教材等其他形式的文献。并且，这些文献也不需要全文阅读，我们只要摘取文献中相关的知识点即可。即便知识体系中某几个环节较难搭建（如某个理论推导），我们可以将它们暂时空缺。这并不影响全局知识体系的搭建。由于系统化的记录、归类和总结，我们可以步步为营叠加理解同行研究内容，进而更容易理顺研究进展，也更有希望提出优秀的科研想法和设计科学的研究方案。提炼出的想法还可以根据科研想法的属性进行归类，例如按照原创、前沿、需求牵引、交叉研究归类后，再结合自己实验室的情况筛选出可行性强、研究价值大的课题想法。因此，笔者在第 7 章中全面介绍一种基于科研知识图谱理论的系统化阅读思维和方法，通过构建知识体系大大提升阅读吸收和输出想法的效率和质量。

笔者的一位朋友在读博期间非常不顺利，先后更换了 3 次课题想法，最终没有取得理想实验数据而放弃学位，非常遗憾。因此，我们在科研立项阶段就要建立足够的风险意识。而上述讨论的系统化思维除了可以帮助我们搭建知识体系以掌握全局知识，还可以在提炼想法上减少犯错和走弯路的风险。在提炼想法阶段，我们常常会试图开展交叉检索和阅读，比如顺着一篇论文中的某个知识点扩展到其他学科上。这种发散性思维和做法的确有利于我们获得交叉学科的启发而碰撞出创新想法，但是也有可能让我们没有阅读重点而零散地阅读论文。相反地，如果我们通过自己所在学科领域的文献阅读建立起来的知识体系去探索周边领域的文献，就会容易控制文献调研的步伐，不至于远离文献阅读的中心。

2.5 建立交叉研究意识，跨行业涉猎知识

正如第 2.2 节所强调的，当前学科交叉的趋势日趋明显，如物理学与数学交叉形成了量子物理学，生物学与计算机科学交叉形成了生物信息学，等等。学科之间的交叉融合是科学发展的内在规律和必然趋势，也是科技创新和解决复杂科学问题的重要途径。

学科之间的交叉究其原因主要是传统学科逐步发展成熟后会构成新学科发展的基础。例如：力学学科的成熟奠基了生物力学的发展，自身也成为了一门基础学科；人工智能技术的快速发展已经成为研究人员的新生产工具，在各行业中得到广泛应用。此外，成熟学科的研究人员由于在学科内缺乏创新研究的突破口，也会有巨大动力去相近学科中寻求融合突破。实际上，这也有利于解决某一学科内的复杂科学问题。

除了相近学科之间的交叉，也不乏一些跨度很大的学科之间的交流与融合。例如一些人文社科的研究会运用理工科的分析思维与理论，从新角度看待研究问题。例如，*Nature*（《自然》）杂志刊登的一篇研究非洲教育情况的社科类论文 "Mapping Local Variation in Educational Attainment Across Africa"，就借助了统计学的贝叶斯模型来分析非洲各区域教育差异数据。数据分析清晰有力，图片展示形象丰富，很有说服力与新意。目前，这类融合了理工科分析工具的社科类论文受到了国际同行的认可和青睐。此外，笔者受此篇论文启发认为自然科学与人文社科的结合非常有助于解决复杂的大系统问题，如生态环境和气候变化问题。

正是因为有大量研究存在多个学科之间的交叉融合，目前已出现了"跨学科"（multidisciplinary）的新学科。例如，全球领先的专业信息服务提供商科睿唯安每年遴选高被引学者（highly cited researchers）就单列出跨学科领域的佼佼者。同时，在 2022 年版的 SCI 论文检索综合数据库 Web of Science 中，一共有 254 个学科领域，其中就出现 8 个大学科的交叉研究领域。这些大学科包括农业、化学、工程、地球科学、人文、材料科学、物理、心理学，以及一个多学科科学（multidisciplinary sciences）。

同时，2019 年—2023 年版的国家自然基金申请系统中也要求申请者明确科研问题属性。它一般分为 4 种，其中一种就是"共性导向，交叉融通"。它就是希望交叉融合多学科知识以解决共性难题。

近年来，推进学科交叉融合也受到了国家战略层面的高度重视，例如在《中共中央关于制定国民经济和社会发展第十四个五年规划和二〇三五年远景目标的建议》中明确提出了优化学科布局和研发布局，推进学科交叉融合。国际上也是非常重视，例如笔者博士期间参加的博士课题就来自欧盟研究与创新框架计划"地平线 2020"（Horizon 2020）。该计划始于 2014 年，为期 7 年，明确提出要发挥交叉研究的合作优势去解决挑战性的科技问题。

不同学科和研究领域之间发展进度不同，研究思路不同，研究范式也有差异。这些不同从表面上看存在显著差异，但实际上却为学科交叉提供了肥沃的土壤，使得学科交叉成为科技创新的重要灵感源泉。例如，自然科学的 SCI 论文注重科学严谨性，强调实验数据的验证分析，而人文社科的 SSCI 论文内含哲学范式和思辨精神。因此，前者为后者带来科学求证思维，增加研究内容的可靠性，而后者为前者拓宽了讨论分析的宽度和深度，自然科学和人文社科可以相得益彰。又比如，计算机智能或大数据算法领域往往研究突飞猛进，层出不穷的高质量算法可为其他领域提供广阔的应用空间。

因此，科研人员不仅要阅读自己行业里面的论文，而且要去涉猎其他领域甚至是其他行业的论文，充分吸收各行业、各学科的独特性，以及不同的学科知识和思维方式。尽管我们不需要经常阅读跨行业论文，但是一旦有机会，如查阅某个研究主题时发现其他行业论文有联系，就不要舍弃不读；如有机会聆听交叉研究的学术报告，千万不要不认真聆听。

实际上，很多科研人员除了在本专业研究上精耕细作之外，还积极尝试交叉研究课题，与跨专业学者合作。这不仅增加了本专业研究成果的价值，让研究成果在其他专业方向上发挥额外作用，而且极大地拓宽了研究思路，诞生新的科研点子，更容易获得课题资助，在长时间内稳定输出研究成果。因此，具备交叉研究意识对于科研职业发展具有重要价值和意义。

具备交叉研究的意识后，我们就可以在科研工作中的多个方面将其利用起

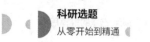

来。具体来说，在人文社科类的文献检索中，可以有意识地将研究的关键词加上data analysis（数据分析）或 model（模型）来组合检索，以检索出含有数据分析或数学模型的社科类论文。想了解人工智能在传统研究领域中的应用，可以在检索关键词后加上人工智能（artificial intelligence）。总之，我们在检索文献时要具备学科交叉的意识，注重不同学科之间的交叉检索，拓宽检索的学科领域范围。

在文献阅读和提炼想法的过程中，如果发现本学科领域的知识范畴内难以解释的问题，不妨试着从其他学科的思维角度重新看待问题，借鉴其他学科的思维方式、科学理论与实验方法，或许就能一下打开研究思路。同样的，在设计研究方案时，可以类比其他学科领域的研究方法，获得适合自己研究的设计灵感。

一般来说，我们在学习新知识的起步阶段会感到学习速度缓慢，投入足够多的时间后才慢慢快起来，这就是经典的学习曲线理论。在交叉研究探索中，我们需要投入足够多的时间才能消化理解新领域知识，整合不同的方法。如果有其他学科的合作者，还需要不断地开会讨论和头脑风暴，这些都是非常花时间和精力的。正是这些投入，才有可能在后期思考科研点子时让我们保持高效率。因此，不能遇到一点困难就浅尝辄止，而是要持续投入，直到摸索通透。

新学科领域的学者可能持有与我们不同的研究观点，这时候就需要持开放的态度，乐于接受新观点而不能一味排斥，在保持科学分析的基础之上博采众长，从而摸索出适合自己的创新之路。

2.6 保持好奇、吃惊或愤慨情绪

对一些现象的吃惊、好奇或愤慨的情绪，有时也能成为研究动力，刺激你大脑产生想法。这里的愤慨是指不满足于已有研究现状，认为过于浪费（经济性不好）、过于忍耐（如某项技术诊断准确率只有 50%）、观点分歧较大等，因此产生改进已有现状的冲动。

有了以上这种情绪，我们对所见所闻就会有一定的敏感性，这就有利于及时察觉到日常工作中发生的一些异常现象。试想，如果对所见所闻都毫无感受，那即便再异常的现象也可能会在你眼前溜过。这种情绪也有利于挖掘不同的研究结论或观点。毕竟当我们在论文中发现某项研究主题出现了不同的结果，我们就会吃惊进而想通过新的研究弄清楚哪一个才是正确的结果。同样，当我们看到某项研究成果不够优秀时，不安于现状的我们也希望通过积极提升得到更优的结果。

其实，保持好奇心、吃惊或愤慨的情绪也是我们主动提问的必要条件，而提问是科研过程的重要起始环节。一个好的提问极有可能带来一个新的科研想法。下面的案例展示了提问在整个科研环节中的重要性。

◎ 案例　赛车的故事

小明有一天在马路上行走，突然马路上开过来一辆跑车，速度很快，但是也很吵，这时候抱有好奇心的小明就提问了："车速跟噪声是不是有关系呢？"为了回答这个问题，小明先做一个假设：车速越大噪声越大，然后他就去验证这个假设，在实验室里设置不同的车速测音量，再建立之间的数据关系，最后去判断之前的假设是否成立，若能成立就总结车速与噪声之间的定量关系，若不成立就修改假设再继续开展实验验证，直到找到正确的假设。

在这个案例中，正是因为小明的好奇心和积极主动提问，才会有接下来的提假设、实验验证、接受或修正假设，从而完成了一个完整的科研小项目。

保持好奇心也是开展交叉研究工作的基本条件。交叉研究可以被看成是跨出自己所在学科的知识边界去探索与其他知识领域的合作。如果我们对其他陌生领域缺乏好奇心，往往不会敏感地发现新机会，也就失去了做"第一个吃螃蟹的人"的机会。好奇心也需要一定的冒险精神和发散思维的支持，勇于脱离舒适区，不断尝试新方法和新思路，关联那些看起来没有关系的研究成果，实验新想法（尽管看起来不靠谱）以及去请教其他学科的专家答疑解惑。尽管这中间可能会遭遇很多次失败，但它们是创新突破的土壤。

2.7　批判性思维助力文献调研和提炼想法

在文献调研和提炼想法过程中，大家是否会遇到下列这些场景？

① 读了很多论文，总觉得同行们已经做得不错了，发现不了论文的不足，

提不出疑惑。

② 自己看书或看论文很多，但总是不能提炼出创新点和进一步挖掘有研究价值的课题想法。

③ 很想尽快确定课题或论文想法，但是连课题想法的属性类别、如何评估可行性都知之甚少，文献读得越多就越迷茫。

④ 不知道如何将科研点子拆分成小目标以便有效开展方案设计。

遇到以上问题，很多同学的解决方式往往是依靠导师、师兄师姐的帮忙或是去模仿学习，但是却发现在深入分析时不能得到他们直接的帮助而只能学点皮毛。这是因为对于即便有丰富研究经验的导师来说，如果没有深入阅读论文，也很难指出论文中的不足和给出具体的科研点子。即便可以帮助评估想法可行性和拆分课题目标，但学生也要先萌发初步的科研想法。此外，对于缺乏导师有效指导而相对独立做科研的同学，就更没有机会一同参与讨论论文和提炼点子了。

如果上述4个问题长期得不到有效解决，很多人会感到焦虑。其实大可不必焦虑，毕竟我们是在解决一个复杂有价值的科学问题。该问题一旦被解决，将产生较大的价值。试想，如果我们总是去解决那些简单的科学问题，虽然没有烦恼，但这样的问题往往缺乏价值。总之，科研活动是一个探索未知的摸索过程，总会遇到各种需要独立解决的问题，因为创新的科学问题不会是直接、简单的问题。

笔者在读博起步阶段也遇到过上述烦恼，在导师的引导下，及时调整了文献调研的工作思路并顺利地提炼出了博士课题想法，最终提前一个月完成博士课题答辩。例如，笔者知晓大概率下每篇论文存在不足，于是为了找出前人研究的不足，就在阅读文献时逼迫自己一定要向论文通讯作者通过邮件提出至少一个问题。为了锻炼提问题的能力，还去广泛查阅资料，最后在学校图书馆中找到批判性思维（critical thinking）相关书籍。通过精读和平时锻炼，最终较为熟练地掌握了这套思维方法而成功应用到笔者的文献调研中。笔者后续的科研过程和工作也是受益良多。

很多科研新手习惯于接受知识而不主动提问和交流，这使得大部分科研新手善于记忆和总结知识，却缺失了分析、推理、辨析、挑战的能力。而这些又是从事高水平科学研究必备的要素。科学研究的过程并不是简单地收集前人研究中的数据、观点或知识，然后拼凑起来组成新的项目成果，而是通过深思熟虑和批判性思考提出新的科学问题，然后寻找答案并提供有说服力的论证过程。因此要根本解决本节开头提出的常见问题，我们除了掌握正确的方法，还需要从思维上进行转变，从学习思维转变成批判性思维。那么批判性思维是不是就像字面意思一样有批判的成分呢？其实并不是，它是以期望的结果为导向，主动去解释、提问、求证、分析、评估、优化、反思和总结的思考方式，强调不断剖析事物表象看其本质以获得更好的一面（比如更深入的理解、更清晰的认识、更全面的信息）。这种思考方式可以不断来回分析信息或数据，不断深入，类似于"打破砂锅问到底"，从而将我们绝大多数平时处于休眠和未开发阶段的科研潜力发挥出来。

批判性思维的内容非常丰富，笔者尝试将批判性思维应用到文献调研和提炼想法的科研活动中，给出了以下9个方面的思考方式，主要覆盖了批判性思维中的解释、提问、求证、分析、评估、优化和总结。

① 先理解论文作者给出的关于创新结果的背后原因和机理的解释，再融合自己的知识储备进行自我阐释。只有这样，才能加深对前人研究成果的理解。

② 对于不理解或不能解释之处，我们不是去反驳或批判它，而是向论文作者提出相应的问题或找导师、同行讨论以寻求背后的原因。放下面子，勇于提问。

③ 只有能被验证才能称之为科学，因此要分析前人研究结果是否被充分验证，例如分析样本量是否充分，数据分析是否合理。

④ 复杂问题拆解成小问题进行分析和解决。例如将博士课题大目标拆分成3个小目标去执行，得到3块相对独立的研究成果。

⑤ 不断评估科研想法的创新程度，如是否重要、具体、完整，可行性如何，是否喜欢并愿意长期投入。只有能做出成果来的科研想法才是属于我们的金点子。

⑥ 每学到一个新的专业知识或提出的想法都是初步结果，都值得迭代优化。我们需要从表面理解过渡到深入理解并转化输出新的想法。即便前人研究已经非常成熟了，通过这样的思考，也能加深我们对知识的理解。

⑦ 对于文献中的专业概念，不仅要理解其含义，更要串联各个概念之间的联系，因为专业概念之间都是相互关联而非独立存在的。

⑧ 研究成果都是相互联系的，及时进行总结和串联，构建全局认知。每阅

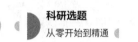
读一篇文献，就要将关键知识点总结到内容知识体系中。

⑨ 既要正面赞赏式阅读文献也要批判性阅读文献。正面阅读是以一种赞赏的态度思考论文是否还有进步和完善的空间，批判性阅读则是抱着怀疑的态度发出疑问，在提问中思考事物背后的原因与本质。表 2.1 展示的是在正面阅读和批判性阅读中常见的思考问题。

表 2.1　正面阅读和批判性阅读文献中常见思考问题

正面阅读，积极思辨	批判性阅读
论文创新在哪里？	论文解决的问题有必要 / 意义 / 创新吗？
该创新点有没有被忽视的价值？	作者提出的假设合理吗？
研究方案设计的巧妙之处是？	论文方案设计有缺陷吗？
研究数据的重要性是什么？	逻辑是否清晰和站得住脚？
研究成果带来的价值主要有哪些？	研究数据是否准确 / 充分？
未来研究方向可以有哪些？	解释分析数据是否合理？
	结果讨论是否揭示问题本质等？

批判性思维可以让我们脱离单向学习而缺乏分析的思维方式，学会主动思考和分析，能够全面深入地剖析分析对象的方方面面，非常有利于寻找研究缺口和提出创新能落地的科研点子。有兴趣的读者，还可以参考批判性思维的相关书籍进行系统学习，如机械工业出版社出版的《批判性思维工具》。

2.8 自我迭代发展想法和头脑风暴拓展想法

一个最终能发展成论文或者是基金项目的课题想法，绝对不是一蹴而就的，从初步诞生到发展再到成形是一个缓慢过程，特别是对于科研入门的新手来说，更需要相对长的时间。因此，我们平时要有记录想法的习惯，然后结合日常阅读文献和科研项目实操积累的经验不断发展和完善想法。对于大脑中出现的想法，并非一定是原创性的伟大想法，它也可以是组合交叉已有的想法，或是对前人的想法做补充实证数据等。据笔者经验来看，在科研入门阶段，通过在具体实验中模仿别人的想法往往能大幅度加深对该研究问题的理解，再去阅读同行文献就会有新的认识甚至激发新的科研想法。这也启发大家，如果在阅读文献时没有任何想法，不妨先暂停阅读文献。尝试去通过实验或是模拟仿真等方式去实操验证下前人论文的科研想法。有时候让大脑转换工作内容，不仅可以让其得到有效休息、缓解疲劳，还有可能有利于迸发创新想法。

鉴于提炼优质想法需要时间沉淀，一些科研团队负责人会要求组员付出耐心和做好准备工作。例如著名的系统生物学家乌里·阿龙（Uri Alon）就要求新的博士生和博后进入课题组的前三个月都不要去开始具体的课题项目，而是去做文献调研，讨论分析后拿出相对成熟的科研想法。

在自我迭代想法过程中，还需要经常头脑风暴。这可以使不成形的想法逐步被拓展和完善。我们在接触信息的时候，有时候是自己大脑单方面在思考，个人的认知与思考存在局限。倘若有另外一个人加入讨论，他／她会给你另外一个刺激和信息源，往往能产生一个你原来根本想不到的想法。这就是头脑风暴带来的益处，也是笔者在过去科研工作中常用的一个方法。因此，可以多找同行、导师、同学等讨论学术问题。一起头脑风暴时，只要一张白纸和一支笔即可。如人数较多时，就需要用可擦除的白板了。笔者目前所在的研发团队，就是经常采用白板开展头脑风暴。

头脑风暴除了小组讨论之外，还可以个人"自我讨论"，开展自己与自己的对话。例如，在白纸上或者借助 X-Mind 等电子工具采用画脑图的方式梳理逻辑，并利用批判性思维，总结现有想法的亮点、存在的主要问题和实现目标的难度，评估包含的关键变量是否已被研究，审视所需的研究条件是否成熟，等等。通过像树枝一样不断地展开分析，不成熟的想法不断被丰富和完善起来。

2.9　积极请教，快速获得启发

科研不是孤独的旅程，需要从合作互动中碰撞灵感，获得启发。因此，笔者建议多参加线上／线下学术会议或小型研讨会，积极请教富有经验的研究人员，快速获得经验和启发。这点的重要性和作用毋庸置疑。例如，我们可能由于缺乏经验或知识而只能看出已有实践方法的不足，但是想不出如何改进。这时候如果有同行指点，往往就能瞬间打通思路，获得灵感。比如我们可能并不了解目前国际研究热点而只了解国内研究热点，这时候请教同行资深专家可能就立马打开了新世界。又比如，在阅读同行论文时，有时候一知半解，自然不可能在此基础之上提出新想法。这时候如果能和该论文作者深入交流疑惑点，就能极大加深理解，为提出新想法奠定基础。关于如何通过邮件和国际同行联系，可参考第 9 章相关内容。

有些科研想法从自己的角度看可能会觉得很有创新性甚至奇妙，但可能其他同行已经做过类似的研究了，只是自己没有了解到相关的信息，即所谓认知边界有限。或者我们自认为某些想法很有创新性，实际上并没有必要开展研究。比如说永动机的研发由于不符合能量守恒定律而完全没有必要；又比如从科学原理上分析就知道某个诊断方式或者药物肯定是更好的，就没有必要开展大规模实验研究。有时候当局者迷，旁观者清，多和领域内的高手请教就有可能及时发现问题而少走弯路。

国际会议报告的茶歇时间是主动和国际同行交流的好时机，但是有些读者可能担心英语口语不好而不敢主动上前提问。笔者有个行之有效的方法，那就是准备一张空白 A4 纸和一支笔，在提问时用示意图辅助提问或让对方在白纸上解释问题。只要提问礼貌得体，对方一般都会很快明白问题，并且在白纸上画图予以解答。若是当场没有听明白，我们还可以在交流结束后对照着示意图回忆内容。

在西方较为强调小型的研讨会开展学术交流，与会人数基本上只有三四人。课题组负责人邀请国际上与自己所做的课题方向最相关的几名学者与自己课题组的部分硕博研究生一起深入讨论课题。如果有幸参加这样的讨论，就要提前深入准备资料并组织好交流思路。这样交流效率最高，也最能提供实际的帮助。笔者在博士二年级期间就参加了一个四人研讨会，在会上非常细致探讨课题计划，最终为笔者规划整个博士课题的某个子目标提供了重要启发。

当然，在请教别人的同时，也不要忘记多回答他人疑惑，多帮助别人。在回答别人问题的时候，其实是对问题进行了深加工和梳理，你的认知理解会更深入一步，也更能够发现想法中不成熟的部分，进而加以改善优化。总之，主动与国内外同行交流，不仅有利于提炼科研想法，还有利于深入了解对方某方面的专长，为未来项目合作奠定基础。

到此我们就介绍完了笔者建议的文献调研和提炼想法的思路，下面我们开展实操练习以巩固知识点。

◎ 案例分析

集合以上九大文献调研思维，我们可以看出要开展高质量文献调研和提炼优秀点子，我们首先需要明确文献调研的目的，使之为我所用（思维3）。其次，充分做好文献调研的准备工作而不是急于求成检索文献（思维1），并坚持高质量文献为导向，"取精用宏"筛选和阅读高质量且相关度高的各类相关联文献（思维2）。最终开展系统性阅读，构建科研知识图谱提炼出优秀的课题想法或实现其他文献调研的目的（思维4）。若建立交叉研究的意识和思维，保持好奇、吃惊或愤慨情绪，则利于开拓新的研究思路，敏锐发现新机会，为研究开辟新道路（思维5和6）。而应用好以上思维还需要批判性思考方式作为底层逻辑（思维7）。同时，想法要在不断迭代和头脑风暴中发展，并建立合作意识，积极请教同行获得启发，这些方法可大大加快提炼想法的进程。为了让读者们更好地理解文献调研和选题思维及其应用，笔者开展了如下的一个问答式的案例分析。大家可以顺着内容出现的先后顺序进行练习，并与笔者给出的参考答案进行核对。

某论文的引言部分出现如下的写作内容，请找出该写作的典型问题，并分析论文作者在文献调研上存在什么样的理解误区？

共享经济服务是一种无形的体验式产品，它的质量在消费之前是无法被验证的。莱特哈姆尔（Zeithaml）等人提出：在共享经济服务过程中，生产和消费同时进行，两者具有不可分离的特点。服务的提供者（即卖方）在顾客的消费体验中占据着重要的地位。服务转账交易是通过线上共享经济平台进行的，之后会有面对面的交流。以爱彼迎为例，房东（即卖方和服务供应方）在顾客（即消费者）到来之后向其提供居住空间，以满足顾客的需求。有时，房东甚至会和顾客共享居住空间（这有一点像沙发客，但是爱彼迎提供的是付费服务）。房东在向顾客提供高品质产品和服务中发挥着重要的作用。劳特巴赫（Lauterbach）等人提出：传统的个人对个人市场（P2P markets）中的顾客面临的是经济损失，而共享经济中的顾客面对的则是各种风险。麦克·西尔弗曼在阿根廷的萨尔塔被爱彼迎房东

袭击，还住院了两天。还有一个更极端例子。一篇报道称一个19岁的少年在马德里遭到了爱彼迎房东的性侵。

作为读者，请给出你的分析

笔者分析：该写作的典型问题是作者在综述文献进展过程中罗列文献和写作逻辑混乱，无法向读者有效传递"共享经济服务的关键要素"的分析。其背后是因为作者没有检索出有前后发展关系的高质量论文（缺乏思维2），并缺乏系统性的阅读理解，从而无法有效串联逻辑关系（思维4），除此之外还缺乏分析和总结等批判性思维（思维7）。该写作启示我们，一个好的文献调研除了服务于科研点子的提炼，也非常有利于论文的高质量写作。因此，可以说文献调研和阅读贯穿科研的整个过程，既包含信息输入（阅读），也包含信息输出（论文、基金书、开题报告等写作）。其重要性不言而喻，需要引起足够的重视。

其实，以上写作是经过笔者大幅改写后的中文版本，原稿来自于国际著名期刊 *Tourism Management*（《旅游管理》）的论文 "Trust and Reputation in the Sharing Economy: The Role of Personal Photos in Airbnb"。原文的写作充分体现了按研究进展有逻辑地推进写作，而不是罗列文献摆成果。大家可以体会下面展示的中文翻译稿（见图 2.4）和背后的写作架构思路（见图 2.5）。如需原汁原味体会英文韵味，请大家下载原文进行阅读。

❶共享经济服务是一种无形的体验式产品，因此，它的质量在消费之前是无法被验证的。此外，在共享经济服务过程中，生产和消费同步进行，两者具有不可分离的特点 (Zeithaml, Bitner, & Gremler, 2006)。❷因此，服务的提供者（即卖方）在顾客的消费体验中占据着重要的地位。❸的确，虽然服务转账交易是通过线上共享经济平台进行的，之后还是会有面对面的交流。例如，在爱彼迎 (Airbnb) 上，房东（即卖方及服务提供商）在顾客（即消费者）到来之后向其提供居住空间，以满足顾客的需求。有时，房东甚至会和顾客共享居住空间（这有一点像沙发客，但是爱彼迎提供的是付费服务）。以上这些差异说明了房东在向顾客提供高品质产品和服务中发挥着重要的作用。❹还有一点很重要的是，传统个人对个人市场（P2P markets）的顾客面临的是经济损失，而共享经济中的顾客面对的则是各种风险 (Lauterbach et al., 2009)。❺最近就有这样一个不幸的例子。麦克·西尔弗曼在阿根廷的萨尔塔被爱彼迎房东袭击，还住院了两天 (Lieber，2015a)。还有一个更极端例子。一篇报道称一个19岁的少年在马德里遭到了爱彼迎房东的性侵 (Lieber, 2015b)。❻以上这些例子揭示了共享旅游经济服务体验的本质以及它具有让顾客处于各种风险之中的特点，要保证共享经济的正常运作，信任和信誉就显得尤为重要。

❶共享经济服务的特征：卖家提供服务和消费者消费服务同步进行，且消费者无法在消费前体会服务（无形产品）

❷引导得出作者第一个观点：卖家在顾客消费体验的同时发挥重要作用。

❸说明和举例论证以上观点

❹引导得出作者第二个观点：共享经济的消费者比传统P2P市场中的消费者面对更多的风险

❺举例论证以上观点

❻最后揭示做好共享经济服务的两大要素：信任和信誉

图 2.4　原文翻译及解释说明

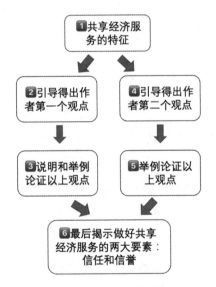

图 2.5　原文写作架构图

从原文写作思路来看，作者首先从共享经济的特征切入（见图 2.5 中的 1），然后呈现自己两个方面的观点（见图 2.5 中的 2 和 4），每个观点都有举例说明和论证（见图 2.5 中的 3 和 5），最后揭示本文研究的对象，即共享经济服务的两大要素：信任和信誉（图 2.5 中的 6）。整个段落思路流畅，既清晰表明观点，又有具体例子来佐证观点，说服力极强。

习 题

1. 为了得到研究课题想法，以下哪种形式不可取？（   ）。

A. 参加会议，听取同行最新研究进展报告

B. 咨询导师，直接被告知课题方向和具体的研究想法

C. 阅读文献，提炼科研想法

D. 通过论文审稿，获取对方创新想法并拖延审稿，从而自己迅速开展相关研究去抢发论文

2. 以下什么原因会导致我们陷入要大量下载和阅读论文的困境中？（   ）。

A. 使用包含研究课题相关论文的所有检索系统

B. 不知道用哪些关键词开展精准检索

C. 不会组合关键词进行检索

D. 不会筛选高质量和相关度高的论文

3. 近年来，同行研究论文发表越来越多，我该怎么办好？（   ）。

A. 开展系统性的文献调研和阅读太花精力和时间了，挑几遍最新的文献阅读即可

B. 要读完每一篇已经发表的相关论文，否则会漏掉关键信息

C. 虽然发表出来的论文越来越多，但是其中充斥着大量低质量论文，我们要挑选出相关且有质量的论文进行阅读分析

D. 为防止阅读文献得到的知识点散乱，我们有必要建立知识网络图，将知识点分类和串联，更能激发出创新科研想法

4. 为什么容易在引言或综述写作中汇报研究进展时出现罗列文献的情况？（   ）。

A. 没有系统整理出围绕某个关键问题的前后关联文献

B. 阅读文献困难，只能理解皮毛，整理不出文献的研究思路和解决的关键科学问题，只能从摘要内容中摘取论文作者开展的研究内容

C. 不知道如何串联多篇文献的研究内容并找出内在联系

D. 按照文献发表先后顺序进行整理写作，而不是按该科研问题的研究进展关系开展综述

5. 为了开拓新思路，可以尝试交叉检索阅读文献。做好交叉研究的正确思维和做法有哪些？（　　）。

A. 交叉研究要投入更多精力，还很可能得不到一点新思路，太冒险了，不值得尝试

B. 学科内研究越发走向复杂和深奥，可结合其他学科先进手段辅助开展研究

C. 阅读往年国家自然基金项目题目和摘要获得同行开展交叉研究的常用模式

D. 知识点之间都是互通的，都可以交叉，多尝试就行了

6. 当遇到一篇英文论文中有多个难以理解的专业概念时，合理的做法是（　　）。

A. 只要不影响对整体内容的理解，就先不管它而继续阅读

B. 用翻译工具翻译成中文意思，理解字面意思即可

C. 多方面去学习理解这些专业词汇，如去本书第一章表 1.1 中展示的 ScienceDirect Topics 词典网站中查询专业释义

D. 概念之间都是相互关联而非独立存在的，如累积多个不理解的概念，则会对某些关键内容造成理解偏差，因此有必要在理解含义的基础之上串联多个概念；

参考文献

第 2 章参考答案

[1] ERT E, FLEISCHER A, MAGEN N. Trust and reputation in the sharing economy: The role of personal photos in Airbnb[J]. Tourism Management, 2016(55): 62-73.

[2] LAUTERBACH D, TRUONG H, SHAH T, et al. International Conference on Computational Science and Engineering, August 29-31, 2009[C].Vancouver: IEEE, 2009.

[3] LIEBER R. Questions about Airbnb's responsibility after attack by dog[N/OL]. The New York Times, 2015-04-10[2023-01-08]. https://www.nytimes.com/2015/04/11/

your-money/questions-about-airbnbs-responsibility-after-vicious-attack-by-dog.html.

[4]　LIEBER R. Airbnb horror story points to need for precautions[N/OL]. The New York Times, 2015-08-14[2023-01-08]. https://www.nytimes.com/2015/08/15/your-money/airbnb-horror-story-points-to-need-for-precautions.html.

[5]　ZEITHAML V A, BITNER M J, GREMLER D D. Services marketing: Integrating customer focus across the firm[M]. 7th ed. New York: McGraw Hill, 2017.

中英文文献高效检索

　　在第 1 章和第 2 章中，我们分别介绍了各类文献和期刊，并建立起对文献调研和选题的科学认知。在本章中，我们将正式进入中英文文献检索阶段。所谓检索，就是明确检索目标后，设定关键词及其组合，采用科学方法和技术手段搜索出相关结果，并按照一定的标准在搜索结果中筛选出目标文献。为了节约时间，我们自然希望借助高超的检索技术，在海量文献数据库中快捷、准确地找到论证充分、质量有保障的中英文文献。对于这些文献，我们后续会付出宝贵时间去阅读和分析它们，以达到诸多目的。例如，了解自己研究领域内的专业知识、国内外同行、研究方法、课题价值、研究现状、存在问题以及未来需要解决的重要问题等，并据此提炼出优秀的课题想法。

　　笔者在第 2 章中强调，只有有备而来开展文献检索，才能做到事半功倍。这意味着高效检索文献并不简单，稍不注意方式方法就容易陷入海量的文献当中，大大延误选题进展。在本章中，笔者力求循序渐进地介绍文献检索的整体思路、检索目的、常见的文献检索平台或数据库、文献检索的常用技巧，并提出一个基于知识图谱理论的左轮枪文献调研模型以高效开展文献检索，以及结合具体案例进行分析。

3.1 文献检索的整体思路

文献检索看似简单，里面可有着大学问。在实际文献检索过程中，科研新手经常会遇到以下问题：

① 缺乏文献检索基础知识，如不清楚常见的检索数据库、不知道如何设置检索关键词、筛选文献没有标准、缺乏常用的检索技巧等。

② 文献检索不全，找到的相关研究很少，不完整的文献阅读不仅效率低下，而且会导致理解研究现状或某个知识点时容易以偏概全。

③ 文献检索不准，虽然检索结果很多，但是难以快速找到高质量文献，迷失在海量低质量或相关性很低的文献中。

④ 文献检索不深入、不系统，不能挖掘出关键文献，搜集的文献支离破碎，不成体系，只是浅尝辄止地理解已有知识点，难以认识研究对象的本质。

要彻底避免以上问题谈何容易，再加上系统开展文献检索时工作量较大，笔者认为很有必要建立起文献检索的整体思路，步步为营开展文献检索。同时，文献检索不能操之过急，要做到稳步前进，先做好前期的准备工作，再执行具体的检索。完善的准备工作，就像科学实验中重要的第一步，务必要准备充分、详细规划。虽然一开始需要投入较多的时间准备，但是到了后期却可以大大提升检索的效率和质量，为后期阅读和选题奠定坚实的基础。而且，因为越来越熟悉准备工作的内容，相应的准备时间也会大幅下降。

图3.1展示了文献检索的整体思路。首先是确定文献检索的目的，根据不同的目的明确检索的重点。其次需要选定合适的检索平台。最后才是根据调研主题确定和组合关键词开展具体检索。图中的步骤1和2都是文献检索的准备工作，步骤3则是要根据不同学科的文献数据库特点进行个性化设置。

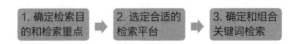

图 3.1　文献检索的整体思路

3.2　确定检索目的和检索重点

面对浩如烟海的文献资源，如果没有明确的具体检索目的，就好比摸黑地在地形复杂的洞穴中前行，不仅效率低下，还容易走错道路。因此，我们在文献检索开始前，就应该明确检索目的。我们可以根据文献阅读目的大致将检索目的分为：

① 找论文模仿学习地道中英文学术写作。

② 找论文模仿学习高水平论文结构、逻辑思路。

③ 找文献学习专业知识，入门某个研究领域。

④ 检查课题想法的创新性（即查新）或研究热度。

⑤ 寻找写原创论文时需要引用的参考文献。

⑥ 为撰写综述论文准备参考文献。

⑦ 为提炼科研想法准备参考文献。

⑧ 为设计研究方案准备参考文献。

依据以上不同的文献检索目的，我们就需要考虑不同的检索重点，主要包括数据库类型、文献类型、文献语言、发表时间和文献质量。下面，我们结合检索目的分别进行说明。

3.2.1　找论文模仿学习地道中英文学术写作

立志发表高水平中英文论文的同学有必要在科研入门时，就提升自身的学术写作能力。它既能提升中英文文献阅读理解效率，也为后期论文写作练就扎实的语言基本功。

在以往的高校学术演讲交流中，笔者从多位教授口中了解到目前大部分研究生中文写作的完整性、逻辑性、说服力、严谨程度等较为欠缺。这主要是由于他们在本科教育中缺乏学术写作的训练和指导，步入研究生后从以学习为主转变成以科研项目为主，缺乏对中文学术材料的语言风格、逻辑要求、常用词句等的认识。因此，除了英文写作，我们也不可忽视学习中文学术写作的重要性和必要性。

一直以来，发表英文学术论文是国内科研人员发表高质量学术成果的主要途径。科研成果大多首先发表在国外的英文期刊上，导致了重英文而轻中文的畸形现象。为了改变这一现状，提升国内期刊的学术水平与国际影响力，中国学术界开始重视中文期刊的发展。中国科协等五部门曾联合发文，鼓励科研成果在国内期刊上发表。同时，近年来教育部学科评估也考察高校中文论文的发表情况。这也让高校逐渐开始重视中文论文的产出情况。因此，新时代科研人员要改变以往的论文写作与发表习惯，还需注重中文学术写作。

在学术英语写作能力的提升上，大部分研究生面临的挑战更大。这主要是因为大学四、六级英语与学术英语的内容侧重点有较大差别。前者重在培养学生的日常交际和工作英语写作能力，而后者则专注于培养论文等学术资料的写作能力。同时，由于缺乏英文交流环境，国内研究生尚未建立地道的英文思维，英文写作能力进步缓慢。

以模仿学习中英文学术写作为目的去检索文献，是比较基础性的检索。由于较少涉及专业的学科知识，所以检索的局限性较少（如没有发表时间的限制）。为模仿学习优秀的中文学术写作，笔者建议参考课题组或其他学者愿意公开的国家自然基金课题申请书和全国优秀博士学位论文。想要模仿学习英文学术写作的，建议检索所在领域的顶级期刊论文（第一作者的母语是英语），也可参考专业研究学术英语写作的论文（如 SSCI 期刊 *Journal of English for Academic Purposes*《学术英语杂志》中的论文），还可以在综合类数据库如 Web of Science、ProQuest Dissertations and Theses、知网、万方等进行文献检索。由于学习学术写作较为枯燥乏味，除了建议阅读自己研究领域的文献，还可以摘抄和模仿那些让自己眼前一亮的句子并写下自己的理解。

3.2.2 找论文模仿学习高水平论文结构、逻辑思路

除了参考论文写作指导教材（如笔者的《国际高水平 SCI 论文写作和发表指南》）以获得对论文结构、行文思路、关键要素的基本了解，还有必要揣摩自己研究领域内的高水平论文的写作重点（如生物医学论文强调讨论分析，而工科论文重在实验数据的分析）以及篇章结构的设计（如社科类论文往往先逻辑推演出概念模型再设计实验或收集数据进行验证分析，临床医学论文的结果部分往往先介绍参与者基本特征再着重说明主要研究变量和次要研究变量结果，工程结构仿

真分析的方法部分主要分为构建几何模型和材料模型以及施加边界条件和荷载条件）。基于此目的的文献检索则可以寻找本专业领域权威中英文期刊的高被引或知名学者的高质量中英文论文，在发表时间上不做特殊要求。

◎ 案例（篇章结构设计）

某土木结构工程博士生撰写英文论文投稿了领域内顶刊 *Engineering Structures* 后被迅速拒稿，于是找到笔者团队分析论文质量。该作者提出了一个基于高性能材料的新结构用于提升结构抗弯性能。在论文结构中，引言之后就是新结构的提出和实验，紧接着就是有限元数值模拟分析（一种电脑仿真模拟），然后再展示实验结果和有限元数值模型被验证的结果，最后则是对有限元模型开展参数分析（分析哪些因素有较大影响）。这样的篇章结构设计虽然看似没有问题，但实际上没有及时突出重点，是一种典型的先摆出所有研究手段再分析内容的架构形式。而高质量论文往往循循善诱地开展分析，摆出第一个方法后就立马展示相关结果（即本文重点结果）。基于该结果的分析，再顺势推出下一个研究方法和结果，作为补充和递进材料。这样的行文思路不仅可以强化作者观点，而且显得有理有据，这就是笔者推荐的"结构促进分析"的写作手法。

于是，笔者团队通过在该博士生研究领域的顶级期刊 *Engineering Structures* 中检索同时包含实验和数值模拟的论文，向其推荐了一篇高质量论文的结构思路：Introduction—Experimental Program—Experimental Results—Finite Element Analysis（FEA）Model—Analysis Based on FEA Models—Conclusions。该论文的首先介绍了改进结构和实验，立马进行了实验结果的分析，并表明为加强该结构性能的深入讨论分析进行了有限元数值模拟和相关结果的展示分析，最后引导出强有力的结论。从该案例可以看出，通过即时检索同类型研究的顶刊论文，可以快速得到论文篇章结构上的启发。

3.2.3 找文献学习专业知识，入门某个研究领域

对于刚入门科研的学生来说，阅读专业的学术论文可能超出自身的认知范围，难以消化理解专业知识。相对而言，专业教材讨论的大多为学科基础知识，简单易懂，是入门某个学科领域最简便的方式。因此，为了学习专业知识，入门

某个研究领域，我们可以着重检索本领域的专业教材。除了在专业的教材检索网站如爱教材网、易阅通上检索，也可以在施普林格等收录了大量图书的数据库里检索本研究领域的英文专业教材。笔者建议各检索一两本中英文教材，最好是由知名学者编著、多次出版的经典教材。我们可以通过咨询导师或学长、学姐了解到具体的教材名称。通过阅读教材建立起专业基础知识，此后再通过阅读研究领域内的综述论文便可加深理解专业知识，此时检索重点变成了教材和综述论文。如果时间紧迫，也可以去收录各类教材内容的数据库中检索学习专业知识，例如爱思唯尔提供的 ScienceDirect Topics 网站（详细介绍可参考第 1 章表 1.1）。

另外一种学习专业知识更快捷的方式是检索网页或视频网站，比如可以在谷歌或微软 Bing 等搜索引擎中输入 introduction to ×× 和 tutorial，以检索出基础辅导资料。这里的 ×× 代表专业概念或主题，introduction 和 tutorial 分别表示导论和辅导。例如笔者于 2022 年 2 月 27 日在谷歌中输入 introduction to machine learning, tutorial，便可得到 3 个网页资料：Intro to Machine Learning-Kaggle、Machine Learning Tutorial、An Introduction To Machine Learning（2021 Edition），以及 3 个 YouTube 视频资料：Machine Learning Full Course、Python Machine Learning Tutorial（Data Science）、Machine Learning Basics。这些资料都是入门机器学习的宝贵财富，为快速搭建基础知识提供了捷径。需要注意的是，网页或视频网站资料往往不像教材和综述那样有成体系的内容，因此笔者建议三者结合起来检索和阅读。

3.2.4　检查课题想法的创新性（即查新）或研究热度

通过系统阅读文献或者在导师指导下构思出的课题想法还需要查新才可确认创新程度。这样可以避免以后期刊论文投稿或学位论文送审时被指出创新性不足，而无法发表来之不易的研究成果或无法通过学位答辩。此外，若想了解课题方向的国内外研究热度，也需要进行文献检索分析。

关于如何检查自己的课题想法是否有创新性及检查课题方向的热度问题，主要还是从与该想法相关的论文数量上结合研究进展进行综合判断。在提炼课题想法的关键词后，我们通常在学术搜索引擎（如谷歌学术和百度学术）和综合类文献数据库（如 Web of Science 和知网）中开展检索。如果检索出大量的文献则说明该想法已经被很多人研究过了，创新性就很难保证了，此时再查阅最新的综述论文或原创论文分析研究进展即可确认创新性。当检索出的文献并不多时，则说明该课题想法很可能有一定的创新性。虽然有时候检索出的论文只有少数几篇，但是论文题目包含了大部分我们拟要研究的主题关键词或者显示出相似的研究思路，可能也表示该课题方向已经被研究过了。这需要通过深入阅读论文摘要或全文以确认创新性。为避免检索不全，查新检索应该在多平台上进行全面检索，毕竟最新发表的论文不一定被自己常用的数据库及时收录。

◎ 课题查新案例

　　某课题拟研究开发一个试验用药品的信息化药品管理系统，目标是将成果发表在北大核心期刊《中国药房》上。为了检查该想法在该目标期刊已发论文中的创新性，作者在知网中进行了检索。首先在知网主页上点击"出版物检索"，输入《中国药房》即可找到该核心期刊的页面，然后在"主题"模式下进行"本刊内检索"，输入"信息管理"后检索即得到图3.2所示的结果。可见前10篇论文主要都是药品信息管理系统的开发和应用，这说明信息化药品管理系统的开发已有较多文献，类似研究就不具有大的创新性了。

　　其中文献5"抗菌药物合理使用信息管理系统在抗菌药物管理中的实践"和该作者研究思路有相同之处，都是应用某个信息管理系统管理某类药品（抗菌药物 vs.试验用药品），因此有必要点击文献5标题进去查看摘要信息。通过阅读摘要，作者发现该论文的研究思路为① 建立信息管理系统；② 将抗菌药物应用到该系统中进行管理并进行监控应用前后变化；③ 分析应用（即干预）前后数据，得到抗菌药物使用强度、住院患者抗菌药物使用百分率等指标水平的变化情况；④ 得出结论，即抗菌药物的信息管理能够及时、有效地规范医院抗菌药物应用，有效提高药事工作效率与管控效果。根据该思路，作者回顾并优化了自己课题的研究思路，不仅在医院内建立了一套信息化药品管理系统（对已有系统进行了局部创新），而且监测了试验用药品在应用系统前后的相关指标变化，为佐证该信息管理系统在提升药事管理效率和管控效果上具有较大应用价值提供了直接证据，从而大大提升了论文的发表概率。

| 栏目浏览 | ○ 统计与评价 | ● 检索结果 | 主题 ∨ | 信息管理 | | Q |

栏目浏览　　○ 统计与评价　　● 检索结果		主题　∨	信息管理		Q

找到54条结果　浏览1/3　< >

按相关性↓ ∨

序号	篇名	作者	年/期	被引次数	下载次数
1	医院药学信息管理平台的设计研究	虞勋;程宗琦;包建安;缪丽燕;	2014/41	4	219
2	信息技术和信息管理系统在药学中的应用	刘春金	2005/16	3	295
3	医院药品信息管理系统的开发和应用	谭建伟;李冰;杨天才;	2007/16	9	440
4	医院信息管理中摆药模式及算法的探讨	龙其生,张磊	1998/04	6	35
5	抗菌药物合理使用信息管理系统在抗菌药物管理中的实践	李玲;廖赟;袁波;黄芳;	2013/17	14	363
6	个人数字助理在临床医药信息管理与服务中的应用	蒲剑;赖琪;	2006/01	4	90
7	我院"麻醉药品和精神药品信息管理系统"的建立和应用	王衍洪;王旭深;刘广倩;叶举新;何珊娜;	2008/16	6	163
8	计算机在医院药学信息管理中的应用及信息网络技术设计	许伟彬、张晓旭、李鸿飞、付丽红、卡哈尔、刘文丽	1996/03	4	118
9	临床药学信息管理系统软件的开发与应用	黄莽;辛传伟;杨秀丽;袁瑶;	2009/07	5	314
10	医院信息管理系统(HIS)与药剂科管理	陈勇	2003/09	18	193

图 3.2　《中国药房》刊内检索信息管理的结果（2022 年 3 月 1 日检索）

观察文献数量的历年变化有助于我们分析研究热度趋势。图 3.3 所示的是笔者于 2022 年 3 月 6 日在 Web of Science 核心论文集中通过论文题目、摘要和关键词列表中检索关键词组合 "artificial intelligence" AND "image recognition" 的近 10 年 SCI 论文数量（出版物）和被引频次的变化情况。可以看出，图像识别结合人工智能技术的研究成果数量在 2016—2020 年中增长迅猛，研究热度很高，但是从 2020 开始，增长速度迅速下降，说明该方向研究热度在下降。

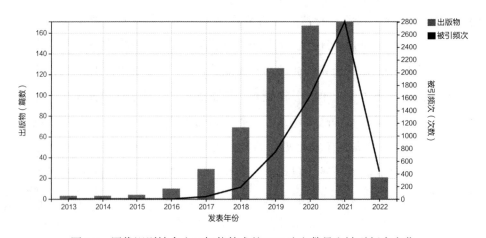

图 3.3　图像识别结合人工智能技术的 SCI 论文数量和被引频次变化

除了在文献数据库中检索关键词的热度，另外一个更为直接的方式是查阅研究前沿分析报告，比如科睿唯安和中国科学院联合出版的《2022 研究前沿》和中国工程院战略咨询中心联合科睿唯安出版的《2022 全球工程前沿》。这些年度分析报告每年都会更新，旨在按年度分析全球研究前沿，研判最新科技演进变化趋势。我们可以查阅其中是否有自己研究方向相关的热门研究主题来辅助判断自身课题的热度情况。

3.2.5　寻找写原创论文时需要引用的参考文献

写论文特别是在引言和分析讨论部分都需要引用专业性较强的最近 3—5 年内的参考文献。除了在综合类的数据库检索外，也需要在学科专门的数据库中检索，避免出现"漏网之鱼"。例如 ACS 就是专门收录化学学科文献的数据库。由于论文写作时需根据撰写的内容精准匹配参考文献，所以首先要明确在论文中想要表达的具体观点（如低强度的运动对减肥之后的体重保持没有显著性影响），然后提炼关键词进行组合检索。这时候，关键词组合的准确性和数据库选择的合理性就比较重要了。

某些单位在检索和下载文献上缺乏必要的数据库资源，再加上自己不熟悉如何去外部找英文文献，就可能出现论文文献过旧或引用中文文献过多的情况。比如某作者在 2022 年 3 月初收到期刊 *Applied Ecology and Environmental Research* 这样的审稿意见："The review of literature and references is too old, should be updated with the relevant international articles of the last 5 years."（文献综述和参考文献过于陈旧，它们应该更新为近 5 年内的相关国际文章）。笔者分析这篇论文的参考文献后，发现引用的文献都是在 2015 年以前发表的，如图 3.4(a) 所示，这显然不合适。在笔者团队的建议和帮忙下，最终该论文的参考文献分布调整为以近 5 年为主，如图 3.4(b) 所示，满足了审稿人的要求，顺利发表。

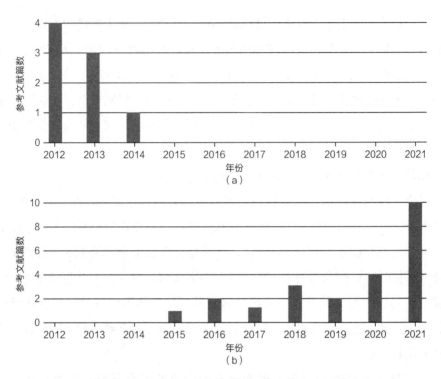

图 3.4　某真实论文的参考文献统计分布，修改前（a）和修改后（b）

3.2.6　为撰写综述论文准备参考文献

综述论文是对某一学科、某一研究专题的大量历史文献进行综合梳理。经过分析、整合提炼形成的论文，可谓将该学科、研究专题的研究成果一网打尽。其所需的参考文献非常全面，包含研究起源到最新文献，因此数量比撰写原创论文要多得多，一般要达到几百篇。面对如此海量的文献，一篇篇检索未免太过烦琐，最简便的方法就是先检索近期发表的相似主题的高分综述论文，迅速获取更细致全面的关键词、文献数据库名称，然后在阅读理解已有综述关键内容后再根据自己综述论文的侧重要点依次在选定的文献数据库中细致检索各类型的文献（包括学位论文、期刊论文、会议论文、著作等）。文献一多，自然就需要做好文献管理，具体内容可参考本书第 9 章的第 9.5 节关于如何利用 EndNote 高效管理文献。

◎ 案例

　　小明拟调研人工智能在临床医学上的应用并根据调研情况再决定是否有新视角可以写一篇综述论文。在调研初始阶段，小明想先确定调研哪些数据库。于是，他在 PubMed（生命科学领域最知名专业数据库）中通过高级检索，在题目或摘要中检索同时出现 artificial intelligence 和 systematic review 的论文。在检索结果首页，找到了影响因子最高的 *BMJ*（《英国医学期刊》）在 2020 年 3 月发表了一篇综述 "Artificial Intelligence Versus Clinicians: Systematic Review of Design, Reporting Standards, and Claims of Deep Learning Studies"。阅读该综述，可确定这篇论文作者所调研的数据库为 Medline、Embase、Cochrane Central Register of Controlled Trials (CENTRAL) 和 The World Health Organization Trial Registry。于是，小明就以这些数据库为出发点扩大检索范围，同时通过阅读这篇 *BMJ* 综述也积累了更多的关键词用于检索更多的论文。

3.2.7　为提炼科研想法准备参考文献

　　选题茫茫，不知如何提炼科研想法，这是大多数科研人员可能面临的难题。提出一个科学问题往往比解决一个问题更重要，也更具有挑战性。为了提炼出好的科研想法，我们能从哪些文献中获得启发呢？由于科学问题一般具有四大类属性，分别是原创研究、前沿研究、需求匹配和交叉研究，检索的文献就相应需要包含相同研究领域和跨行业领域的文献，因此专业性文献平台和综合性文献平台都是必不可少的。这些文献可以是最新综述或高水平原创论文。综述论文可以让我们在最新研究进展上快速建立全局认识，也可以直接指明当前研究不足，给未来研究提供建议。基于这些进展，我们再发散出去检索期刊论文，就可以较为全面地检索出所需要的文献。若某个研究方向暂时没有综述发表，则可以直接检索原创论文。需要注意的是，综述论文包含较全面的专业知识，要求阅读者具备一定的专业基础。

　　由于课题想法不一定直接来源于文献，我们也可能在日常工作和交流中（如临床走访、工程项目、会议交流等）得到启发。但这些初步想法总有这样或那样的瑕疵，往往需要我们再通过查阅文献进行优化和完善。因此，文献检索所需要

的起始关键词不一定来自综述或原创论文，也可以来自日常工作和交流中遇到的问题或是行业分析报告等。

此外，从而还可以查阅包含前沿研究或国家战略需求方向的研究报告以扩大自己的认知，为提炼前沿和满足国家战略需求方向的选题奠定基础，如上述提到的《2022研究前沿》《全球工程前沿2022》，以及中央人民政府发布的《中共中央关于制定国民经济和社会发展第十四个五年规划和二〇三五年远景目标的建议》。

3.2.8　为设计研究方案准备参考文献

一旦确定科研想法，我们就有了研究目标。为实现这一目标，我们需要设计研究方案，从而制定出具体的研究实施步骤。在这个阶段，我们可以通过查阅相同研究领域的高水平论文，了解熟悉同类研究主题的科学实验或分析方案，从而进行模仿或创新。因此，这些检索到的文献需要专业性强、主题较为相关、质量较高。如果已经明确自己课题将要采用的研究方案（如临床研究中的前瞻性队列研究），则可以检索采用相同研究方法的高水平论文进行模仿应用。

一般来说，如果研究课题的创新体现在研究想法上而不是研究方法上，那么在行业专业文献数据库中找出采用类似研究方法的论文依葫芦画瓢就行，尤其是查阅有系统总结和归纳研究方法的综述论文。而如果课题创新主要体现在研究方法上，则可能需要在各类综合或专业方向文献数据库中检索同方向和交叉方向的文献，并从中获得创新研究方法的灵感。

总之，不同的检索目的需要匹配不同的检索重点和策略。掌握了这些检索策略后，就可以选择合适的检索平台，从而更加明确地开展检索了。

3.3　选定合适的检索平台

我们明确了文献检索的具体目的和检索重点后，接下来要做的准备工作就是寻找检索平台。那么，哪些平台可以满足我们检索文献的需求呢？按覆盖学科数量的多少，检索平台可分为综合类数据库（如 Web of Science）和学科类数据库（如生命科学数据库 PubMed）；按收录文献的主要类型，可分为期刊论文数据库如 Web of Science、学位论文数据库 ProQuest Dissertation and Theses 和会议论文数据库 BKCI（Book Citation Index）。

　　本书接下去会展示和简要介绍不同类型的专业文献数据库。由于各个数据库的具体操作流程较为简单，笔者把介绍重点放在各个数据库的特色上，以便读者可以更好地选择数据库及充分利用好数据库的功能。

3.3.1　综合类数据库：谷歌学术（Google Scholar）

　　谷歌学术是谷歌公司开发的免费综合性学术搜索引擎。它有着丰富的文献资料来源，如知名学术出版商、专业性社团、学术组织机构等，涵盖世界上绝大多数出版的学术论文，涉及生命科学、自然科学、工程技术、社会科学、人文科学等众多学科领域，因此被称为综合类数据库。由于可自动链接到谷歌专利（Google Patent）和谷歌图书（Google Books），所以谷歌学术也涵盖专利和图书文献。此外，谷歌学术还支持检索标准规范、科技报告、政府出版物和学术视频。毫不夸张地说，谷歌学术是一个文献门类最齐全的综合文献检索引擎。但也因为文献齐全，被学者诟病文献质量参差不齐，需要我们手动筛选出高质量文献。

　　谷歌学术也是进行文献检索最便捷的工具之一。它设计简洁，操作方便，界面文本显示语言默认是英文，也可在设置中找到语言设置，将其修改成中文。在搜索框中输入关键词即可检索，追溯与之相关的文献，并可在左边的限制条件内输入内容（如发表年份）缩小检索范围以实现更精准的文献检索。此外，若已知文章标题、卷/期号、研究对象和作者、DOI（数字对象识别符）等信息，该文献也可以在谷歌学术中轻易检索到。谷歌学术搜索结果中主要显示各个文献的标题、作者、出版物、出版年份、出版机构或所在网址、部分摘要等信息。另外它还会显示你所检索的文献的被引用次数，为判断文献质量水平提供参考。当然也可以查看其具体被哪些文献所引用。

　　传统搜索引擎是根据关键词的匹配程度来确定搜索排序的，因此很大程度上取决于关键词的准确度。如果关键词不够准确，检索出的文献可能就会出现较大偏差。随着自然语言技术的快速发展，谷歌学术搜索引擎已经发展成为语义搜索引擎。其采用自然语言来处理和记住每个文档中传达的知识，即使用户在检索词中并未涉及某概念，它也会识别用户意图，呈现智能检索结果，降低由于检索词不够准确而造成文献漏检的可能性。因此，相比于一般文献数据库基于关键词的检索方法，谷歌学术背后的搜索引擎技术显得更加智能和先进。

谷歌学术没有语言限制，不仅可以检索英文文献，同时也可以直接输入中文检索中文文献。需要注意的是，谷歌学术并不提供所有文献的下载路径，其中某些文献只提供链接以转到该文献的来源出处（如各大数据库），而少部分文献可直接被下载阅读。

另一个本可以和谷歌学术相媲美的学术搜索引擎——微软学术（Microsoft Academic）已于2021年12月31日被官方关闭使用了，因此笔者不再赘述。

3.3.2　综合类数据库：Web of Science 等

谷歌学术的覆盖学科和文献类型都很广泛，是面向学术大众的文献检索综合平台。它虽然"大而全"且模糊检索能力强，但不够"细而专"，文献质量上难有保障。笔者接下来要介绍的文献数据库在收录文献质量标准上更高，有些还进行了专业划分，适合特定学科科研人员开展文献检索。大多数数据库提供免费检索服务，也有部分需要订阅付费才可以检索。对于需要付费检索的数据库，科研人员需要通过学校或机构访问它们进行检索和查阅全文。

科睿唯安的 Web of Science、爱思唯尔的 ScienceDirect、施普林格-自然的 SpringerLink、知网、万方……这几个数据库相信科研人员都或多或少有听说或使用过。这些综合类的数据库收录的学科种类齐全，专业文献数量大，也比较权威。笔者从数据库包含的文献类型、数据库特色、检索是否免费和访问地址4个方面整理了几个常用的综合类数据库供读者们参考，展示在表3.1中。其中就包括全球最知名的五大学术出版商（爱思唯尔、施普林格-自然、泰勒-弗朗西斯、威利、世哲）的数据库，也包括开放性期刊论文检索和下载的知名数据库DOAJ。

表 3.1　综合类数据库

数据库	文献类型	特色	访问地址	是否免费检索
Web of Science 核心合集	期刊、会议、图书	收录各研究领域高质量英文 SCIE、SSCI、A & HCI、ESCI 论文等，来自各大出版商出版的 2.1 万本优质期刊，覆盖全学科 250 余个领域	https://www.webofknowledge.com	×
Scopus	期刊、图书、会议、专利	全球最大的论文摘要和引文数据库，覆盖全学科，收录来自 5000 余个出版社出版的学术论文、图书、会议论文，也包括 2700 余万个专利（截止到 2020 年 6 月）。它拥有多种工具，能够追踪、分析和可视化研究成果，如搜索结果的变化趋势	https://www.scopus.com	×
ScienceDirect	期刊、图书	荷兰一家全球著名的学术期刊出版商爱思唯尔提供的文献数据库，主要含科学、技术和医学领域的学术期刊论文和图书，也包含一部分社科类学术出版物。目前，共计超过 4000 多种学术期刊和 3 万多本图书（截止到 2021 年 1 月）	https://www.sciencedirect.com	√
SpringerLink	期刊、图书、会议、视频、实验设计	德国一家全球著名的图书和科技期刊出版商施普林格-自然提供的文献数据库，含科学、技术和医学领域超过 3 万余本图书和科技丛书（截止到 2021 年 1 月），每年新增 3500 本图书和 1900 多种学术期刊	https://link.springer.com	√
Taylor & Francis eBooks 和 Taylor & Francis Online	期刊、图书	英国一家全球著名的学术出版商泰勒-弗朗西斯提供的图书和期刊文献数据库，含人文社科、科学、技术、医学领域超过 12 万本图书和 2700 本学术期刊（截止到 2021 年 1 月），每年出版超过 2700 本学术期刊和 5000 本图书	https://taylorandfrancis.com/online	√

续表

数据库	文献类型	特色	访问地址	是否免费检索
Wiley online library	期刊、图书	美国一家全球著名的学术出版商约翰·威利父子出版公司提供的图书和期刊文献数据库，含科学、技术、医学、人文社科领域超过 2.2 万本图书和 1600 本学术期刊（截止到 2021 年 1 月），每年出版近 1500 种同行评议的期刊和 1500 多种新书，包括印刷和在线刊物	https://onlinelibrary.wiley.com	√
SAGE Publishing	期刊、图书	美国一家全球著名的学术出版商世哲出版公司提供的期刊文献数据库，含科学、技术、医学、人文社科领域超过 2.2 万本图书和 1120 本学术期刊。其中 234 本期刊是 SCIE 期刊，408 本是 SSCI 期刊。且每年出版 1000 本期刊和 900 本新书（截止到 2021 年 1 月）	https://us.sagepub.com/en-us/nam/home	√
ResearchGate	期刊、会议、学位论文	美国微软公司联合创始人比尔·盖茨投资的一个科研社交网络服务网站，目前已拥有超过 1900 万各个学科背景的用户，是全球研究人员最大的在线学术社交社区。用户可以在该平台联系国际同行，开展问答交流，并上传分享自己发表的文献摘要、图片等关键信息，也可检索下载或索要其他研究人员的文章	https://www.researchgate.net/about	√
DOAJ (Directory of open access journals)	开放性期刊论文	英国一家开放性期刊论文数据库，提供免费文献检索和下载。诞生于 2003 年，截止到 2021 年 1 月，已收录超过 1.6 万本开放性期刊及其 573 万篇开放性论文，覆盖所有科学、技术、医学、人文社科等领域	https://doaj.org	√

续表

数据库	文献类型	特色	访问地址	是否免费检索
中国知网	期刊、会议、学位论文、专利、科技报告、标准、法律法规、政府文件、工具书、报纸	由清华大学和清华同方自主开发的数字图书馆,含自然科学、工程技术、社会科学、人文艺术等综合学科领域的文献,是集期刊、会议、专利、学位论文、图书、标准文献等众多文献类型为一体的知识服务数据库。其中收录国内期刊9000余种,占中国大陆公开出版期刊的90%以上,除中文文献外,知网也收录大量英文文献	https://www.cnki.net	√
万方数据	期刊、学位论文、会议、专利、科技报告、标准、法律法规、地方志、视频、科技报告、标准文献、法规、视频	由中国知名信息服务商万方数据公司开发的数据库,含理、工、农、医、文等综合类学科领域的中英文文献,涵盖期刊、会议、学位论文、图书、科技报告等文献类型的大型综合数据库。其中期刊资源包括国内期刊和国外期刊,收录国内期刊8000余种,世界各国出版的重要学术期刊4万余种	https://www.wanfangdata.com.cn/index.html	√
国家自然科学基金基础研究知识库	期刊论文	由国家自然科学基金委主办,收集国家自然科学基金全部或部分资助的科研项目投稿并在学术期刊上发表的论文,并向社会公众提供开放获取,免费阅读下载,用户可根据项目名称检索到该项目发表的全部论文。接受基金资助的科研项目在论文发表后的一年内,需由项目负责人将论文存储到知识库中。知识库收录2000—2020年发表的自然科学基金委资助发表的论文已超过76万篇	https://kd.nsfc.cn	√

　　以上众多的综合类数据库中,Web of Science是收录高质量英文文献最多、覆盖学科领域最广、历史最悠久的数据库(可追溯到1900年),是各学科科研人员必备的检索数据库。其引以为傲的功能是检索结果的分析,可形象化展示分析

结果。通过点击"分析检索结果"即可看到对搜索结果的分析，例如可展示作者排序、机构排序等；点击"引文报告"即可看到文献数量和被引频次的历年变化。这对于读者在选题初期建立对搜索结果的全局认识有重要作用。关于利用 Web of Science 进行选题分析，可参考本书第 8 章。

3.3.3 学科类数据库：PubMed 等

虽然综合类的数据库包罗海量的文献资源，但由于学科种类繁多，缺乏对特定领域文献的系统整合和分析，科研人员在检索某一特定领域的文献时可能不成体系，或是难以快速精准检索到匹配的文献。因此，除了综合类文献数据库，很多学科也有专门收录本学科领域文献的学科数据库。这类数据库收录的文献更加系统和深入，对本学科相关的文献资源做系统化的梳理和集中整合，文献资源更加完整。它们可以避免读者漏掉某些关键文献，满足科研人员深入探究特定学科领域文献的需求。

如图 3.5 所示的 PubMed 是生命科学领域最重要的专业文献数据库之一，其数据库来源为 MEDLINE，涵盖临床医学、护理学、生物医学等多个学科。关于它的详细介绍，可参考本书第 1 章第 1.10 节。

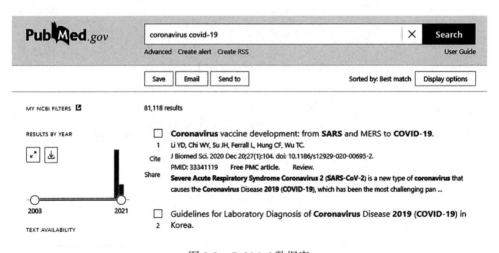

图 3.5 PubMed 数据库

除了生命科学类数据库，还有很多其他学科专门的数据库。表 3.2 中包含了一些学科的数据库，方便读者检索自己学科领域的文献资源。从这些学科数据库收录的文献类型来看，绝大部分都是期刊论文。这也说明科研人员使用最多的文献类型是学术期刊论文，其次才是会议论文、专著和教材等。

表 3.2　学科数据库

数据库	学科	文献类型	访问地址	是否免费检索
ACS	化学	期刊、图书、会议、标准规范	https://pubs.acs.org	√
AIAA	航天航空	期刊、会议录、图书、标准	https://arc.aiaa.org	√
AMS	数学	期刊	https://mathscinet.ams.org/mathscinet	√
APS	物理	期刊	https://journals.aps.org	√
ASCE	土木建筑工程	期刊、图书、会议录、标准	https://ascelibrary.org	√
ASM International	冶金学、材料、金属	图书、材料数据、图片和照片等	https://www.asminternational.org/materials-resources/online-databases	√
ASME	机械工程、力学	期刊、图书、会议录	https://asmedigitalcollection.asme.org	√
BIOSIS Citation Index	生物学、生物医学	期刊	https://www.webofknowledge.com/BCI	×
EBSCO Business Source Alumni Edition	经济学、金融学、管理学	期刊	https://www.ebsco.com/products/research-databases/academic-search-alumni-edition	√
EI（Engineering Index）	工程类	期刊、会议录、科技报告、图书	https://www.engineeringvillage.com	×
ERIC	教育	期刊	https://eric.ed.gov	√
IEEE *Xplore*	电子与电气工程	期刊、图书、会议、标准规范	https://ieeexplore.ieee.org/Xplore/dynhome.jsp	√
LexisNexis	法学	期刊、报纸、法律法规、判例、新闻	https://www.lexisnexis.com/en-us/home.page	√
JSTOR	人文社科	期刊、图书	https://www.jstor.org	√
Optica	光学、光子学	期刊、会议	https://opg.optica.org	√

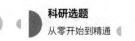

续表

数据库	学科	文献类型	访问地址	是否免费检索
PubMed	医学、生物、农学等生命科学	期刊、电子书	https://pubmed.ncbi.nlm.nih.gov/?otool=icnzhejiulib	√
Cochrane Library	医学	期刊、临床问题答案	https://www.cochranelibrary.com	√
Embase	医学（药学为主）	期刊	https://www.embase.com/landing?status=grey	×
ACM	计算机	期刊、会议、图书	https://www.acm.org	√
arXiv	物理、数学、计算机、定量生物学、电气工程、统计学、计量金融学、经济学	预印本	https://arxiv.org	√
CSMAR 数据库	经济学、金融学	事实数据	https://data.csmar.com	×
Westlaw China（万律）	法学	判例、法律法规	https://www.westlawasia.com/node/82	×
中华医学会期刊	医药	期刊	https://medjournals.cn/index.do	√
中文社会科学引文索引	人文社科	期刊	https://cssci.nju.edu.cn	×

我们在第 3.1 节中强调了，有着不同文献检索目的的科研工作者在文献调研阶段需要检索和阅读不同类型的文献。因此，为了满足大家按文献类型检索的需要，笔者在这里将常见的大型文献数据库进行了分类，如表 3.3 所示。这些文献类型包括期刊论文、会议论文、专利、图书、学位论文、视频、图片和数据。例如，ProQuest Dissertation and Theses 数据库收录了全球 1000 多所高校文、理、工、农、医等领域的博士、硕士学位论文（英文论文为主）。此外，Proquest 公司还提供了一个 Academic Video Online 的学术视频检索数据库，其收录了 20 多个学科的超过 30000 个学术视频，给科研人员提供了十分重要的学术资源。

表 3.3　不同文献类型的数据库

文献 类型	数据库	学科	访问地址	是否免 费检索
期刊	SpringerLink	综合	https://link.springer.com	√
	ScienceDirect	综合	https://www.sciencedirect.com	√
	Wiley online library	综合	https://onlinelibrary.wiley.com	√
	Taylor & Francis Online	综合	https://www.tandfonline.com	√
	SAGE Publishing	综合	https://journals.sagepub.com/ disciplines	√
	学科数据库（表 3.2）中的 期刊数据库	特定学科	取决于数据库	取决于 数据库
会议	CPCI (Conference Proceedings Citation Index)	综合	https://www.webofknowledge.com （登录后再选择 CPCI 数据库）	×
	EI (Engineering Index)，检 索会议	工程类	https://www.engineeringvillage.com	×
	ACM Proceedings	计算机	https://dl.acm.org/proceedings	√
	IEEE *Xplore*（选择 Conferences 后搜索）	电子与电气 工程	https://ieeexplore.ieee.org/Xplore/ home.jsp	√
	ASME Conference Proceedings	机械工程、 力学	https://asmedigitalcollection.asme. org/proceedings	√
	中国学术会议文献数据库	综合	https://c.wanfangdata.com.cn/ conference	√
专利	美国专利商标局数据库 (USPTO Patent)	综合	https://www.uspto.gov/patents	√
	中国国家知识产权库	综合	https://cponline.cnipa.gov.cn	√
	谷歌专利 (Google Patent)	综合	https://www.google.com/?tbm=pts	√
图书	BKCI (Book Citation Index)	综合	https://www.webofknowledge. com/?DestApp=WOS	×
	谷歌图书 (Google Books)	综合	https://books.google.com	√
	Springer 外文图书	综合	https://link.springer.com/books/a/1	√
	超星数字图书馆	综合	https://www.chaoxing.com	√
	爱教材网	综合	https://www.itextbook.cn	√

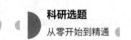

续表

文献类型	数据库	学科	访问地址	是否免费检索
学位论文	ProQuest Dissertation and Theses	综合	https://search.proquest.com/?accountid=176218	×
	EBSCO Open Dissertations	综合	https://biblioboard.com/opendissertations	√
	知网，检索学位论文	综合	https://kns.cnki.net/kns8?dbcode=CDMD	√
	万方，检索学位论文	综合	https://c.wanfangdata.com.cn/thesis	√
视频	JoVE	生物学、医学、化学、物理	https://www.jove.com	√
	ProQuest Academic Video Online (Alexander Street)	综合	https://alexanderstreet.com/products/academic-video-online	×
	Henry Stewart Talks-The Biomedical & Life Sciences Collection	遗传学、药学、生物化学	https://hstalks.com/biosci/?noref=	√
	Instant Anatomy	人体解剖学	https://www.instantanatomy.net	√
	万方	综合	https://video.wanfangdata.com.cn	√
	YouTube	综合	https://www.youtube.com	√
图片	Google Images	综合	https://images.google.com/imghp?hl=en&gl=ar&gws_rd=ssl	√
	Bing Image Trending	综合	https://cn.bing.com/images/trending?FORM=ILPTRD	√
	百度图片	综合	https://image.baidu.com	√
	Excite	综合	https://www.excite.com/（选择 Images)	√
	figshare	综合	https://figshare.com/（搜索结果中的 Item Type 选择 figure)	
	Mendeley Data	综合	https://data.mendeley.com/（搜索结果中的 DATA TYPES 选择 Image)	
	Oxford Art Online	艺术	https://www.oxfordartonline.com	√
	ARTSTOR	艺术	https://www.jstor.org/site/artstor/?utm_term=artstor&utm_campaign=eml_ja_trial_08_2023&utm_content=email&utm_source=Act-On+Software&utm_medium=email	√

续表

文献类型	数据库	学科	访问地址	是否免费检索
数据	Research Data Australia	综合	https://researchdata.edu.au	√
	EU Open Data Portal	综合	https://data.europa.eu/euodp/en/data	√
	figshare	综合	https://figshare.com/（在搜索结果中的 Item Type 选择 dataset）	√
	Mendeley Data	综合	https://data.mendeley.com/（在搜索结果中的 DATA TYPES 选择 Tabular Data 和 Dataset）	√
	NERC Data Catalogue Service	环境	https://data-search.nerc.ac.uk/geonetwork/srv/eng/catalog.search;jsessionid=25C60C3DE61EAD5591D28A00A1772AB3#/home（选择 Dataset）	√
	International Clinical Trials Registry Platform	临床医学随机对照试验注册平台	https://trialsearch.who.int	√
	NCBI-GEO DataSets 和 GEO Profiles	基因表达数据库	https://www.ncbi.nlm.nih.gov/（选择 GEO DataSets 和 GEO Profiles)	√
	TCGA Data	癌症基因信息数据库	https://portal.gdc.cancer.gov	√
	OMIM（在线人类孟德尔遗传数据库）	基因、遗传	https://omim.org	√
	EBI scSeq	生物	https://www.ebi.ac.uk/gxa/sc/home	√
	GeneCards	人类基因信息数据库	https://www.genecards.org	√
	ArrayExpress	基因表达数据库	https://www.ebi.ac.uk/arrayexpress	√
	CellMarker	细胞定位及标志物	http://117.50.127.228/CellMarker	√
	中国经济社会大数据研究平台	经济、教育、卫生	https://data.cnki.net	√

　　除了表3.3整理的数据库外，还有一些知名大学会提供本校科研人员发表的论文，比如帝国理工大学提供的 Spiral 文献数据库（免费检索，网址：https://spiral.imperial.ac.uk:8443/index.jsp）。另外，美国乔治·华盛顿大学的 GW

ScholarSpace 数据库（https://scholarspace.library.gwu.edu）以及美国俄亥俄州立大学的 Ohio State University electronic thesis and dissertation 数据库（https://guides.osu.edu/dissertations）都集中收录了该校科研人员发表的论文。对于国内高校来说，毕业生发表的硕博论文一般会被知网或万方公开收录。一些大学也会集中整合本校学生历年来的硕博学位论文，如浙江大学整理的浙江大学博硕士学位论文数据库（更新截止到 2019 年 8 月 31 日），浙江大学学生可以通过校内网访问检索。通过检索这一类文献数据库，我们可以快速了解特定机构科研人员的研究成果。

3.4 确定和组合关键词检索

在明确了检索目的、了解了常用的文献检索平台后，接下来我们就要确定关键词进行检索了。所谓"工欲善其事，必先利其器"，在检索时还需要掌握一些检索技巧，帮助我们精准高效地检索出目标文献。由于我们最常检索的文献类型是论文，因此笔者重点介绍论文检索的常见技巧。对于其他文献类型如数据和视频的检索，思维和操作流程也大同小异。

3.4.1 关键词的组合方案

所谓关键词，就是反映论文核心概念的词或词组，利用关键词检索是文献检索的基本方式之一。我们在检索时一般较少采用单个关键词，这样容易造成文献检索范围过大，难以精准找到目标文献。因此，为了提升文献检索的效率，我们往往会采取关键词组合的方式进行检索，获得更全面准确的检索结果。那么，我们该如何优化关键词的组合方案呢？

◎ 案例分析

以建筑材料领域顶刊 SCI 论文 *Influence of Drying-induced Microcracking and Related Size Effects on Mass Transport Properties of Concrete* 的研究主题为案例开展分析，我们不难发现 concrete（混凝土）是论文主要的研究对象。若是在检索时只输入 concrete，就会检索出关于混凝土的海量相关文献。例如笔者于 2021

年2月23日在ScienceDirect和知网上分别检索英文关键词concrete和中文关键词混凝土，就分别得到了与混凝土相关的52万条英文文献结果和90万条中文文献结果。检索的范围实在太广，获得的结果意义也不大。

因此，我们从题目中再提取出microcracking（微观裂缝开裂）、size effect（尺寸效应）、mass transport property（质量传输性能）这几个关键词，其中microcracking和size effect都是影响因子或研究变量，mass transport property表示研究对象的材料属性。这样一来，我们能得出这6组关键词组合：

① concrete AND microcracking，用于了解研究对象和因子1的相关研究成果，对应的中文关键词为混凝土、微观裂缝。

② concrete AND size effect，用于了解研究对象和因子2的相关研究成果，对应的中文关键词为混凝土、尺寸效应。

③ concrete AND mass transport property，用于了解研究对象和其材料属性的相关研究成果，对应的中文关键词为混凝土、质量传输特性。

④ concrete AND microcracking AND mass transport property，①和③组合，对应的中文关键词为混凝土、微观裂缝、质量传输特性。

⑤ concrete AND size effect AND mass transport property，②和③组合，对应的中文关键词为混凝土、尺寸效应、质量传输特性。

⑥ concrete AND microcracking AND size effect AND mass transport property，①、②和③组合，对应的中文关键词为混凝土、微观裂缝、尺寸效应、质量传输特性。

笔者于2021年2月23日在ScienceDirect上根据以上6种英文关键词组合开展检索，其搜索量分别为1.1万、22.1万、3.8万、1813、2.7万、1598。在知网上根据以上6种中文关键词组合开展检索，其搜索量分别为127、1397、0、0、0、0。由此可见，不同的搜索组合获得的结果千差万别。在ScienceDirect英文搜索结果中，最少搜索结果与最多搜索结果，数量上相差100多倍；而在知网中文搜索结果中，搜索结果明显少于ScienceDirect英文搜索，且根据后4种关键词组合搜索无法检索到文献。这说明该主题的研究成果主要发表在英文期刊上。

以上 6 种检索组合可被归纳为"对象 + 属性""对象 + 影响因子""对象 + 影响因子 + 属性"。这些是我们检索文献时常用的关键词组合搭配方式。

除此之外，反映论文研究的方法 / 理论、动作、条件、范围等的关键词，也可以进行组合搭配检索文献，这对于中英文都适用。例如：研究应用深度学习去做物品推荐的检索关键词组合可以是"deep learning AND item recommendation"，这里的"deep learning"就是一种研究方法；如关键词"measure trust"可以用来检索量化信任的相关研究，其中的"measure"就是动词；又如关键词组合"二甲双胍，中国受试者，生物等效性"可以检索二甲双胍对于中国受试者生物等效性的相关研究（中文关键词组合之间用英文逗号或空格等效于英文关键词用 AND 表示"与"的逻辑关系）。

至于如何选择具体的关键词进行组合，我们可以先根据研究主题关键词按研究对象、影响因子、属性、方法 / 理论、动作、条件、范围等依次列出关键词，然后进行组合。

3.4.2　常用的检索运算符

除了对关键词进行组合搭配，恰当地表达各关键词之间的逻辑关系也非常重要。我们经常会搭配一些运算符号来改变检索的组合方式，让检索结果更贴近我们的检索要求，以便我们更有效率地获得所需的文献资料。例如，在上面关键词组合"concrete AND size effect"中就用了 AND 检索运算符以要求在检索结果中同时包含前后两个关键词的研究内容。这个 AND 就是一种我们常用的布尔逻辑运算符。布尔逻辑运算符可以帮助我们扩大、缩小或排除检索范围，获取更加精准的检索结果。它有 3 个基本逻辑：AND（与）、OR（或）、NOT（非），解释见表 3.4。例如，我们在 ScienceDirect 中需要检索的是关于混凝土的文献，而不需要水泥相关的文献，那么在检索关键词时就可以用 NOT 运算符，输入"concrete NOT cement"，就会显示只有 concrete 而没有 cement 一词的文献结果，排除那些不想要的文献。需要提醒的是，关键词大小写一般不做区分（如 concrete 和 CONCRETE 一样），但是布尔逻辑运算符如 OR 和 NOT 在大多数数据库中（如谷歌学术、ScienceDirect、IEEE Xplore）需要区分大小写，即只能用大写，且检索符号前后要空一个字符。也有一些数据库不区分布尔逻辑符号的大小写，例如 Web of Science、SpringerLink、万方等。此外，各个文献数据库在使用文献检索运算符时有一定的差别，比如谷歌学术中可以使用逻辑词 "AND（与）""OR（或）"，但是却用排除符 "-" 表达 "NOT（非）"，因此搜索 concrete,-cement 等效于在 ScienceDirect 中搜索 concrete NOT cement。中国知网则分别使用 "*""+""-" 代表与、或、非的逻辑关系。常用学术文献数据库的常见检索符可在表 3.5 中查询。

表3.4 布尔逻辑运算符

运算符号	分类	检索式	作用	逻辑图示
布尔逻辑运算符	AND（与）	a AND b	同时拥有 a 和 b	
	OR（或）	a OR b	a 或者 b 或者 ab 两者都有	
	NOT（非）	a NOT b	只有 a 没有 b	

除了布尔逻辑运算符，较为常用的检索运算符还有精确检索符 " "（即双引号，对于大多数搜索平台来说，中英文输入法下输入的双引号都可以）。它是指检索结果中必须出现与双引号内的关键词一样的结果。比如搜索 "social history"，其结果就必须连续先后出现 social 和 history 两个单词。某些检索平台如 ScienceDirect 自动默认包含检索单词的变体，如名词的单复数、动词的不同时态形式（如 measure 的变形 measures、measuring）。这意味着在搜索 social history 时，也同时检索 social histories。同样，在万方中检索 "图像识别"，其搜索结果中也只含有 "图像识别" 的结果，而不能是 "图像" 或 "识别" 的字段。然而中国知网不支持使用双引号 " " 实现精确检索。

图 3.6 和图 3.7 分别展示了在 ScienceDirect 中含有精确检索符的检索结果和不含精确检索符的检索结果。由此可见，前者的搜索结果 1.56 万个远小于后者的搜索结果 61.69 万，表明精确检索大大缩小了检索范围。

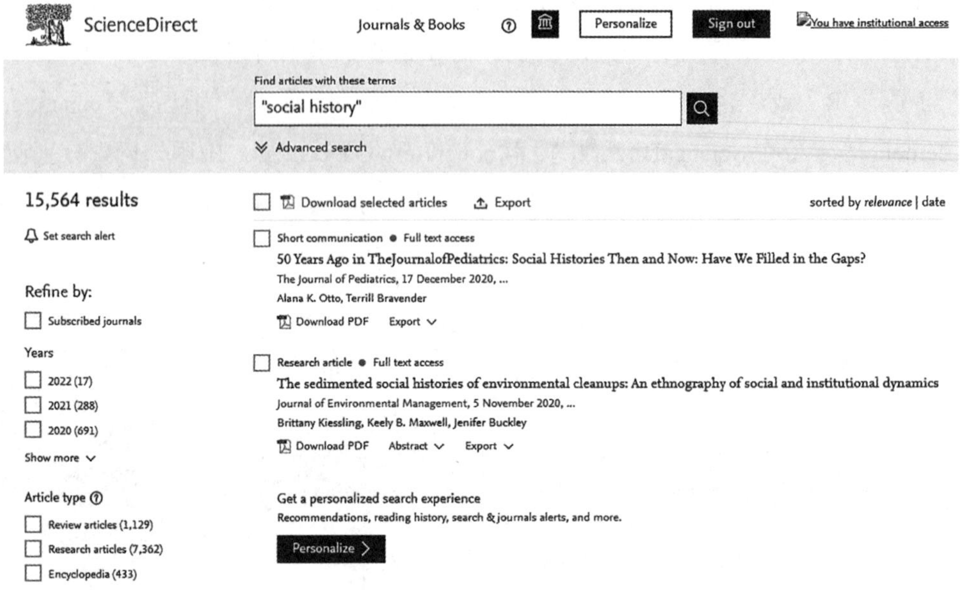

图 3.6　带精确检索符的精准检索

图 3.7　不带精确检索符的常规检索

如果检索平台不默认关键词的变体，此时就需要在不同文献数据库中采取不同的关键词设置方法。通常用截词符作为防止漏检的工具，"*"和"?"是常见的截词符。在英文单词前、单词内部以及词根处添加截词符，可以检索到与之相关的关键词变体。例如：在 SpringerLink 数据库中检索 electro*，可以检索到包括 electron、electrons、electronic、electronics、electromagnetic、electrochemistry 等关键词的文献；在 Web of Science 数据库中检索 neuro*，可检索到 neuromodulation、neuroimaging、neuroaesthetics, neuropathy、neurohypophysial、neuroresuscitation 等关键词的文献。其中："*"为无限截词，代表 a—z 所有字母的 1—N 个字符的组合；"?"为有限截词，代表 a—z 所有字母的任意 1 个字符。"*"可在词前、词内部及词尾使用，"?"在词内部及词尾使用。需要注意的是，在知网中，"*"发挥的是布尔逻辑关系"与"的功能（见表 3.5），且同万方一样不支持截词符功能。

在组合检索时，还可能用到优先运算符"（ ）"，即英文半角括号。在该符号内的词形成一个整体，将会被优先检索。比如，在中国知网中搜索（锻造 + 水压机）* 裂纹，或在万方中搜索（锻造 OR 水压机）AND 裂纹，即代表检索主题为锻造或水压机，且必须包含裂纹的文献结果。Web of Science、PubMed、ScienceDirect、SAGE 等很多英文数据库也同样支持优先运算符"（ ）"括号内的检索式。如在 Web of Science 中搜索（cadmium AND gill*）NOT Pisces 可查找包含 cadmium 和 gill / gills 的记录，但排除包含单词 Pisces 的记录。

鉴于不同文献数据库采用不同的搜索运算符，笔者总结了常用的大型文献数据平台或数据库的常用检索检索技巧供读者查阅参考。对于其他文献数据库，读者可以通过文献数据库的官网查看检索技巧。

表 3.5　大型文献数据库的常用检索符的区别

文献数据库	布尔逻辑符	精确检索符	截词符	是否默认关键词的变体
Web of Science	AND、OR、NOT（不区分大小写）	" "	*/?/$	是
ScienceDirect	AND、OR、NOT（OR 和 NOT 必须大写）	" "	?	是
SpringerLink	AND/&、OR/|、NOT（不区分大小写）	" "	*/ ?	是

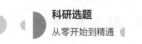

续表

文献数据库	布尔逻辑符	精确检索符	截词符	是否默认关键词的变体
Taylor & Francis eBooks 和 Taylor & Francis Online	AND/&/+、OR、NOT（OR 和 NOT 必须大写）	" "	*/？	是
Wiley Online Library	AND/&/+、OR、NOT/-（OR 和 NOT 必须大写）	" "	*/？	是
SAGE Publishing	AND/&/+、OR、NOT/-（OR 和 NOT 必须大写）	" "	*/？	是
PubMed	AND、OR、NOT（不区分大小写）	" "	*	是
IEEE Xplore	AND、OR、NOT（OR 和 NOT 必须大写）	" "	*/？	是
ProQuest Dissertation and Theses	AND、OR、NOT（不区分大小写）	" "	*/？	是
Google Scholar	AND、OR、-（OR 用大写）	" "	不支持	否
Microsoft Academic	不支持	" "	不支持	否
中国知网	*（与）、+（或）、-（非）	不支持	不支持	否
万方数据	AND、OR、NOT（不区分大小写）	" "	不支持	否

　　除了以上通用的检索符号和检索技巧，一些文献数据平台也提供特殊的检索技巧。例如，在使用布尔逻辑运算符时，一般需要在符号前后空一个字符，但一些数据库比如 SAGE，除了用"NOT"表示"非"逻辑，也可使用"-"，检索时只需在"-"符号前空一个字符来连接两个检索词。此外，我们检索两个并列的关键词时，有时会希望某一检索词作为检索重点，而另一个作为补充，SAGE 数据库使用"^"将检索结果按关联性排列，用户可以提高某一个关键词在检索结果中的相关性，如 cat^7 dog 表示赋予 cat7 倍于 dog 的相关性。

　　"*"在很多数据库中发挥截词符的作用，但在谷歌学术搜索中，"*"作为短语中的一个占位符，一个"*"可替换为一个单词。例如当输入"film*"时，检索的结果包含 film art、film editing、film theory 等相关文献（要将检索词放在引号内检索）。当我们只知道要检索的短语的一部分，或不清楚与某关键词相关的词组时，可以考虑使用"*"号来检索目标文献。

　　以上检索技巧为笔者截至 2021 年 3 月 6 日的调研整理结果，可能会因为数据库功能更新而发生改变。读者可尝试应用以上技巧，并以各数据库的最新检索功能介绍为准。

3.4.3　高级检索技巧（手动高级检索）

常用检索符可以帮助我们精准快速地定位文献，如笔者在表 3.5 中列举了不同数据库的常用检索符。然而，科研人员在实际检索中最常用的布尔逻辑运算符在不同数据库中有不同的写法，难以被准确记住。这可能会导致科研人员在不同的数据库检索时产生混淆，难以达到检索目标。

为了避免出现这种情况，笔者推荐大家使用数据库的高级检索功能，提升文献检索的效率和精准度。各个数据库的高级检索功能大致类似，可以触类旁通，这里笔者就以 PubMed 为例。

首先，我们打开 PubMed，点击"Advanced"进入高级检索功能。假设我们要检索的关键词组合为 SARS-CoV-2 AND "vaccines"，需要手动设置连接的逻辑符。先在检索框输入关键词 SARS-CoV-2，再点击右侧选择"AND"逻辑符连接，之后再输入关键词"vaccines"，这样就能检索到包含关键词 SARS-CoV-2 和"vaccines"的文献（检索字段默认为 All Fields/ 全文 ）。

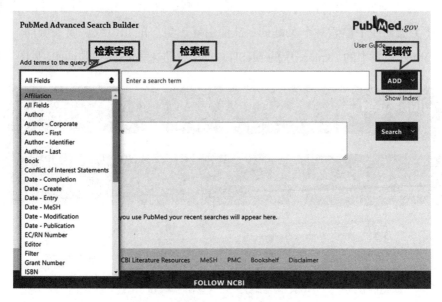

图 3.8　PubMed 高级检索功能界面

在如图 3.8 所示的 PubMed 高级检索功能界面中，我们除了可以在检索框右侧根据关键词组合之间的逻辑选择不同的或与非逻辑符，也可以在检索框左侧设置不同的检索字段，如题目、摘要、作者、期刊名称、卷、期号、出版社等。这样可以帮助我们获得更为精准的结果。例如，笔者想检索在题目或摘要中出现关键词组合 COVID-19，在题目中不出现 vaccines，并且发表在期刊 *The New England Journal of Medicine*（《新英格兰医学杂志》）上的论文，就可以按如下步骤进行高级检索：检索字段设置为 Title/Abstract—输入关键词 COVID-19，选择 AND 逻辑符—更换检索字段为 Title—输入关键词 vaccines，选择 NOT 逻辑符—更换检索字段为 Journal 期刊—输入期刊名 "The New England Journal of Medicine"，选择 AND 逻辑符—search 检索，即可检索出相关论文。高级检索不仅具备覆盖逻辑检索的功能，同时支持选择特定的检索字段，为科研人员精准定位检索范围提供了便利的途径。

在 PubMed 中，所有文献均被标记和关联到医学主题词库（Medical Subject Headings，MeSH）。该生物医学主题词库不仅全面存储了各个医学专业词汇，而且建立了相似主题词的树状从属关系。这意味着我们可以通过搜索一个医学主题词，迅速找到各个相关领域的近义词及其关联的文献。因此，我们可以通过在 MeSH 主题词库中检索一个关键词，从而引导出更多的相似或从属关键词。可通过 PubMed 主页中的 Explore 中的 MeSH Database 进入 MeSH 主题词库（见图 3.9）。

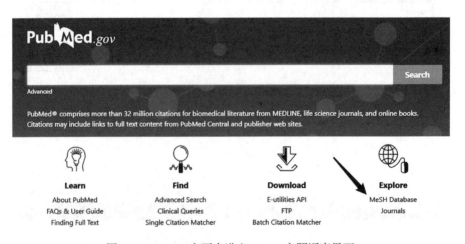

图 3.9　PubMed 主页中进入 MeSH 主题词库界面

◎ 案例（MeSH 主题词库）

医学博士生小王想搜索新冠核酸检测方法相关文章，目前只想到关键词 COVID-19 Testing，但又怕关键字搜索到的内容不全面，于是到 MeSH 数据库中进行检索。在搜索框中输入 COVID-19 Testing，搜索结果显示出另外两个相近的关键词：COVID-19 Serological Testing 和 COVID-19 Nucleic Acid Testing，分别是 COVID-19 血清检测和 COVID-19 核酸检测。于是在后续检索中，小王加上了以上两个关键词进行全面检索。为了开展进一步检索，小王先点击 COVID-19 Serological Testing，发现新出现的页面不仅提供了该关键词的解释，而且提供了一些次级主题词，如 classification, economics, methods, trends 等。小王选了 methods，然后点击右边上的 "Add to search builder"（选择逻辑运算符 AND）就将 methods 加到了关键词构建框中（PubMed Search Builder）。这样就生成了一条新的关键词组合 "COVID-19 Serological Testing/methods" [Mesh]，即"新冠血清检测方法"。再点击 Search PubMed 即可看到相关文献结果共计 457 个（检索时间 2022 年 3 月 7 日）。小王接着又选择 COVID-19 Nucleic Acid Testing 和其他次级主题词进行组合检索。最终通过以上高级检索技巧，他逐步完成了针对新冠核酸检测方法的系统检索。

3.4.4 关键词组合检索顺序

从关键词组合方案这节中的案例分析中，我们了解到关键词组合数量的增加会导致搜索范围迅速变小，那么我们在检索文献过程中，该采取什么样的检索顺序呢？是先检索关键词组合数量多的还是少的？

在本书第 2 章中，笔者建议"取精用宏"筛选和阅读高质量、关联紧密的文献而不是检索和阅读海量的文献，特别是低质量、相关度低的文献。同时，我们的检索基本目标应当是检索出高质量、相关度高的文献。同时考虑搜索结果与主题的匹配完整性，笔者建议先从关键词数量多的组合开始检索，然后不断减少关键词数量以放宽检索范围。因此，案例分析中关键词组合的检索顺序就可以排成如表 3.6 所示。第一检索顺序到第三检索顺序的关键词依次减少，对应的检索结果数量依次增加。再根据内容相关性和文献新旧等因素从各自检索结果中筛选出心仪的目标文献。

笔者这里仅用了 AND 布尔逻辑运算符，读者还可以根据不同的检索目的用其他逻辑运算符组合成合适的检索方案。例如利用精确检索符" "将表 3.6 中的关键词组合 concrete AND size effect AND mass transport property 变为 concrete AND "size effect" AND "mass transport property"，这样就要求检索结果必须同时包含完整关键词 concrete, size effect 和 mass transport property。这样缩小范围后的检索结果只剩下了 6 个（2021 年 2 月 23 日在 ScienceDirect 检索）。

表 3.6　案例分析中的英文关键词组合检索顺序及检索结果

检索顺序	英文关键词组合	检索结果
1	concrete AND microcracking AND size effect AND mass transport property	1598
2	concrete AND microcracking AND mass transport property	1813
	concrete AND size effect AND mass transport property	2.7 万
3	concrete AND mass transport property	3.8 万
	concrete AND microcracking	1.1 万
	concrete AND size effect	22.1 万

3.4.5　特定文献类型或研究方法

根据不同的文献调研目的，我们需要在文献检索中挑选特定的文献类型或含特定研究方法的文献。其实，我们并不需要将所有文献都下载好再阅读题目或摘要进行分类，在检索时我们就可以通过设定辅助词筛选出特定的目标文献。笔者根据不同学科的论文特点，整理归纳了常见的辅助词并提供了中英文关键词案例，如表 3.7 所示。例如，关键词组合 "artificial intelligence" AND review 即表示检索研究人工智能的综述论文。对于中文文献来说，在关键词后输入空格，再输入辅助词即可筛选特定的文献类型。

表 3.7　不同文献类型的检索技巧

研究类型	关键词中加上的额外辅助词	中英文案例
综述	review/systematic review 综述 / 系统综述 / 研究进展 / 回顾 / 梳理	· COVID-19 AND review · 3D 打印　综述
案例分析 / 案例报告	case study/case series/case report 案例分析 / 案例系列 / 案例报告	· "geological measure" AND case study · 大气污染治理　案例分析

续表

研究类型	关键词中加上的额外辅助词	中英文案例
临床各类研究	Randomized study/Randomized trial, cohort study, case-control, cross-sectional study 随机研究，队列研究，病例—对照，横断面研究	· endometriosis AND case-control study · 子宫内膜异位症病例—对照研究
Meta 分析	Meta analysis Meta 分析	· "lung cancer" AND meta analysis · 肺癌 Meta 分析
实验研究	experiment/test/laboratory/lab 试验 / 现场测试	· "high temperature superconductor" AND Experiment · 抗震性能 试验
数值模拟研究	numerical/element method/parameter/simulation/computation/modeling 有限元 / 数值	· "cell division" AND numerical · 流固耦合 数值模拟
理论分析	Theoretical/formulation/mathematical 计算 / 理论 / 分析 / 反演 / 推导 / 评估	· "marginal effect" AND theoretical · 地下水污染问题 理论
经验分析	empirical analysis 经验分析	· "life satisfaction" AND empirical analysis · 生活满意度 经验分析
学位论文	PhD thesis/Dissertation 博士论文 / 学位论文	· "Wireless Communication" AND Dissertation · 物联网 学位论文

3.4.6　文献检索平台的检索顺序

大部分学科文献一般都存在于多个检索平台中，面对眼花缭乱的检索数据库，我们又该如何安排检索顺序呢？为了提高检索效率，我们有必要摒弃穷举法的思维将每个数据库都试过去，而应该有重点、有先后地开展检索。

如果只是想学习英文写作以及论文逻辑结构，文献检索平台的检索顺序并不重要，只需要去自己领域常用的数据库平台中检索高水平论文即可。而对于大多数科研人员来说，检索文献更多是为了了解研究领域的知识、提炼科研想法、制定研究方案以及撰写学术论文等，这时候就可能要去多个数据库开展检索文献检索。下面，笔者就介绍一些通用的检索顺序规律。

我们先可以在中文数据库中检索中文文献，对于国内科研人员来说，他们对中文更熟悉，这样做便于阅读和吸收科研知识。此外，我国在一些领域的研究水平处于国际前列，中文文献对科研人员来说同样具有很高的参考价值。尤其对处于入门阶段或是新接触某个研究领域而对其了解不深的同学来说，先检索中文文献掌握相关学科知识，再有针对性地检索阅读英文文献更有效率。并且，如果科研人员检索文献的目的是撰写中文论文，那么中文文献就是检索的重点。知网、万方和维普这 3 个数据库是较为权威与全面的中文文献数据库，覆盖学科众多，是检索中文文献的重要工具。

如果我们对科研已有了一定的经验，对研究内容了解较深，也可以直接在英文文献数据库中检索高水平的英文文献，获取科研的前沿动态。面对种类众多的英文文献数据库，我们也需要采取一定的检索顺序，提升检索的效率。为保证检索结果的全面性以及注重学科交叉的特点，科研人员可以先在综合性数据库中检索筛选文献作为初期阅读的材料。综合性数据库涵盖的学科众多，除了谷歌学术外，一般由大型出版商开发，收录大量期刊、会议、图书等文献。通常收录的文献门槛较高，学术质量更有保证。虽说此类数据库学科综合性强，但也有所侧重，例如 ScienceDirect 更侧重于理工类学科的文献，SpringerLink 有强大的书籍资料库，而 Taylor & Francis 相比来说收录的人文社科类文献较多。因此，在检索前需要根据本人研究领域选择更合适的数据库。

随着初期阅读的深入，我们就会对研究课题越发了解，同时也会想到更多关键词。这时候就可以到所在领域的学科数据库进行检索了。相较于综合性数据库文献范围的大而广，学科数据库更加专而深。一些特定学科如医学和电子电气工程分别有本学科专门的文献数据库 PubMed 和 IEEE Xplore，集中整合学科领域内的各类文献。在这类数据库中检索文献更体现学科的系统性与全面性，避免某些关键文献的漏检或是与学科内容不相关的文献误检，满足我们对特定研究领域深入检索的需求。因此，若是本学科有专门的数据库，科研人员可以继续在学科数据库中深入检索文献。

此外，谷歌学术学术搜索引擎也可以作为检索的重要辅助工具，笔者建议遇到以下两个场景时，可以直接去谷歌学术上开展检索：

① 明确检索特定名字的文献，并将其放在 EndNote 中统一管理。由于谷歌学术收录文献最全，包含多个文献数据库中收录的文献，因此我们可通过在谷歌

学术中检索该论文标题找到该论文，并点击"Cite"后再点击 EndNote 即可存储这篇文献的参考文献信息，双击该文件即可导入 EndNote 中。

② 暂时只找到一篇和研究课题相关度较高的文献，迫切想找到更多相似主题的文献。由于谷歌学术收录的引文信息也是最为齐全，在谷歌学术中检索找到这篇论文后，点击 Cited by ××（这里的 ×× 是指被引数量），即可找到引用该篇论文的其他所有论文。由于是引用关系，它们之间必然存在一定的联系，查看这些论文的主题和摘要就能挖掘出更多的和研究课题相关的论文。此外，谷歌学术还提供相关论文的链接，点击检索结果中论文的 Related articles 即可找到相关论文。

虽然笔者介绍了以上 6 个方面的检索技巧，但是需要强调的是，文献检索是一个动态的过程，贯穿科研活动的始终，因此需要不断地反复进行。文献检索通常在文献阅读之前进行，然而即使是专业的科研人员，也很难做到一次检索就得到满意完整的文献。因此，我们在阅读检索出的文献后，要对检索结果进行反馈，及时查漏补缺，对之前的检索策略进行调整并再次检索。除此之外，文献的末尾一般都附有参考文献。我们在阅读时，也可以根据它们，追溯查找文献，扩大文献的检索范围。根据文献之间的相互引用关系，获得更多的文献资源。总而言之，我们不能只是一股脑地检索，还要交叉进行检索与阅读，在阅读中获得反馈，反复检索直至获得满意的检索结果。

3.5 基于左轮枪文献调研模型的文献检索思路和步骤

通过第 3.1 到第 3.4 节的介绍，相信读者对文献检索的基本过程和关键要素有了一定的了解。然而，有一部分读者在科研起步阶段完全没有课题思路，脑中一片空白，甚至不知道用什么关键词开始文献检索。此外，面对如此多的检索知识点，很多科研新手也会觉得难以掌握，这在笔者平时的科研指导工作中得到了验证。面对同样的选题方向，由于检索质量高低差别，不同学生会得到截然不同和深浅不一的检索结果。

上述检索知识点就像是制作菜肴的食材，如果没有厨师精妙的加工处理，无法烹饪出一道美味佳肴。因此，为了帮助文献检索效率和质量不高的科研人员，笔者在这里提出一个基于知识图谱理论的文献调研模型。由于该模型形状类似一把左轮枪，笔者取名为"左轮枪文献调研模型"。该模型利用知识图谱各元素之间清晰、直观的连接优势，构建一个检索文献的清晰思路和步骤，实现有的放矢地完成高效文献检索。

3.5.1　知识图谱

笔者提出的左轮枪文献调研模型是基于知识图谱理论搭建的概念模型，在介绍"左轮枪文献调研模型"前，我们先了解下什么是知识图谱。

（1）知识图谱

知识图谱是描述某领域内各实体对象、事件或概念之间相互关系的集合，该集合构成了一个知识网络框架，以清晰地呈现隐藏在信息内部的逻辑关系。

以图 3.10 为例，我们可以从这张图中了解到乔丹和其他实体和事件之间的关系，比如迈克尔·乔丹是一名篮球运动员（篮球运动员是迈克尔·乔丹的一个实体 instance，篮球运动员又是运动员的一个子类 subclass），效力于芝加哥公牛队，并获得过 NBA 常规赛的 MVP。如果我们继续深挖关于乔丹的信息，这个知识图谱就会变得更丰富，虽然这张图包含的信息量很大，但各人物实体和事件之间的关系却非常直观清晰。

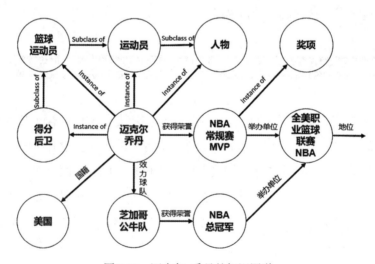

图 3.10　迈克尔·乔丹的知识图谱

注：Instance 代表实体，Subclass 代表子类。

（2）科研知识图谱

在科研过程中，围绕论文等文献也有非常多的要素，比如论文作者、研究方向、所在期刊和会议、核心结论、高被引论文等。各个要素之间也可以像图3.11一样有机串联起来，形成特定的科研知识图谱。其基本思想由微软研究院的Arnab Sinha（阿尔纳布·辛哈）等人提出。有了这张图谱，我们就非常容易把握某个研究主题的相关要素，既不容易遗漏检索关键内容，也确保有清晰的检索思路。

图3.11所示的科研知识图谱案例描述了知识图谱中各个要素之间的关系，其中包含7个科研知识图谱基础要素，分别是论文、作者、期刊、研究领域、单位、会议事件和专业词汇。实线表示已知的确定关系，虚线表示推荐关系。确定关系是指由箭头另一侧的元素可以一对一确定另一侧的元素，比如从一篇论文中可以确定它发表在哪个期刊。但是，一本期刊里面有多篇论文，因此无法确定是具体哪一篇论文，那么这种关系可被定义成推荐关系。

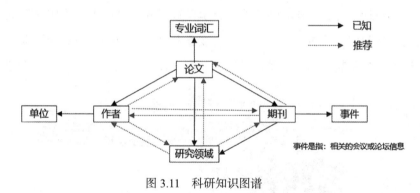

图 3.11　科研知识图谱

具体来说，由论文元素我们可以非常明确地确定论文的作者，发表这篇论文的期刊，论文的研究领域以及论文中包含的专业词汇。由作者我们还可以明确作者所在的单位，由期刊信息我们可以知道期刊所包含的研究领域及相关的事件，如发表会议论文专刊、举办研讨会等。

而知道研究领域后并不能确定期刊、论文及作者，因为研究领域和它们不是一一对应关系。一个研究领域可能有上百本期刊，上千个作者和上万篇论文，但是每个研究领域都有高水平期刊、高水平作者和高质量论文，因此可以做一定的推荐。

以上述 7 个基础要素为出发点，我们还可以扩展更多要素。比如，作者可以延伸查询作者的 H 值（评价学术成果影响力），论文可以展示研究方法、创新点、核心结论或观点等。如果把这个知识图谱完善起来，那么就形成一个知识库，就可以方便地从中调取相关联的数据。比如输入研究领域人工智能 "artificial intelligence"，可以找到和它有关的其他要素，比如高水平学者、知名大学或课题组、高影响论文、高水平期刊、专业词汇和相关会议信息。

3.5.2　基于左轮枪文献调研模型的文献检索思路和步骤

（1）左轮枪文献调研模型

上述科研知识图谱中所提到的元素在实际科研过程中其实还不够完整，同时图谱中各要素和文献检索之间的关系并不明确，实操性较差。更完善的科研选题知识图谱还需要补充学科（一级、二级和三级）、研究方向、关键词和基金项目这四个要素。其中一级学科是学科大类，比如数学；二级学科是旗下的学科小类，比如数理统计；三级学科又是二级学科旗下的学科小类，比如数理统计下面的时间序列和多元分析。为了使科研各要素和文献检索的关系更加明晰，我们基于上述十二个要素之间的关系，研发出如图 3.12 所示的文献调研知识图谱。

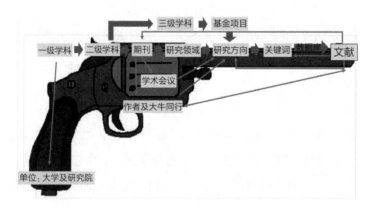

图 3.12　左轮枪文献调研模型

（2）基于左轮文献枪调研模型的文献检索思路和步骤

文献检索是一项系统性的工作，各个要素之间相互关联，环环相扣。从左轮枪文献调研模型中，我们可以思路清晰地梳理出各元素之间的关系，得出文献检索的思路和步骤。

粗箭头的指示方向即为左轮枪文献调研模型的文献检索主干线。其具体步骤为：首先通过所在的一级学科和二级学科定位期刊，再根据期刊总结具体的研究领域和研究方向，从而初步提炼关键词，也可以从三级学科中的基金项目中了解研究方向并提炼关键词，整理好关键词及其组合后便可以在各大文献数据库中检索和筛选文献。其中，定位期刊、整合研究方向和总结关键词是文献检索前期的关键步骤。

细箭头代表的是知识图谱的延展关系，主要包括：所在研究学科可以延展知道该研究学科实力雄厚的大学或研究院。这有利于结合同行信息了解学科研究集中的单位，为加强交流合作奠定信息基础。我们也可以通过单位网页找到知名同行的主页和发表的系列论文。从期刊中拓展了解其举办的最新学术会议或研讨会，从交流主题中了解到期刊喜好方向和当前研究热点方向。同时，阅读期刊的编委名单可以让我们了解国内外同行及他们的研究方向和发表的代表性论文。通过文献也可以整理其作者名单、单位信息，了解他们之间的合作关系。

下面我们就结合案例分析展开对左轮枪文献调研模型关键步骤的讲解。

◎ 案例

----

1. 精准定位学科期刊

利用左轮枪文献调研模型进行文献检索的第一步，就是要根据自己的一级学科和二级学科，定位该领域的优质期刊。例如，查询我国高质量科技期刊分级目录，可以了解到所在一级学科的高质量中英文期刊。如果定位于高水平 SCI 期刊，我们还可以查询所在学科领域的 SCI 期刊目录。我们可以在多个平台查询，比如 Web of Science 或者研淳 Papergoing 的 SCI 期刊查询系统，点击首页"科研工具"，找到"SCI 期刊查询"，然后输入自己的学科方向就可以找到相应的 SCI 期刊了。需要注意的是，大部分平台还只是提供一级学科的期刊查询，没有细化到二级学科，这就需要我们通过自己调研分析找到答案。

这里选择土木工程（一级学科）下的"建筑技术和材料"（二级学科）作为

案例讲解。如图 3.13 所示，我们在研淳 Papergoing 的 SCI 期刊查询系统的"JCR
研究学科"中输入建筑技术或英文 construction，系统就筛选出了建筑技术和材料
学科相关的所有 SCI 期刊，并对这些期刊所属的学科类别、收录情况、影响因
子、JCR 分区等做了介绍。我们再细分到下一级的建筑材料研究方向，挑选和建
筑材料有关的顶级期刊：选定 *Cement and Concrete Research*、*Cement & Concrete
Composites* 和 *Construction and Building Materials* 这 3 本影响因子较高的 SCI 期刊。

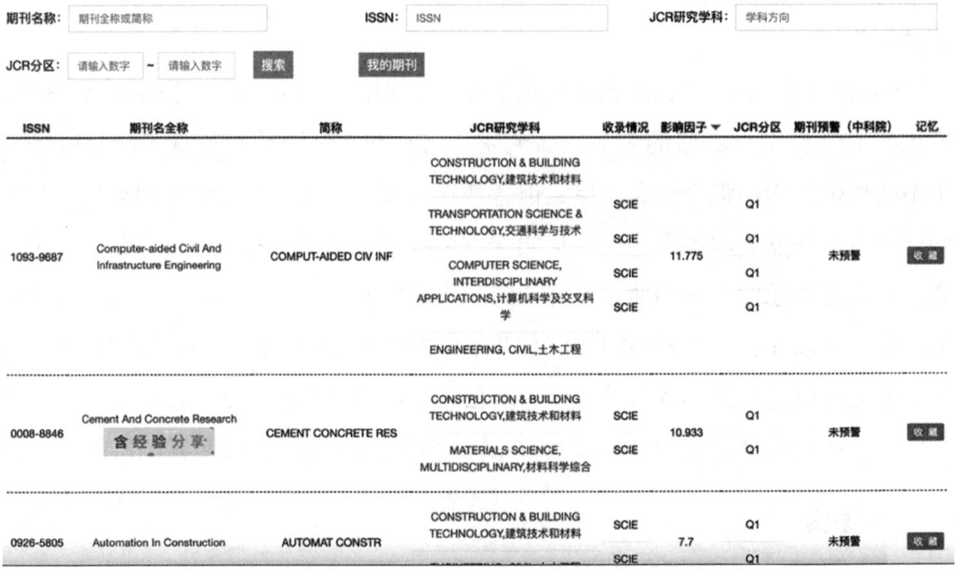

| 期刊名称： | 期刊全称或简称 | | ISSN： | ISSN | JCR研究学科： | 学科方向 |

| JCR分区： | 请输入数字 ～ 请输入数字 | 搜索 | 我的期刊 |

ISSN	期刊名全称	简称	JCR研究学科	收录情况	影响因子 ▼	JCR分区	期刊预警（中科院）	记忆
1093-9687	Computer-aided Civil And Infrastructure Engineering	COMPUT-AIDED CIV INF	CONSTRUCTION & BUILDING TECHNOLOGY,建筑技术和材料		11.775	Q1	未预警	收藏
			TRANSPORTATION SCIENCE & TECHNOLOGY,交通科学与技术	SCIE		Q1		
			COMPUTER SCIENCE, INTERDISCIPLINARY APPLICATIONS,计算机科学及交叉科学	SCIE		Q1		
			ENGINEERING, CIVIL,土木工程	SCIE		Q1		
0008-8846	Cement And Concrete Research 含经验分享	CEMENT CONCRETE RES	CONSTRUCTION & BUILDING TECHNOLOGY,建筑技术和材料	SCIE	10.933	Q1	未预警	收藏
			MATERIALS SCIENCE, MULTIDISCIPLINARY,材料科学综合	SCIE		Q1		
0926-5805	Automation In Construction	AUTOMAT CONSTR	CONSTRUCTION & BUILDING TECHNOLOGY,建筑技术和材料	SCIE	7.7	Q1	未预警	收藏
				SCIE		Q1		

图 3.13　在研淳 Papergoing 官网搜索建筑技术和材料领域的 SCI 期刊

除了通过以上平台查询优质期刊，我们还可以咨询同领域有论文发表经验的
科研人员这样也能获得特定研究方向的优质期刊名单。

2. 整合研究领域和研究方向

（1）根据期刊总结研究方向

找到学科相关的期刊后，我们该如何确定它的研究领域和研究方向呢？我们
在上述选定的三本期刊的网站页面，找到其发表范围，一般来说在 Aims & Scope
中，并以思维导图的形式记录下每个期刊的发表领域，总结后如图 3.14 所示。

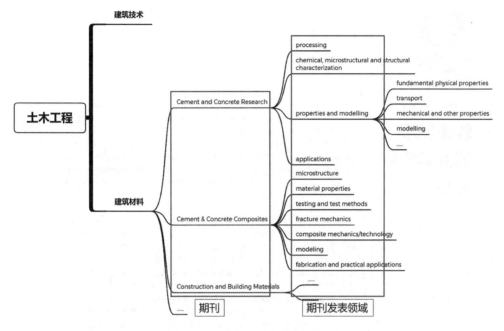

图 3.14　3 本期刊的发表领域汇总

　　不同期刊有不同的风格，并没有统一的发表领域的写法。有些期刊的发表领域描述的方向细分得就很明确。比如 Cement and Concrete Research 期刊，就先把发表领域分为 processing（加工）、chemical, microstructural and structural characterization（化学、结构和微观结构特征）、properties and modelling（属性和建模）以及 applications（应用）4 个研究领域，其中又把这四个研究领域的方向进行细分。这里以"属性和建模"这个研究领域为例，它又分为基础物理属性、传输性、力学属性和水泥基材料性能衰退过程等，如图 3.15 所示。

Browse journals > Cement and Concrete Research ↗ > Guide for authors

Guide for Authors

📄 Download Guide for Authors in PDF

Aims and scope –

The aim of *Cement and Concrete Research* is to publish the best research on the materials science and engineering of **cement, cement composites, mortars, concrete** and other allied materials that incorporate cement or other mineral binders. In doing so, the journal will focus on reporting major results of research on the properties and performance of cementitious materials; novel experimental techniques; the latest analytical and modelling methods; the examination and the diagnosis of real cement and concrete structures; and the potential for improved materials. The fields which the journal aims to cover are:

Visit journal homepage >

Submit your paper >

Open access options >

Track your paper >

Order journal >

View articles >

Abstracting >

Editorial board >

• **Processing:** Cement manufacture, admixtures, mixing, rheology and hydration. While the majority of articles will be concerned with Portland cements, we encourage articles on other mineral binders, such as alumino-silicates (often referred to as geopolymers), calcium aluminates, calcium sulfoaluminates, magnesia-based cements, as well as in a more limited way on lime and/or gypsum-based materials.

• **Chemical, microstructural and structural characterization** of the unhydrated components and of hydrated systems including the chemistry (structure, thermodynamics and kinetics), crystal structure, pore structure of cementitious materials, characterization techniques, and the modelling on atomistic, microstructural and structural levels.

• The **properties and modelling of** cement and concrete, including: fundamental physical properties in both fluid and hardened state; transport, mechanical and other properties; the processes of degradation of cementitious materials; and the modelling of properties and degradation processes, as a means of predicting short-term and long-term performance, of relating a material's structure to its properties and of designing materials of improved performance, in particular with lower environmental impact. Papers dealing with corrosion will be considered provided their clearly relate to process fundamentally affected by the interplay between steel reactivity and a surrounding cementitious material.

• **Applications** for cement, mortar and concrete keeping a clear focus on fundamental questions of materials science and engineering focus will be welcome on topics including: concrete technology, rheology control, fiber reinforcement, waste management, recycling, life cycle analysis, novel concretes and digital fabrication.

Aims & Scope

图 3.15 土木工程著名 SCI 期刊 *Cement and Concrete Research* 的发表范围（灰色方框）

我们再将以上不同期刊的发表领域进行组合，如图 3.16 所示，把建筑材料研究领域概括为加工、结构（含微观）特征、材料属性、应用、测试和测试方法以及材料建模六大研究领域，这是一级分类。针对自己的研究兴趣或适合的方向，再从中选出一个研究领域，然后再进行二级分类得到相对具体的研究方向，比如属性 properties 还可以分为：基础物理属性，传输性，耐久性，力学属性（断裂力学和组合力学或技术）等研究方向。通过这样从研究领域到研究方向的梳理，我们对研究方向的了解逐步加深。针对以上各个研究方向，再从中选择感兴趣或适合的方向，就可以确定关键词到数据库中进行检索文献。在该案例中，我们选择材料的传输性作为研究方向。

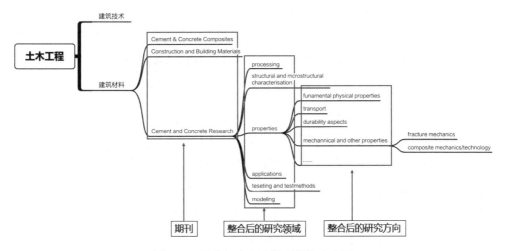

图 3.16　优化组合上述期刊的发表范围

除了从期刊的 Aims & Scope 中总结研究方向，也可以在优质期刊中查找最近 3 年内发表的会议专刊论文和学术会议。通过阅读会议覆盖的研究主题，我们也可以了解到行业内的最新代表性研究方向。毕竟优质期刊举办的会议具有较高的声誉和口碑，其参会人员的研究实力不容小觑，他们的研究方向也具有行业代表性。例如上面介绍的著名 SCI 期刊——*Cement and Concrete Research* 发表的会议专刊 *Special Issue : Keynote Papers of International Conference on Cement Chemistry 2019*, Prague 就是刊登了行业内著名的水泥化学国际会议 2019 的主旨发言论文。这些论文涉及的研究方向就具有相当高的代表性。

优质期刊中高被引论文的作者和期刊的编委通常是该领域内的优秀学者甚至是大牛同行，在领域内有突出成就和贡献。通过总结他们的研究方向，也可以让我们认识当前主流或热门研究方向。例如 *Cement and Concrete Research* 期刊的编委之一 H.Wong（也是笔者博士项目两位导师之一）的研究主页（https://www.imperial.ac.uk/people/hong.wong）显示他最近的研究方向为 developing

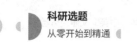

supplementary cementitious materials from excavated waste clay, limestone calcined clay cement, reinforcement spacers, self-healing concrete, epoxy polymer concrete, hydrophobic concrete, and clogging-resistant permeable concrete。

（2）以基金项目确定研究方向

根据图 3.12 所示的左轮枪文献调研模型，我们不难发现，总结研究方向除了通过整理期刊的发表范围得出，还可以根据基金项目来总结。接下来，我们就来具体展示怎么利用左轮枪文献调研模型从基金项目名称中确定研究方向。

根据基金项目总结研究方向，首先要知道怎样能找到研究领域内相关的基金项目。方法就是在科学网的基金频道（http://fund.sciencenet.cn/）内直接查询基金项目。当我们不清楚基金项目的具体信息时，可以按学科分类进行查询。例如图 3.17 所示，笔者选择工程与材料科学部—建筑环境与结构工程（一级学科）—结构工程（二级学科）—混凝土结构材料（三级学科），点击查询项目，即可查询到与三级学科"混凝土结构材料"相关的所有基金项目（见图 3.18）。我们可以自由选择项目的批准年度，也可以在页面左侧选择负责人、申请单位、研究类型等条件进一步对基金项目进行筛选。需要提醒的是，科学网基金查询属于 VIP 服务，个人用户需购买会员才能使用该功能。

图 3.17　在科学网查询基金项目

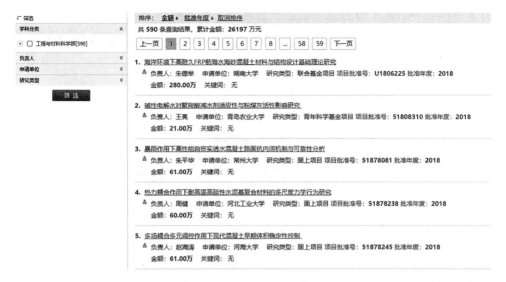

图 3.18　基金项目查询结果

通过以上方法我们顺利查询到领域内相关的基金项目，那么该如何确定基金项目的研究方向呢？通常来说，我们可以从项目名称入手分析。例如基金项目"海洋环境下高耐久 FRP 筋海水海砂混凝土材料与结构设计基础理论研究"的研究方向为海水海砂混凝土与 FRP 筋结合的耐久性问题，"带裂缝混凝土的非饱和传输特性试验与理论研究"主要研究方向为损伤混凝土的非饱和传输性能……通过分析多个基金项目名称，我们就可以大致整合出当前具有代表性的研究方向。

3. 确定关键词及它们的多种组合

利用左轮枪文献调研模型进行文献检索的第三个关键步骤是从以上研究方向中确定检索文献所需的关键词。我们根据研究领域和研究方向，在选择的期刊 *Cement and Concrete Research* 中包含的材料范围选择两个典型的建筑材料：水泥和混凝土，并组合选择的研究方向"传输性"确定以"水泥和混凝土的传输性能"为研究方向，就可以找到 3 个关键词：cement（水泥）、concrete（混凝土）和 transport properties（传输性能）。那么就有了 3 个基本的关键词组合：组合 1 是 cement AND "transport properties"；组合 2 是 concrete AND "transport properties"；组合 3 是 cement AND concrete AND "transport properties"。

为了确保这些组合是目前研究的热点或者确保有研究的价值，我们还可以进行热度分析，如图 3.19 所示。我们从谷歌学术中调取了 2011—2020 年不同关键词组合的发表文献量，可以看出这三个关键词组合的发文数量都在逐年上涨，是目前研究的热点，值得深入挖掘。

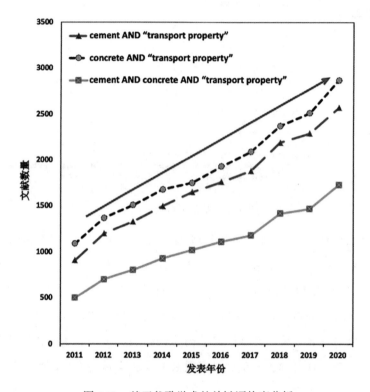

图 3.19　基于谷歌学术的关键词热度分析

以上介绍的是如何从英文期刊中总结关键词。类似地，通过中文期刊提取关键词也可以按照以上方法。首先我们通过中国知网查找领域内的中文顶级期刊，如图 3.20 所示。在知网首页"出版物检索"中选择"出版来源导航"下的"期刊导航"，按照自己学科大类下的具体学科领域，勾选"核心期刊"，按复合影响因子排序或被引率等排序方式，筛选出学科内顶尖的中文期刊。之后访问期刊官网，从投稿须知中获取其投稿范围，总结出具体的研究方向，再按以上方式总结提炼关键词。

图 3.20 在中国知网中查询学科顶级期刊

4. 在数据库中检索文献

通过以上方式总结出了具体的关键词及其组合，这意味着我们完成了文献检索最关键的环节，接下来就可以根据关键词在数据库中检索文献了。本章的第3.1 节至第 3.4 节具体介绍了一些文献数据库和通用的检索技巧，科研人员可以根据自己研究方向，选择相应数据库检索所需的文献，还可参考接下来的一节中展示的两个有特定检索目的的案例。需要强调的是，关键词在阅读文献的过程中会不断优化、直到找到高质量、相关度高的文献。

左轮枪文献调研模型全面囊括了检索文献所需的关键节点，在检索时不遗漏任何一个环节，确保检索的全面性。此外，该模型各个要素之间环环相扣，条理清晰，让我们在检索文献时思路明确，减少盲目搜索的时间成本，让文献检索弹无虚发。

以上文献检索思路和具体实施步骤较为细致和全面，适用于没有科研经验和科研早期的同学。但是如果你具备一定的文献检索经验，就可以跨过一些步骤。比如非常明确研究方向以及相关关键词，就可直接组合关键词开展检索。因此，不同科研阶段的同学需要灵活运用本章介绍的文献检索方法。

3.5.3　左轮枪文献调研模型的扩展

笔者上述介绍的利用左轮枪文献调研模型开展文献检索的步骤，是按照模型各部分要素从左到右的路径进行的（如图 3.12 所示的红箭头方向）。这也是我们常规的文献检索思路，即总结提炼关键词之后，再到文献数据库中检索文献。

观察左轮枪文献调研模型，我们不难发现，模型的各个要素之间并非只是单向联系，其中也存在着很多双向关系，既可通过一侧的要素确定另一侧要素，也可以反向确定要素。如图 3.21 中红色箭头指示的方向，我们从文献出发，通过分析文献得到更多的信息，例如关键词、研究方向、同行学者等，并利用这些信息再次整合关键词以精准检索文献。因此，除了利用左轮枪文献调研模型的常规检索步骤来检索文献，也可以反向开展文献检索工作。

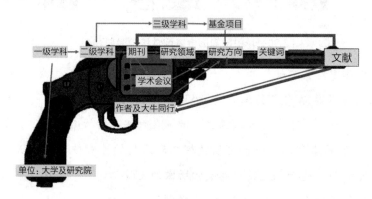

图 3.21　左轮枪文献调研模型的扩展

那么该如何分析文献呢？除了人工阅读多篇文献然后总结相关信息之外，还可以利用工具开展高效分析。具体的文献统计分析操作方法笔者将在第四章第 9 节的文献统计分析中讲解。这里先简单介绍大致思路。

在检索文献之前，科研人员或多或少会对研究领域有所了解。我们需要先根据研究方向确定初步的关键词在数据库中进行检索，甚至可以直接将研究方向作为关键词来检索，这样就能检索到涉及该研究方向的大量文献。接下来，将这些文献进行批量统计分析，例如在文献分析软件 CiteSpace 中导入文献，对该研究方向的文献做全局的分析，了解该方向的高频关键词、领域内的顶级期刊、杰出学者等信息，以及它们之间的互联关系，并将文献分析的结果作为再次检索文献的参考。以关键词为例，许多科研人员检索文献时遇到的最大困难在于确定检索的关键词，关键词不够精准，检索的结果也会出现偏差。而通过文献分析，我们可以快速掌握领域内的高频关键词，了解研究的热点，并利用这些关键词进一步检索文献。

3.6　案例分析（为撰写综述检索文献）

为了增加实操性，在本书中，笔者将针对科研早期以撰写文献综述为目的的科研阶段，笔者通过案例分析的形式，更加深入地介绍文献检索的适用方法。我们不妨假设一个场景，假如你是一位刚入学不久的医学研究生小明，虽然有一定的专业基础，但是对专业研究领域了解不深，导师让你写一篇关于传染病领域中的新型冠状病毒肺炎（COVID-19）的文献综述来帮助自己了解课题内容和熟悉专业知识。如果论文质量好，还可以作为基础发展成为一篇综述论文，那么这时小明该如何开展文献检索的具体工作呢？

3.6.1　检索的方法思路

首先小明要明确，文献综述是什么。文献综述即 review，也就是总结已有文献的主要观点，阐释已有研究各方面的关系，总结分析前人研究成果和存在的不足，在此基础上展望研究的发展方向。完成一篇综述需要对该科研领域进行全面和深入的了解，自然就需要庞大的文献支持。因此，为了撰写综述，文献检索就必然是个大工程，往往需要全面系统、重点突出地检索几十甚至上百篇相关文献。这对于缺乏科研经验的研究小白来说绝非易事，接下来，笔者就来具体介绍撰写文献综述时该如何开展文献检索工作。

本章中介绍的左轮枪文献调研模型是默认检索者在不清楚研究方向的前提下设计的。而在小明的检索案例中，他已经确定了具体的研究领域与研究方向，因此并不需要按照左轮枪文献调研模型的所有步骤进行检索。结合左轮枪文献调研模型与本案例的实际情况，小明在检索中着重应用了模型的后半部分，即图 3.22所示的红色方框内的部分，特别是研究方向—关键词—文献这部分的内容，即基于已知的研究领域和研究方向总结出较为宽泛的关键词，并在数据库中检索文献。通过文献提炼出更精准的关键词后多次反复检索延伸到期刊、学者、学术会议等关键调研信息，直到获得满意的检索结果。

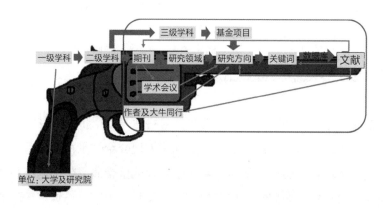

图 3.22 案例使用的左轮枪文献调研模型的部分（灰色方框）

笔者将小明所需的检索步骤展现在图 3.23 中，并按此思路分步骤介绍小明撰写文献综述时该如何开展文献检索工作。

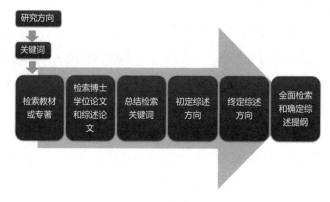

图 3.23 检索步骤

3.6.2 具体检索步骤

（1）检索相关教材或专著

由于小明刚入学不久，虽然从新闻和一些资料（如国家卫生健康委办公厅印发的《新型冠状病毒肺炎治疗方案》）中对新冠感染有一定的认识，但还缺乏对新冠感染知识的系统性了解，对相关专业词汇、专业原理也较为陌生，因此有必要先阅读包含基础知识的专业教材或专著。结合语言能力和阅读成本，笔者建议各检索中英文教材/专著1～2本。

　　检索专业相关的教材和学术专著，最简单的办法就是向导师、学长学姐或相同领域研究同行请教。毕竟他们在研究领域中更具科研经验，对研究同行成果了解也更多，或许可以推荐一些适合科研小白入门的教材或专著。

　　国外大学专业课老师或学院本身也经常会给准研究生或刚入学的研究生推荐一份阅读清单Reading list，因此可搜索国外知名大学网站或咨询国外的研究生同学或朋友索要清单。例如，笔者母校帝国理工航空系就给即将入学的准研究生们推荐了流体动力学、编程和数值模拟、数学方向的入门英文教材，如表3.8所示。这些教材也同样适用于需要作流体分析和数值模拟分析等其他研究方向的同学。

表 3.8　帝国理工航空系推荐的阅读教材

专业方向	推荐教材
流体动力学 Fluid Dynamics	*Fundamentals of Aerodynamics*, 6th Edition, by John D. Anderson, published by McGraw-Hill, 2016
编程和数值模拟 Programming and numerical analysis	*Fortran90 for Engineers and Scientists* by Larry R. Nyhoff and Sandford C. Leestma, published by Prentice Hall; *Fortran 90/95 for Scientists and Engineers*, 2nd Edition, by Stephen Chapman, published by McGraw Hill, 2003; *Numerical Analysis*, 9th Edition, by R. L. Burden and J. D. Faires, published by Cengage Learning, 2010; *Numerical Mathematics and Computing*, 7th Edition, by W. Cheny and D. Kincaid, published by Cengage Learning, 2012; *Fundamentals of Engineering Numerical Analysis*, 2nd Edition, by Parviz Moin, published by Cambridge University Press, 2010
数学 Mathematics	*Linear Algebra*, 4th Edition, by Jim Hefferon, published by Orthogonal Publishing L3C, 2020; *Introduction to Applied Mathematics* by G. Strang, published by Wellesley Cambridge, 1986; *Advanced Engineering Mathematics*, 10th Edition, by E. Kreyzig, published by Wiley, 2011

除了向导师和学长学姐请教，在数据库和文献搜索平台上检索也是重要的途径。能否精准检索出文献的重点在于关键词及其组合是否恰当和检索平台是否选用合适。由于小明是刚入门的科研小白，可能不清楚新冠感染相关的具体关键词有哪些，检索时可以先选择用比较宽泛的关键词，尽可能多地涵盖研究的内容。本案例中可以直接用"新冠（COVID-19）"作为检索的主题关键词，也可以和"发病机理""病毒检测""诊断""疫苗"等其他常见概念作为次级关键词组合检索。注：发病机理是指疾病发生的机制和原理。

那么哪里可以检索到这些教材和专著呢？笔者在第 3.3 节整理了一些常用的文献数据库，例如 Springer 收录了科学、技术和医学领域超过 3 万余本图书和科技丛书，可以作为检索图书的重要工具。于是，小明就从它入手检索相关教材或学术专著，如图 3.24 所示，进入 Springer 数据库网站，选择"Books A-Z"作为检索的文献类型，在检索框中搜索关键词"COVID-19"得到 412 条相关结果。

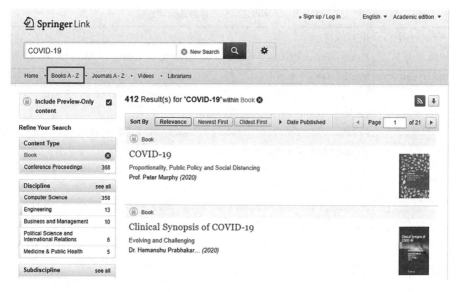

图 3.24　在 SpringerLink 中检索专著

也可以前往专门收录图书的文献数据库去检索图书，如超星电子图书、BKCI 等。前者是全球最大的中文在线图书馆，收录生物科学、医药卫生、工业技术等 22 个学科领域的中文图书达百万余册，后者收录了全球范围内高质量的学术图书资源，可用于检索相关的英文图书。此外还有一些专业的教材网站可供使用，例如爱教材网等（http://www.itextbook.cn）。

由于书籍的版权限制，大部分图书并不开放阅读。如果所在机构没有购买该图书的电子资源，则需要自行购买，或者去学校图书馆查看是否有纸质版图书可以借阅。

由于新冠病毒感染是 2019 年年底暴发的新型肺部感染疾病，相关的教材和专著大多出版时间不久，一些图书尚未被收录在文献或图书数据库中。这时，小明可以看看在收录速度较快的谷歌图书（https://books.google.com）上是否可以检索到更多的图书，如图 3.25 所示。在谷歌图书上检索 "COVID-19" 可以检索到大量相关图书。

图 3.25　在谷歌图书中检索 COVID-19

通过以上各个渠道的检索，小明得到了如下的读书清单了。笔者综合考虑图书作者的研究实力、出版社知名度、内容侧重点选取了中英文各两本学术专著，如表 3.9 所示。

表 3.9　新冠感染（COVID-19）的图书检索举例

语言	书名	内容侧重点	出版社
中文	新冠肺炎影像诊断与鉴别诊断	新冠感染临床图像分析诊断	暨南大学出版社
	新冠肺炎中西医诊疗	新冠感染的中西医诊断和治疗及科学预防	湖北科学技术出版社
英文	COVID-19 The Essentials of Prevention and Treatment	行为学、发病机制、诊断、治疗、防控等	Elsevier
	Clinical Synopsis of COVID-19 Evolving and Challenging	病毒学和病理生理学、有关疾病症状学和诊断、临床治疗等	Springer

　　检索和阅读相关的专业教材和学术专著，主要是为了了解研究课题的基础知识，建立研究方向的全局认识，理解相关专业词汇与重要研究概念及机理。但如果研究课题非常原创或前沿，可能尚未出版与研究主题相关的图书，或者由于单位没有订阅和自身支付能力有限而无法获取到已出版的图书，这时小明也可以在第 1 章表 1.1 中介绍的 ScienceDirect Topics 上检索相关专业词汇和概念。它针对不同研究领域匹配不同的词汇解释，其对词汇的解释大多来自于学术教材或专著。利用该知识库，小明不仅可以有针对性地了解相关专业词汇与专业原理在教材中的描述，也可以追溯相关教材，省去在数据库中检索的麻烦。

　　至于如何筛选检索出的图书，可参考本书第 4 章内容。

　　（2）检索相关博士学位论文和综述论文

　　通过阅读检索到的教材与学术专著，小明已经大致掌握了新冠感染相关的专业知识，此时他就可以开始检索论文了。出于撰写综述的目的，小明需系统检索大量论文进行阅读分析。

　　由于新冠疫情暴发到距离本书写作时间不久，相关的博士学位论文暂时还没有，因此笔者建议小明可以有针对性地先搜索近期发表的与新冠相关的综述论文。通过阅读它们有助于快速把握课题研究进展，了解当前重要研究方向，确定当前研究定论和尚未解决的问题，还可以发现一些重要的原始文献而顺藤摸瓜检索出更多的期刊或会议论文。同时，小明自己也能梳理出已有综述的选题方向，不至于提出的综述选题思路与前人重复。此外，他还可以在写作综述前参考其他作者所写综述的写作逻辑与结构。

基于小明前期检索得到的教材和专著，他可以将其中一些专业词汇作为检索综述论文的关键词，例如冠状病毒、交叉感染、病原体、临床特征、无症状传播等，写文献综述需要对研究主题进行全面的研究和整理，从中细化和提炼出创新的综述方向，因此检索的策略通常是由广及深。在检索的开始阶段可以先宽泛地进行检索，尽可能囊括所有相关研究内容。于是，小明首先打开专注于生命科学文献的 PubMed 网站，如图 3.26 所示，搜索关键词 COVID-19，点击 Review，筛选新冠主题相关的综述论文。

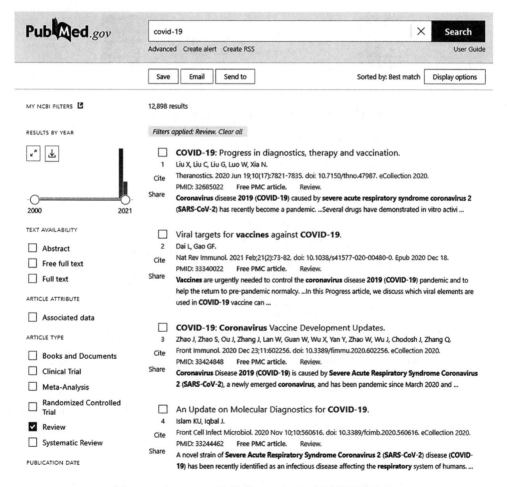

图 3.26　在 PubMed 上检索 COVID-19 相关的综述论文

初步检索和筛选出综述文献后，小明就可以选择其中一篇先进行细致地研读了。文献检索并非一股脑地检索一大堆文献之后，再开始阅读。它是一个动态的过程，需要"检"和"阅"交叉进行。小明先初步阅读检索出的综述论文，大致了解新冠相关的研究成果与侧重点。这样一来，他在继续检索时就会心中有数，明确检索的重点，而不会像大海捞针一样漫无目的、没有侧重点地检索。小明率先选取阅读的综述论文是 *COVID-19: Discovery, diagnostics and drug development*，展示在图 3.27 中。

Journal of Hepatology
Volume 74, Issue 1, January 2021, Pages 168-184

Review

COVID-19: Discovery, diagnostics and drug development

Tarik Asselah [1] [A], David Durantel [2], Eric Pasmant [3], George Lau [4], Raymond F. Schinazi [5]

Show more ∨

+ Add to Mendeley   ◦ₒ Share   ⁹⁹ Cite

https://doi.org/10.1016/j.jhep.2020.09.031

Get rights and content

图 3.27　检索出的综述论文

（3）根据文献综述总结检索关键词

阅读完上述综述论文后，小明就可以提炼出更多关键词，获取更多的检索信息，为进一步检索文献打下基础。

① 根据综述论文检索关键词。

第一步，小明拿到"COVID-19: Discovery, diagnostics and drug development"这篇综述论文，找到文献的关键词部分，如图 3.28 框出的部分所示。其中的关键词 keywords 包含：SARS-CoV-2（严重急性呼吸综合征冠状病毒 2 型）、coronavirus（冠状病毒）、pathogenesis（发病机理）、drug repurposing（药物再利用，如旧药新疗效）、remdesivir（瑞德西韦，一种新冠感染治疗药物）。

COVID-19: Discovery, diagnostics and drug development

Tarik Asselah[1,*], David Durantel[2], Eric Pasmant[3], George Lau[4], Raymond F. Schinazi[5]

关键词

Keywords: SARS-CoV-2;
Coronavirus; Pathogenesis;
Drug repurposing; Remdesivir

*Received 18 May 2020; received
in revised form 7 September
2020; accepted 14 September
2020; available online 8 October
2020*

Summary
Coronavirus disease 2019 (COVID-19) started as an epidemic in Wuhan in 2019, and has since become a pandemic. Groups from China identified and sequenced the virus responsible for COVID-19, named severe acute respiratory syndrome coronavirus 2 (SARS-CoV-2), and determined that it was a novel coronavirus sharing high sequence identity with bat- and pangolin-derived SARS-like coronaviruses, suggesting a zoonotic origin. SARS-CoV-2 is a member of the *Coronaviridae* family of enveloped, positive-sense, single-stranded RNA viruses that infect a broad range of vertebrates. The rapid release of the sequence of the virus has enabled the development of diagnostic tools. Additionally, serological tests can now identify individuals who have been infected. SARS-CoV-2 infection is associated with a fatality rate of around 1–3%, which is commonly linked to the development of acute respiratory distress syndrome (ARDS), likely resulting from uncontrolled immune activation, the so called "cytokine storm". Risk factors for mortality include advanced age, obesity, diabetes, and hypertension. Drug repurposing has been used to rapidly identify potential treatments for COVID-19, which could move quickly to phase III. Better knowledge of the virus and its enzymes will aid the development of more potent and specific direct-

图 3.28 从论文中找到文献关键词

论文关键词是作者对论文内容的高度提炼和概括，与论文内容直接相关，表示论文的主要研究内容，因此小明可以直接将文章中的关键词作为之后检索的检索词，进行组合搭配。例如 SARS-CoV-2 AND pathogenesis，利用这个关键词组合继续检索，可以检索出关于新冠病毒及其发病原理的相关文献。

② 根据论文内容提取关键词。

利用现成的文献关键词帮小明节省了大量的时间精力，但一篇文献的关键词是有限的（一般不超过 6 个），对小明写文献综述需要的文献量来说远远不够。为了尽可能全面检索新冠相关的研究，他还需要自己阅读综述，从文中提炼出更多关键词。

从论文的题目中提取关键词是最简便的方式，论文标题选用最简洁凝练的词汇语句概括全文的主要信息点，以上述举例的论文 "COVID-19: Discovery, diagnostics and drug development"（新型冠状病毒肺炎的发现、诊断和药物开发）来说，可以看出该题目非常的简明清晰，所以小明便能迅速提取出关键词 discovery、diagnostics 和 drug development。

除了论文的大标题外，从各章节的小标题和正文中也可以提取关键词。小明阅读 "COVID-19: Discovery, diagnostics and drug development" 这篇综述论文后，从小标题以及正文内容中就拎出一些细化的概念，例如 detection of viral nucleic

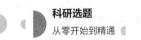

acid 病毒核酸检测、clinical characteristics 临床特征、asymptomatic carriers 无症状携带者、vaccines 疫苗、children 儿童等。这些与研究主题相关的概念也可以作为检索的关键词。

③ 利用 MeSH 主题库查找主题词的次要主题。

在本章 3.4 节中，小明了解到针对生命科学领域的主题词数据库 MeSH 可以非常快捷地给出某个主题词的次要主题词（subheadings），因此小明在 MeSH 中输入主题词 "COVID-19"，得到 132 个相似主题词，如 COVID-19 Testing, COVID-19 Vaccines 等。他先选定 COVID-19 主题词，点击进去后在次要主题词列表中选择感兴趣的关键词，如 analysis（分析）、enzymology（酶学）（见图 3.29）。

NCBI	Resources ⌄	How To ⌄			
MeSH		MeSH ⌄			
			Limits Advanced		

Full ⌄   Send to: ⌄

COVID-19

A viral disorder generally characterized by high FEVER; COUGH; DYSPNEA; CHILLS; PERSISTENT TREMOR; MUSCLE PAIN; HEADACHE; SORE THROAT; a new loss of taste and/or smell (see AGEUSIA and ANOSMIA) and other symptoms of a VIRAL PNEUMONIA. In severe cases, a myriad of coagulopathy associated symptoms often correlating with COVID-19 severity is seen (e.g., BLOOD COAGULATION; THROMBOSIS; ACUTE RESPIRATORY DISTRESS SYNDROME; SEIZURES; HEART ATTACK; STROKE; multiple CEREBRAL INFARCTIONS; KIDNEY FAILURE; catastrophic ANTIPHOSPHOLIPID ANTIBODY SYNDROME and/or DISSEMINATED INTRAVASCULAR COAGULATION). In younger patients, rare inflammatory syndromes are sometimes associated with COVID-19 (e.g., atypical KAWASAKI SYNDROME; TOXIC SHOCK SYNDROME; pediatric multisystem inflammatory disease; and CYTOKINE STORM SYNDROME). A coronavirus, SARS-CoV-2, in the genus BETACORONAVIRUS is the causative agent.
Year introduced: 2021(2020)

PubMed search builder options
Subheadings:

☐ analysis	☐ enzymology	☐ pathology
☐ anatomy and histology	☐ epidemiology	☐ physiology
☐ blood	☐ ethnology	☐ physiopathology
☐ cerebrospinal fluid	☐ etiology	☐ prevention and control
☐ chemically induced	☐ genetics	☐ psychology
☐ classification	☐ history	☐ radiotherapy
☐ complications	☐ immunology	☐ rehabilitation
☐ congenital	☐ legislation and jurisprudence	☐ statistics and numerical data
☐ diagnosis	☐ metabolism	☐ surgery
☐ diagnostic imaging	☐ microbiology	☐ therapy
☐ diet therapy	☐ mortality	☐ transmission
☐ drug therapy	☐ nursing	☐ urine
☐ economics	☐ organization and administration	☐ veterinary
☐ embryology	☐ parasitology	☐ virology

图 3.29　利用 MeSH 数据库找出 COVID-19 的次要主题词

④ 确定关键词组合。

本书在第 3.4 节中介绍了优化关键词的组合方案的技巧，根据我们上文总结出的关键词进行组合搭配。小明可以先把关键词按对象、属性 / 特征 / 机理、方法 / 理论、条件 / 范围、动作行为等分类，结合检索运算符列出一个组合方案，依据不同的种类来组合搭配关键词。这样一来检索条理更加清晰，既可以防止漏检某方面的重要信息，也可以帮助确定综述论文的重点研究方向，在检索时有所侧重。如下表 3.10 所示就是小明对以上总结的关键词进行了分类。

表 3.10　关键词分类

分类	关键词
对象	COVID-19 新型冠状病毒肺炎、SARS-CoV-2 严重急性呼吸综合征冠状病毒 2 型、coronavirus 冠状病毒、asymptomatic carriers 无症状携带者、children 儿童、remdesivir 瑞德西韦药
属性 / 特征 / 机理	clinical characteristics 临床特征、pathogenesis 发病机理
方法 / 理论	vaccines 疫苗（开发）、drug repurposing 药物再利用、drug development 发展药物
条件 / 范围	children 儿童（结合逻辑运算符表示范围）
动作行为	detection of viral nucleic acid、discovery 病毒核酸检测、diagnostics 诊断、aerosol transmission 气溶胶传播、prevention 预防

于是，小明检索时就可采取对象＋属性，对象＋研究方法等组合方式。图 3.30 中显示的关键词组合案例结合了研究对象、对象属性、研究行为和研究范围。他利用布尔逻辑运算符 AND 和 NOT，共检索出 169 篇论文（于 2021 年 3 月 16 日检索）。

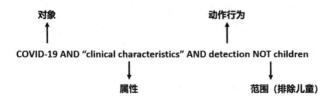

图 3.30　关键词组合用于检索非儿童的新冠感染临床特征和检测研究

表 3.11 展示了小明不同的关键词组合方案的检索结果（2021 年 3 月 16 日检索）。

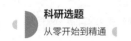
表 3.11   关键词组合检索结果（按文献数量多到少排序）

关键词组合	检索内容	文献数量 (PubMed)	综述数量 (PubMed)
(COVID-19 AND discovery) OR (COVID-19 AND diagnostics)	新冠病毒发现或诊断	29948	3946
COVID-19 AND pathogenesis AND aerosol transmission	新冠病毒发病机理及气溶胶传播	590	149
COVID-19 AND "drug development" AND vaccines	新冠病毒疫苗及药物发展	277	103
COVID-19 AND "clinical characteristics" AND detection	新冠病毒临床特征及检测	207	12
COVID-19 AND "clinical characteristics" AND detection NOT children	新冠病毒临床特征及检测（非儿童）	169	7
COVID-19 AND "asymptomatic carriers" AND detection	新冠病毒无症状感染者的检测	57	10
COVID-19 AND "clinical characteristics" AND detection AND children	新冠病毒临床特征及检测（儿童）	38	5

　　文献检索不是一蹴而就的工作，我们无法确保整理的关键词组合可以完美检索出想要的文献，因此小明还需评估关键词检索的结果，调整优化关键词组合。例如增加关键词数量重新组合，检索出的文献相关度会更高，侧重于查准文献。而如果检索出的文献太少，则可以删减其中一个关键词进行检索，扩大文献范围。

　　（4）初定综述方向

　　借助以上关键词组合方案，小明成功检索到了大量文献。通过比较不同关键词组合的检索结果，他发现针对新冠病毒的发现与诊断及发病机理等方面的研究很多。对于科研小白来说，他难以有更好的研究切入点和研究机会，而关于无症状感染者检测或儿童新冠病毒临床特征的研究文献比较少，它们可能就是一个值得综述的方向。小明还发现自己所在的课题组有病毒检测方面的研究基础和成果，因此经过综合考量后，小明将"无症状感染者检测研究"初步确定为综述论文的主要摸索方向。

（5）终定综述方向

按上述步骤小明初步确定好了综述的研究方向，接下来就是根据总结的关键词针对无症状感染者检测相关的研究内容进行全面深入的分析和检索了。通过阅读上述检索出来的10篇综述论文，小明发现，虽然他们的论文中提到了无症状感染者检测相关内容，但是这些论文的综述大方向主要都是对新冠感染的病理、检测、诊断、传播、控制和预防，并没有特别针对无症状感染者检测这一重要的研究主题。小明于是放宽搜索限制，去掉携带者carriers，确立新的检索关键词组合：COVID-19 AND asymptomatic AND detection，找出了额外的82篇综述论文。他再阅读每篇题目和摘要，发现的确没有针对无症状感染病检测的综述论文，于是小明再通过与导师讨论最终确定了无症状感染病的检测作为综述大方向。

（6）全面检索和确定综述提纲

接着，小明展开对期刊原创论文的全面检索（通过增加文献数据库、调整检索关键词、检索综述论文的参考文献、检索领域内顶级期刊、顶级学术会议和知名学者的论文等），结合阅读理解，逐渐细化了自己拟撰写的综述论文的提纲，包含无症状感染检测指标、检测方法、检测准确度、潜在的检测手段等。注：以上提纲内容仅是为了展示检索思路，内容不一定可成为最终提纲。

从以上案例可以看出，文献检索加上适当的文献阅读有利于确定撰写综述论文的创新方向。虽然经历的过程步骤较多，但是它为后期深入的文献精读和综述写作指明了方向，避免了撰写无效综述的尴尬局面。除此以外，利用"左轮枪文献调研模型"开展细致的文献检索还可以为读者在原创课题的选题、方案设计、数据分析方法的选用以及论文写作参考同行内容等环节上提供帮助。例如，设计研究方案时，可以重点检索同一研究课题的研究方法和分析方案；分析实验数据时，可以重点检索其他研究人员采取的统计分析方法；论文写作时，可以重点检索同一领域内高水平期刊上发表的学术论文作为参考。

习 题

1. 以下哪个数据库专门收录会议论文？（　　）。

A. ScienceDirect
B. 中国知网

C. CPCI (Conference Proceedings Citation Index)
D. PubMed

2. 哪个符号可以用作精确检索符？（　　）。

A. ？
B. *

C. ……
D. " "

3. 根据左轮枪文献调研模型，我们可以从哪些途径总结具体的研究方向？（　　）。

A. 期刊
B. 基金项目

C. 学术会议
D. 作者及大牛同行

4. 小王在检索文献时发现检索出的文献太少，可以采取什么方法？（　　）。

A. 检索关键词的其他形式或更加常用的同义词

B. 使用含义更加具体的关键词

C. 减少关键词组合中的某一个关键词

D. 从单一数据库扩展到多个数据库中检索

5. 小明想检索心脏病（heart attack）或心肌梗死（myocardial infarction）与糖尿病（diabetes）之间的关系，排除癌症（cancer）部分的内容，以下哪个检索式是正确的？（　　）。

A. （"heart attack" AND "myocardial infarction"）AND diabetes NOT cancer

B. （"heart attack" OR "myocardial infarction"）AND diabetes AND cancer

C. （"heart attack" OR "myocardial infarction"）OR diabetes NOT cancer

D. （"heart attack" OR "myocardial infarction"）AND diabetes
　　NOT cancer

第 3 章参考答案

参考文献

[1]　ASSELAH T, DURANTEL D, PASMANT E, et al. COVID-19: discovery, diagnostics and drug development[J]. Journal of Hepatology, 2020, 74(1): 168-184.

[2]　GRAETZ N, FRIEDMAN J, OSGOOD-ZIMMERMAN A, et al. Mapping local variation in educational attainment across Africa[J]. Nature: International Weekly Journal of Science, 2018, 555: 48-53.

[3]　RONG C, SHI Q, WANG B. Seismic performance of angle steel frame confined concrete columns: Experiments and FEA model[J]. Engineering Structures, 235: 111983.

[4]　SINHA A, SHEN Z, SONG Y, et al. Proceedings of the 24th International Conference on World Wide Web, May 18-22, 2015[C]. Florence: Association for Computing Machinery, 2015.

[5]　TYAGI N. What is the knowledge graph? [EB/OL]. (2020-10-19)[2023-03-04]. https://www.analyticssteps.com/blogs/what-knowledge-graph.

[6]　中国科学技术协会 . 关于准确把握科技期刊在学术评价中作用的若干意见 [EB/OL]. (2015-11-06)[2023-05-12]. http://kexie.hust.edu.cn/info/1071/1818.htm.

文献的高效管理

在上一章中，笔者提出利用左轮枪文献调研模型来检索文献。为了充分利用好检索出来的文献，我们需要对它们进行有效的管理。当我们通过系统性的检索不断积累文献时，文献种类和数量与日俱增。这可能导致文献分类和筛选困难，造成阅读文献和获取新信息的效率不高，甚至引起焦躁情绪。而通过开展有效的文献管理可以让我们较为清晰地组织文献，避免做阅读低质量文献、重复查找文献的无用功。在本章中，我们将首先明确文献管理的目的，然后分析文献管理的思路和具体实操方法，井然有序地组织文献，为后续的文献分析和文献高效阅读奠定重要基础。

4.1 文献管理的目的和意义

文献贯穿于热点分析、研究选题、方案设计、数据收集和分析、论文写作和投稿、基金写作等科研过程中，因此我们想高质量地完成一个科研项目，就必须积累较多的学术文献。这些文献少则十几篇，多则上百篇。仅仅是在文献调研阶段或撰写文献综述时，就需要查阅大量文献来系统性汇总和分析已有的研究成果。图 4.1 展示的是 2019 和 2020 年发表在 *Nature* 上的综述论文的参考文献数量分布。由图可见，大部分综述论文有超过 100 篇参考文献，其中多数综述含有 140 到 170 篇文献。面对如此多的文献，如果不进行有效管理，在查找目标文献时特别容易出错，或者出现查找混乱和效率低下的情况。并且，我们还要针对如此多的文献进行整体分析，比如为了分析选题的研究热度，此时也会发生束手无策的情况。

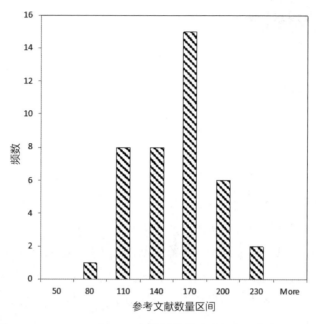

图 4.1　*Nature* 2019 和 2020 年收录的综述论文中的参考文献数量区间

　　此外，我们通常需要花费一年以上的时间去高质量完成一个科研项目。如果中间间隔太长时间，再回去找之前保存的文献，就仿佛记忆断层，大海捞针，毕竟人类大脑的记忆力非常有限。例如，在科研过程中，经常会出现这样的场景：在课题数据分析阶段，我们发现一个新的结果，此时我们想查看下前人研究中是否有类似结果。但是，由于我们长时间没有阅读文献导致记忆模糊，隐约记得有一篇论文有类似的研究。这时，我们如果没有对文献进行有效编排组织，就得一篇篇打开文献去重新了解其中的内容，极大地降低了查找效率。而如果我们科学组织管理文献，就能通过关键词快速定位到那篇论文，也就可以将精力放在对内容的分析上而不是浪费在查找文献上面。

　　另外，在论文写作环节中，我们需要对论文中的参考文献进行格式排版。文献多的时候，人工手动排版文献就比较耗时，除非在收到审稿意见后由于论文质量较高，主编只让我们增删少数几篇参考文献。反之，如果论文因为大改要重新排版参考文献时，我们就需要花费大量时间。更糟糕的情况是，如果论文被拒稿，我们不得不更换投稿期刊。这时，由于不同的期刊对排版格式有不同的要求，例如要把按作者字母顺序的参考文献改成按文献在论文中的出现顺序编排，如果作者人工一一更改的话，修改的工作量就异常巨大。

对于情绪控制不好的人，在以上繁琐的文献查找和格式更正中，还可能引起他们心情烦躁和低落，就会引起走神和注意力难以集中的情况屡见不鲜，大大降低了科研效率。除了学会情绪控制和调节外，我们还需要学会高效的文献管理，不让负面情绪战胜理智。

总之，文献管理是为了提高查找文献的效率和准确度。开展高效文献分析，也提高在论文中引用文献的写作效率，降低出现负面情绪的概率，以便让我们将宝贵精力和时间花在思考和分析内容上，在相对好的心情中不断提高科研成果的质量。

4.2　文献管理的思路

既然文献管理是一项管理工作，我们就要明确文献管理的总体思路和流程、我们可通过以下 3 个步骤，科学开展文献管理（见图 4.2）。

图 4.2　文献管理的思路

当我们通过关键词在各大数据库网站检索出文献时，我们先不要不假思索盲目去下载它们，而应该先筛选出我们真正需要的文献，也就是那些相关度高、质量又不错的文献。这是因为我们希望通过分析和阅读文献获得有效信息，而那些低质量的文献可能由于观点错误、数据不对等问题误导我们。此外，精读论文需要花费较长时间，自然就有必要将有限的科研时间花在高质量的文献上。当筛选出需要下载的目标文献后，我们就可以进入下载文献的阶段了。由于大部分文献的下载需要支付费用，因此我们需要知道如何通过各种途径快速低成本获取文献。有了文献之后，就进入正式的文献管理了。它既可以是人工管理，也可以是

软件管理。下面我们就来看详细的文献管理过程。

4.3 筛选文献的思路和方法

筛选文献要基于一定的标准。根据这些标准，有的放矢地筛选文献，我们既不会错过优质文献，也不会陷入太多低质量文献而不能自拔。笔者首先通过整理常见文献数据库的筛选指标来确定最常用的筛选标准，然后根据不同的文献调研目的设置不同的筛选策略。

4.3.1 了解筛选指标

对于检索出来的教材，常用的筛选策略是查看教材版本、作者的研究实力和出版社知名度。如果一本教材经过多轮改版，那绝对是一本受读者追捧的经典书。例如著名出版社威利（Wiley）出版的知名教材 *Advanced Engineering Mathematics* 目前已出版到第 10 个版本，其作者是著名数学家 Kreyszig（克利切革）教授。而对于专著来说，由于其受众面较窄，我们主要看作者的研究实力（顶刊论文数量和占比、总被引数和 H 指数等）。

下面笔者就重点介绍科研人员主要检索和筛选的文献类型，即期刊论文和学位论文。筛选它们要比筛选教材和专著复杂得多。

笔者挑选了在第 3 章中介绍的搜索学位论文和期刊论文具有代表性的 9 个中英文文献数据库，分别是博士学位论文为主的 ProQuest Dissertation and Theses、英文 SCI 论文数据库 Web of Science、爱思唯尔数据库 ScienceDirect、施普林格-自然数据库 SpringerLink、泰勒弗朗西斯期刊数据库 Taylor & Francis Online、生命科学数据库 PubMed、电气与电子工程与计算机文献数据库 IEEE *Xplore*、知网和万方。然后统计截止到 2020 年 12 月 16 日他们是否使用特定的筛选指标，如作者和发表时间。如果包含，则在表 4.1 中用 # 号显示。

图 4.3 中示意的是 Web of Science 数据库主要文献筛选指标。通过点击或选择这些指标，可以快速筛选出目标文献。

表4.1 主要学术文献数据库中筛选文献的常见指标统计（#号代表包含，空白代表不包含）

筛选指标	博士学位论文为主 ProQuest Dissertation and Theses	英文 SCI 论文数据库 Web of Science	爱思唯尔数据库 ScienceDirect	施普林格自然数据库 Springer Link	泰勒–弗朗西斯期刊数据库 Taylor & Francis Online	生命科学数据库 PubMed	电气与电子工程与计算机文献数据库 IEEE Xplore	知网	万方
相关性	#	#	#	#	#	#	#	#	#
发表时间	#	#	#	#	#	#	#	#	#
所在学科或领域 *	#	#	#	#	#	#	#	#	#
文献类型 **	#	#	#	#		#	#	#	#
文献语言	#	#		#		#		#	#
作者	#	#				#	#	#	#
出版物标题		#	#		#		#	#	
所在学校/机构	#	#					#	#	#
所在国家和城市	#	#							
基金资助机构		#							
被引频次		#						#	#
下载次数								#	#

注：* 是指大类学科或大领域，如生命科学、计算机科学等。** 是指论文或书籍、视频等不同形式的文献。

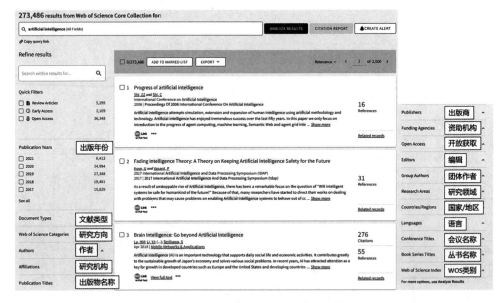

图 4.3　Web of Science 数据库的主要文献筛选指标

　　可以看出英文 SCI 论文数据库 Web of Science 和中文文献数据库知网包含最完备的文献筛选指标，而泰勒弗朗西斯期刊数据库 Taylor & Francis Online 包含最少的筛选指标，功能目前不够齐全。

　　将统计数量标准化后（所有筛选指标在数据库中的出现次数除以数据库个数，即 9）展现在图 4.4 中。我们可以看出最常使用的筛选指标是相关性、发表时间、所在学科或领域和文献类型，其次是文献语言、作者、出版物标题和所在学校 / 机构，较为少用的是被引频次、所在国家和城市、基金资助机构和下载次数。这说明大部分科研人员较为关心文献是否相关、时效性是否强、是否专业领域相关以及是否是特定类型的文献（如综述）。而对于被引频次等筛选指标适用于一些特殊场景，比如挑选某个领域的经典文献。

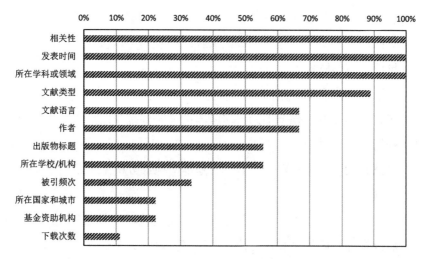

图 4.4 文献筛选指标在学术数据库中的出现占比
（100% 表示在 9 个数据库中都出现）

根据以上 12 个筛选指标的统计分析，我们就可以依据自己的筛选目的组合不同的筛选指标进行针对性筛选。然而，以上所有筛选指标中还缺乏一个质量判断的指标。笔者认为各大数据库之所以不设置文献质量筛选是因为文献质量判断较难，且具有一定的主观性、依赖于读者经验，比如创新性的大小判断就仁者见仁，智者见智。虽然文献质量没有统一标准，但我们还是可以通过以下四个客观数据来辅助判断。这对于尚无科研经验的新手来说，可以减少判断错误的可能性，也可以增加高质量文献的筛选比例。

① 论文所在期刊的影响因子和分区。在同一学科中，影响因子分数和分区越高，期刊论文质量就越高；

② 被引用量。其值越高，被人关注和肯定程度也越高。需要提醒的是，最新发表的论文即便论文质量再高，其被引用量也相对较低；

③ 作者和单位实力。作者论文总被引用量越大，作者的 H 值越高，单位越是名校 / 知名研究院，论文质量高的可能性就越大；

④ 出版商实力。来自以下五大出版商——爱思唯尔、施普林格-自然、泰勒-弗朗西斯、威利和世哲的学术期刊质量一般较高，而饱受诟病的 MDPI 出版商则存在部分期刊质量不如意的批评。

除了从以上 4 个方面来辅助判断论文质量外，我们还需要阅读题目和摘要去判断论文质量。摘要可谓是迷你版论文，从中我们可以快速判断论文研究创新性、研究价值及写作质量等。

4.3.2　明确筛选文献的目的

接下来，我们就可以根据不同科研阶段的文献筛选目的开展文献筛选。我们主要分 4 种情况进行讨论。

（1）筛选目的一：了解某研究主题的基本情况或分析某个最新成果，以撰写周报 PPT 并做汇报交流

研究生入学时，往往需要在导师指导下阅读文献以学习专业知识、了解研究进展，为后续提炼科研想法和设计研究方案打基础。为了让课题组的成员之间有交流学习（如高年级给一年级学生提供意见），也为了提升指导效率（一对一的指导方式让导师花费的时间成本太大），导师通常会举办周报集中让多位研究生汇报文献阅读的收获。这时，导师要么指定一两篇论文让研究生阅读，要么让其根据某个研究主题（如小麦染色体）去自己检索论文。如果是自己检索，那么能否筛选出优质文献就极其关键了，毕竟对于没有科研经验的一年级研究生来说，能在一周内深入读完和理解透彻一到两篇论文内容就已经相当不错了。

针对以上情况，我们就可以先根据相关性对文献进行排序，然后限制学科领域到自己所在的学科，并选择文献类型—期刊论文。这里之所以不首先选择综述论文是因为它包含的专业知识很多且相互交织在一起，初入某个领域的同学可能对其包含的某些研究方法、研究理论等不甚了解，理解综述内容困难极大。选定期刊论文后，可以按文献语言先挑选阅读理解难度低的中文论文，等理解基本专业知识后再挑选英文论文进行阅读（如你检索文献的数据库只有一种语言，那一开始就选择去中文文献数据库，比如知网）。由于顶刊论文的分析很深入透彻，阅读它们就给科研新手带来很大挑战。因此，建议先按出版物标题筛选出发表于领域内影响因子中等的期刊的英文论文。等你在周会上汇报几次阅读收获后就储备了一定的专业知识，此时就可以增加论文难度，比如筛选影响因子更高的期刊，选择综述论文，选择被引频次高或者作者所在学校是名校的文献。这时候通过理解高水平论文的最新研究成果，慢慢建立对某个研究主题的全貌和深入认

识，也就更有可能提炼出创新科研想法了。

（2）筛选目的二：学习实验测试方法，以更好地理解方法目的和相应的数据结果

每个领域都有特定的实验测试方法或研究方法。如果它们较为通用，那么这些方法往往就在最新论文中一笔带过显得较为抽象，这就让科研新手在阅读论文时很难理解测试方法的关键目的和设计巧妙之处。此时，就可以先设置相关性和文献类型筛选出学位论文，因为它们会比期刊或会议论文更加详细地描述测试方法。比如笔者的博士学位论文的第三章 Methodology 第 51—56 页中描述的氧气扩散和渗透测试方法，就比在期刊论文第 38 页中描述的同一个测试方法要详细得多。如果中英文学位论文都有对相同测试方法的描述，则可以先筛选中文学位论文再挑选英文学位论文阅读。这样理解起来更容易。如果两者描述的细节有冲突，应当以质量高者为依据。

（3）筛选目的三：找前沿高质量文献，总结前人工作，提出科研想法和研究方案，以撰写开题报告 / 研究计划 / 基金 / 综述

随着对研究领域知识的不断积累，我们可以开始系统调研文献，梳理研究进展脉络，以提炼科研想法和设计研究方案。这正是我们撰写综述、开题报告、研究计划或者基金时需要的主要内容。由于要对前人工作有个系统性的认知和分析，并且需要在此基础上提出创新想法，因此我们要筛选出完整且高质量的文献，否则为了求快导致信息缺失或者被错误信息误导都会得不偿失。

我们可以先按相关性排序，然后根据文献类型分别挑选综述和期刊论文。该方法对中英文文献都适用，因此文献语言不需要进行限定。一般，我们先筛选自己学科领域的文献，然后再从交叉学科中挑选文献。阅读这些文献有助于从跨专业知识中启发创新想法。挑选出来的文献经过质量判断后再下载保存，比如可以按发表时间来排列。随着文献调研的深入，我们可能对领域内的作者已经有了一定的了解，那么可以勾选出比较有名的、权威的作者，查阅他们的文章。由于他们多年累积的研究成果成体系，系统查阅他们的论文有助于掌握某个研究主题的知识点和研究现状。

（4）筛选目的四：找特定知识点的文献，描述背景 / 联系同行 / 对比研究结

果提炼创新点等，以撰写论文

当我们进入论文写作阶段时，虽然获得了数据结果，但是我们不能孤立地分析结果，而应该将研究结果放在国内外最新研究成果中开展诸如联系、对比、论证等分析讨论，确保研究发现具有扎实的论证基础，并能体现创新性和对学科内知识点的贡献。这意味我们在写作论文的各个部分时，例如引言和讨论，需要不断查看和引用前人文献。虽然我们在科研项目的早期，即文献调研阶段，已经筛选出了一批文献，但由于国内外同行不断产出新成果和新文献，我们还是会错失一些新的研究成果。这需要再次检索和筛选。同时，随着科研成果的不断产生、与导师或同行讨论分析的不断深入，我们对研究内容的理解也会愈加深刻，新的检索方向也会萌芽发展。这也说明文献检索、筛选和阅读是伴随整个科研项目周期的。

在写作论文各部分时，我们的目的比较明确，因此可以相应地设定筛选指标去筛选文献。在写作引言时，由于需要介绍写作自身领域的研究背景和分析研究进展，我们就可以先设定所在学科领域，设置文献类型为原创论文和会议论文。之所以不设置书籍和学位论文是因为它们很少被引用而出现在期刊论文中。然后根据相关性进行排序，挑选发表时间最近的文献去综述研究进展、描述研究背景。在写作材料和方法部分时，需要引用的文献较少。此处引用文献，主要是为了佐证选择某个具体材料或方法步骤时的根据。我们一般引用规范文献或采用相同材料方法的高质量期刊论文。为了查找论文使用中的规范，可设定所在学科领域和文献类型为规范或者专门去规范查询网站进行相应检索，而发表时间没有特殊要求；为了查找相同材料方法的高质量期刊论文，则需要设定所在学科领域和文献类型（期刊论文），按相关性进行排序，最后在出版物标题（这里是期刊名字）中选择权威期刊，发表时间也无需设置。在写作讨论部分时，为了配合解释关键发现的原因、联系国内外同行相同主题研究成果、对比差异性、价值分析等，我们就需要设定发表时间为越近越好。但如果是基于已有理论去解释新发现的原因，那么就不需要设定发表时间，因为已有理论往往存在于经典文献中。

4.3.3　筛选文献的实施步骤

明确了以上介绍的筛选文献的目的和大致思路，就好比海上航行的船舶有了灯塔的指引，使得我们不会在论文的汪洋大海中迷失前进的方向，可以有的放矢地设置不同的筛选指标开展文献筛选工作。一般来说，我们选择相关性、文献类型、发表时间和具体的研究领域作为主要的筛选指标，若数据库支持被引量、下载量、所在学校 / 机构等，就可以进一步筛选出（潜在）高质量的论文。为了增加实操性，下面笔者提供一套筛选论文文献的实施步骤，示意在图 4.5 中。

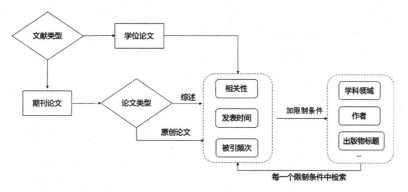

图 4.5　筛选文献的实施步骤

　　从上文梳理的四大筛选文献的目的中，我们不难发现，确定了文献筛选的目的，基本上也就限定了目标文献类型。我们可以先将文献类型作为筛选指标，例如选择期刊论文中的原创论文为要筛选的文献类型，并按相关性对检索出的文献进行排序。相关性越高的，表明文献越贴近检索词，对我们的参考价值也就越高。我们一般筛选并记录相关性最高的 5 篇期刊论文（具体数量视情况而定，如果相关性都较高的文献较多，则可适当增加数量）。除相关性外，我们还可以按发表时间、被引频次对检索的文献结果进行排序。每种排序方式下各筛选出排名最高的 5 篇论文。

　　依据不同的排序方式筛选出的文献中可能包含重复，这说明它同时满足了几种不同的筛选指标，可作为后续阅读的重点文献。去掉重复的文献，剩下的文献就是第一轮筛选的结果。

　　如果筛选的目标文献类型不止一种，例如写综述要筛选原创论文和综述论文，那么以上筛选过程就要重复两次。我们需要先确定文献类型为期刊原创论文，在此基础上再按其他条件筛选文章，然后再选择综述为文献类型，重复上述

步骤，然后去掉重复文献，最终得到第一轮文献筛选结果。

筛选文献是个去粗取精的动态过程，我们无法保证经过一轮筛选就能获得真正有效的文献。因此，在第一轮的筛选中，我们不能完全依赖计算机的匹配结果，还需要快速阅读这些文献的题目和摘要，判断文章的参考价值再决定是否下载。如果对筛选结果不满意，例如筛选出的文献数量太多，可以将学科领域、作者、出版物名称等筛选指标作为限制条件，开展第二轮筛选。例如笔者想要筛选混凝土裂缝 concrete cracking 研究中涉及化学分析方面的文献，于是在第二轮筛选中选择学科领域为筛选指标，将文献范围限制在化学工程领域中，在此基础上再按相关性、发表时间、被引频次对文献进行排序。此时，就能筛选出更贴合检索目的的论文。

如果添加了限制条件后仍然无法得到满意的文献，就要考虑优化检索的关键词组合或重新检索直至选出质量优秀、内容相关、数量合适的文献。

以上是通用的筛选步骤，具体实施方案要根据不同的筛选目的和筛选指标来制定。笔者将在下一节内容用案例分析的形式具体展示操作步骤。

4.4　筛选文献的案例分析

我们以第 3 章案例分析中的搜索结果为原始数据，根据上述提出的筛选目的三，即通过总结分析前人文献中的成果并提出未来研究想法，以撰写综述论文为目的，展开对检索结果的筛选分析。

在第 3 章第 3.6 节的文献检索案例中，我们初步确定新冠感染的检测和临床特征作为研究方向，在 SCI 论文数据库 Web of Science 中检索关键词组合 COVID-19 AND "clinical characteristics" AND detection，得到 99 篇 SCI 论文。

遵循第 4.3 节中总结的筛选步骤，笔者先按文献类型筛选文献，本案例的目标文献类型是期刊论文，如图 4.6 所示。我们首先检索期刊论文，因此勾选文献类型为 article，筛选出 85 篇期刊论文。由于数量偏多，我们还需要继续筛选，得出更精准、更有参考价值的文献。

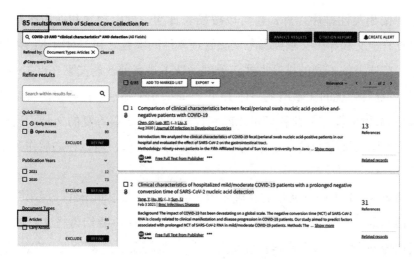

图 4.6 按文献类型筛选文献

　　为了筛选出那些对我们的研究更有帮助的文献，我们按不同的排序方式对文献进行排序，各筛选出排名前 5 的文章。我们先将检索结果按相关性进行排序，并筛选前 5 的文献，在 Web of Science 数据库中我们可以选中筛选的文献，添加到标记结果列表，也可以将文献导出到 Excel、EndNote 中，方便之后的筛选和管理，如图 4.7 所示。

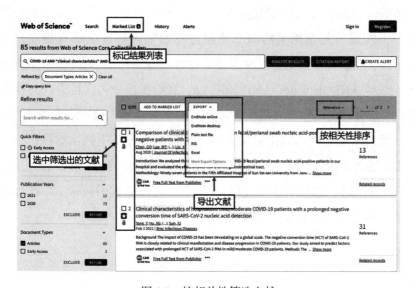

图 4.7 按相关性筛选文献

除了按相关性排序以外，还可以按发表日期、被引频次和使用次数（即用户点击查看全文和导出文献到参考文献管理软件的次数之和）对检索结果进行排序。笔者在这里按不同的排序方式，分别筛选了排名前 5 的文献。点击"标记结果列表"，查看筛选的文献结果共计 15 篇。如果 4 个筛选指标筛出的文献没有重复，应该共计 20 篇，因此我们可以断定此时必然有 5 篇重复的文献。这些文献同时满足不同的排序方式，很可能具有较大的参考价值，可以在之后作为重点阅读对象。

按照第 4.3 节中筛选文献的实施步骤，我们再添加限制条件开展第二轮文献筛选。因新冠感染是由病毒感染引起的呼吸道传染病，我们再将文献的研究方向限定在传染病学、微生物学和普通内科中，共检索出 40 篇论文，在此条件下，再次重复，按相关性、被引频次等方式对文献排序，各筛选排名前 3 的论文，去除重复的部分论文，最终得到 8 篇论文。

此外，我们还可以按筛选目的限定发表年份、作者、出版物名称等条件，将检索结果排序并筛选。完成上述筛选步骤后，我们可以将文献类型改为综述论文，重复以上步骤再次筛选。

通过以上步骤，我们初步筛选出传染病学、微生物学和普通内科学方向的新冠感染的检测和临床特征相关的文献。笔者大致阅读了这些文献的摘要和引言部分，发现与儿童相关的新冠感染检测和临床特征虽然有研究但是并不多。考虑其研究重要性，笔者再次完善了检索关键词为 COVID-19 AND "clinical characteristics" AND detection AND children，在数据库中再次检索，共检索出 10 篇文献，并重复之前的步骤开展文献筛选。由于符合该关键词组合条件的文献数量较少，可以放宽一些筛选指标的限制。例如直接按被引频次排序，或筛选发表在高水平期刊上的文献。图 4.8 所示的 3 篇文献即为按被引频次排序的前三篇 SCI 论文。可见第一篇发表于 2020 年 4 月 2 日的论文被引频次 227 次远高于其他两篇（分别是 18 和 17 次），值得优先阅读。

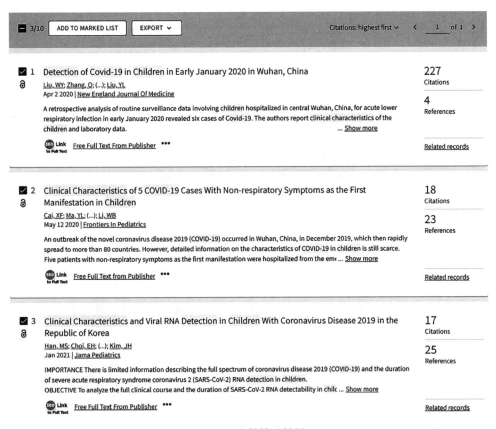

图 4.8　文献筛选结果

4.5　下载文献的途径和方法

筛选出所需文献后，我们就可以下载文献并进行文献管理了。下载文献最大的障碍是付费屏障，这是因为大部分学术文献由于版权问题需要付费阅读和下载。然而，随着开放文献共享的呼声越来越高，已经出现越来越多的文献数据库开放文献免费下载了。

本书根据读者不同的实际情况进行了分类，提出了下载中英文文献的路线图（见图 4.9）。希望它可以帮助读者获取更多的文献资料。为了让大家更好地了解下载渠道，下面笔者对每个步骤分别进行介绍。

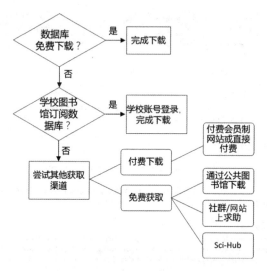

图 4.9　下载中英文文献的路线图

　　最理想的情况是数据库直接提供免费下载的文献。比如开放性期刊论文数据库 DOAJ 收录绝大多数开放性期刊论文，这些论文均可以被免费下载阅读。笔者在表 4.2 中整理了目前可以免费下载论文的大型文献数据库，包含期刊论文和学位论文数据库。而对于专利，在第 3 章的表 3.3 中列举的专利检索网站均提供免费阅读或下载专利文件。

表 4.2　免费提供文献下载的大型数据库

数据库名称	介绍	网址
DOAJ	可免费下载不同学科的开放性期刊论文，但无主流的非开放性期刊论文	https://doaj.org
EBSCO Open Dissertations	免费下载来自全球 320 多所高校的 140 多篇各学科学位论文	https://biblioboard.com/opendissertations
PubMed Central (PMC)	免费下载部分生命科学领域的文献	https://www.ncbi.nlm.nih.gov/pmc
国家自然科学基金基础研究知识库	免费下载国家自然科学基金资助发表的中英文论文	http://ir.nsfc.gov.cn
iData 知识搜索	iData 平台上所有信息均为公开发表的学术文献，由学者自由上传，并提供有限的免费浏览、下载服务。	https://www.cnki.net

　　然而我们经常发现要下载的文献不在以上免费数据库中，这时如果我们所在的学校图书馆订阅了某些文献数据库，该校科研人员或学生就可以凭借教师或学生账号通过图书馆提供的下载链接进行免费下载。需要注意的是，不能无限制批量下载，否则会违反图书馆与文献出版商的协议规定，被图书馆警告、通报批评或封号。

　　实际上，每所高校由于经费限制不太可能完整地订阅各个学科的文献数据库，因此就会出现无法下载某些文献的问题。这时我们只能尝试其他获取途径了。除了到某些付费会员网站（如80图书馆）或在文献数据库中直接付费进行下载以外，我们还有以下三种方式可以免费获取文献。

　　第一种免费方式是通过公共图书馆或公共知识库进行下载。比如通过在支付宝中搜索浙江图书馆—新用户注册—用手机支付宝扫描登录浙江图书馆网页—找到万方、维普、知网等中文数据库即可进行文献下载。不过据笔者测试，这种下载方式速度较慢，只能满足下载少数文献的需求。此外，我们还可以通过国家自然科学基金基础研究知识库免费下载国自然基金资助的中英文论文，但由于时效性问题，该知识库不一定及时收录论文。

　　第二种免费方式是通过微信或QQ社群及百度学术、ResearchGate网站上向他人求助文献，如笔者组织的微信社群经常就有同学相互求助文献。

　　第三种免费方式是目前最受争议的一个，即文献数据库网站Sci-Hub收录了绝大多数有版权保护的英文论文且提供免费下载。虽然该网站被期刊出版社连年控告要求停止侵权，但由于受到全球科研人员的热捧而依然生生不息。Sci-Hub网址不固定（经常变化），建议大家通过谷歌搜索Sci-Hub，再点击搜索结果中排在前几位的相关网址即可准确找到可访问的网址。

4.6　人工管理文献

　　在前几节中，我们明确了文献的有效管理对顺利开展科研项目意义重大，因此，下载完目标文献后，我们就需要对它们进行高效的管理，以便之后开展有序

的文献阅读。文献管理的主要目标在于将海量文献呈体系化地分类整理，让我们能快速找到想要的文献，并在下一次使用文献时快速抓取文章的核心主题，提升读取文献信息的效率。

为了做到高效、高质量的文献管理，我们需要采取什么样的方式方法呢？文献管理的方法通常分为人工管理和软件管理两种，他们各有利弊，读者可以根据自己的实际情况和偏好进行选择。本节中，笔者将首先介绍文献的人工管理。

人工管理也就是不借助其他文献管理软件，以手动的方式对文献做存储、整理分类和标记。首先在电脑中创建不同名字的文件夹并存储相应类别的文献。为了便于后期快速识别文献题目和了解其主要内容，可以在存储论文时设置文件名，比如关键词组合＋作者姓＋年份。文件夹类别可以根据学科特点和研究手段来定，比如自然科学学科可以划分成理论分析、数值模拟、实验等；临床医学可以划分成综述 / Meta 分析、随机对照试验、队列研究、病例—对照、横断面研究、病例系列、病例报告。也可以根据研究回答的科学问题来划分，比如临床医学可划分为病因、诊断、治疗和预后。如果某篇文献被阅读过，可以在文件名后面加上"已读"标记。随着文献调研的深入，所需要的文献会越发精准，数量也就越来越少了。

如果习惯电子阅读，可以直接在电脑中打开论文 pdf 文件，并在上面记录和保存阅读笔记（如 pdf 编辑器 Adobe Acrobat Pro DC 可实现对 pdf 文字的增删、高亮、批注等编辑）。而如果喜欢打印出来阅读论文，则需要利用物理文件夹进行分类管理，以便有序、便捷地安排阅读顺序，每个类别贴上标签纸做类别标记。由于需要不断插入新的论文或者调整论文的先后摆放顺序（如按发表时间排序），可以利用类似图 4.10 所示的打孔文件夹存放论文（需事先打孔）。笔者就经常采用打孔文件夹进行文献管理，通常一个研究主题的论文按不同研究类别存放在一个打孔文件夹中进行阅读。

 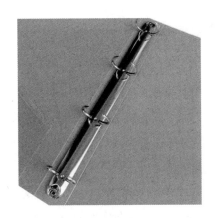

（a）打孔器　　　　　　　　　　　（b）打孔文件夹

图 4.10　常用的装订论文的打孔器和打孔文件夹

　　而在论文写作阶段，如果需要在文中插入、删除或调整参考文献引用时，就需要手动输入了。此外，也需要手动撰写论文正文后面的参考文献列表。不过，我们可以在谷歌或百度学术等搜索引擎中检索论文然后复制其提供的参考文献格式到论文中，操作起来也非常方便（见图 4.11）。以上参考文献的输入虽然相对繁琐，但是可以让我们更加熟悉参考文献。

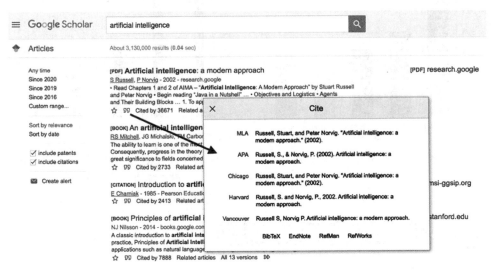

图 4.11　谷歌学术搜索出来的论文，可点击双引号查看各种参考文献格式

4.7 软件管理文献

许多科研人员还会借助一些文献管理软件来辅助管理文献。这就是我们所说的第二种文献管理方式——软件管理。文献管理工具集参考文献的检索、下载、归类、排序以及导入文献到 Word 等功能于一体，能帮助用户高效管理和快速生成参考文献。

基于图 4.12 和图 4.13 的调研数据，我们可以发现，目前科研人员最了解和最常用的参考文献管理软件主要为 EndNote、Mendeley 和 Zotero。它们包含的功能都差不多，难分伯仲。其中 EndNote 是最知名的一个，在国内有着广泛的使用基础，也是笔者推荐使用的一款文献管理软件。详细的 EndNote 操作指南可参考本书第 9 章 9.5 节。

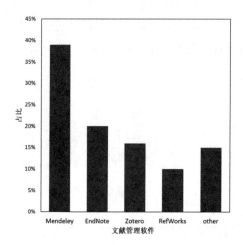

图 4.12　科研人员使用的文献管理软件统计

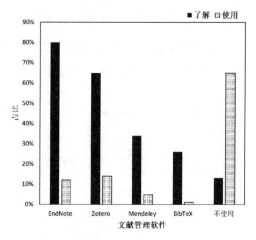

图 4.13　科研人员了解和使用的文献管理软件统计

4.8 人工管理和软件管理的对比

总的来说，人工管理文献可以加深对文献的印象，而软件管理则效率更高，适合批量管理文献。其实两种文献管理方式并无显著的优劣之分，科研人员可以根据自身实际情况选择不同的文献管理方法。笔者将在本节中分别整体梳理这两种方式的优势和局限，并总结不同情况下更适合采用哪种文献管理方式，以供读者参考。

4.8.1 人工管理和软件管理的优缺点分析

（1）人工管理的优缺点分析

① 优点分析：a）无需软件购买成本，所需文献数量较少的情况下比较方便（如精读一些论文），如数量少于30篇。b）用纸质笔记做文献管理的一大优势在于阅读纸质文章更符合阅读习惯，更有阅读质感，也有利于缓解视觉疲劳。c）方便我们更好做笔记，前后翻页更有全局感，方便联系前后内容。d）设置论文文件名时需要阅读论文主题和作者信息，有利于加深对文献和同行印象，阅读时更有亲切感。

② 缺点分析：a）手动管理文献资料相对费时，存储和翻找文献的效率较低，不利于搜索文献。如果长期不看文献，会难以记清文献存放位置，而文件夹中命名的论文题目由于不能太长（如pdf题目字符串不能超过40个）而不能覆盖全部题目信息，无疑增加了搜索难度。b）对于分类整理习惯不好的同学来说，可能会弄乱文件夹或弄错论文摆放位置而给之后查找文献带来不便。c）更改引文格式较为麻烦。对于在论文中用数字编号的引用格式，当需要在编号中间插入或删除文献时，需要调整后面序号的文献编号，不仅效率较低还容易出错。并且，不同的期刊对投稿要求的引文格式可能不同，手动调整容易出错也比较麻烦。

（2）软件管理的优缺点分析

① 优点分析：a）存储、检索和引用文献高效。通过分类管理实现快速存储文献。同时，文献管理软件可以像文献数据库一样非常精准、快速地定位到具体某个文献。如文献管理软件Mendeley，只需要在搜索栏中输入一个单词或者短语，就可以马上在庞杂的文献库中找到包含有这个关键词的文献（只要文献任何位置包含该关键词，该文献都可被检索出来）。此外，在论文写作和投稿环节，往往需要引用其他文献资料或更改全文引用格式，软件可以导入和自动调整格式，保持高度一致，降低出错率。b）提升初步阅读文献效率，快速了解研究

主题的全局情况。通过在软件中点击论文题目就可以依次查看不同文章的标题、关键词、摘要、作者等信息,不需要打开论文就可以一目了然地快速掌握文献基本信息。此外,部分参考文献软件如 EndNote 还具备一定的文献分析功能,辅助了解主题热度等,从而提升阅读文献的效率。c)现在大多数的参考文献软件如 EndNote 和 Mendeley 会提供线上云存储文献的功能,让科研人员不管在单位还是家里甚至出差在外,也可以登录管理软件查看文献。

② 缺点分析:a)市面上常用的正版文献管理软件通常都需要付费购买,且价格较高。b)对中英文文献的支持程度有较大的差异。很多的文献管理软件由国外公司开发,对中文文献的识别能力较弱,导入中文文献时可能会出现错误,根据中文文献信息查找对应的全文比较困难。c)可能会因为软件的 bug 或操作不当造成文献的丢失或混乱,在安全性上存在一定的风险。d)过度依赖软件,可能造成不熟悉同行信息和期刊信息等。

为便于大家快速了解两种管理方式的差别,笔者将它们的主要优缺点概括在表 4.3 中。

表 4.3　人工管理和软件管理的主要优缺点

	人工管理	软件管理
优势	无需花费较大费用购买软件; 纸质阅读更符合阅读习惯,带来好的阅读感; 方便笔记,前后页对照阅读较为方便; 可熟悉文献和同行信息; 管理稳定,没有软件出错的风险	管理和使用大量文献高效; 提升初步阅读文献的效率,利于了解主题全局情况; 云存储文献,多地点查看文献
不足	存储和查找文献效率低; 若分类整理习惯不好,可能弄乱文件; 写作论文时引用文献或修改文献引用格式较为繁琐	正版软件费用高; 不一定中英文文献都兼容; 软件页可能出现 bug 而扰乱文献管理; 过度依赖软件,可能造成不熟悉文献和同行信息

4.8.2　人工管理和软件管理的适用情况

人工管理和软件管理各有利弊,我们不妨根据上文总结的优缺点,从中得出两种文献管理方式的适用场景。

（1）适合人工管理

我们一般认为人工管理比较耗时，那么是不是就没人使用它了呢？其实并不是。正如 4.7 节中图 4.13 显示的，不使用文献管理软件的人在调查样本中超过了一半。那么什么情况下适合人工管理文献呢？

如果文献检索和筛选质量高，要管理和阅读的文献并不多，且又看中人工管理的优势，阅读感强，那么就适合用人工管理。

其次，如果我们已经较为熟悉研究领域的同行及其论文情况，那么我们在科研当中需要关注和阅读的论文也并不多。例如笔者在博士高年级期间逐渐聚焦到领域内的 5 个国际小同行和他们每年发表的高水平论文。在写论文时，主要瞄准这些论文即可。

同时，在写论文时，由于需要经常手动输入论文、作者和期刊名字，因此我们就会对它们非常熟悉。这不仅有利于确定投稿期刊，而且为开展同行间交流和合作打下基础。由于一篇期刊的参考文献也就 20 ～ 40 个，手动输入并不会花费太久，而且各类文献格式可以在谷歌学术上找到并复制到论文中，只要进行微小修改即可。

人工管理文献虽然效率低一些，但是不需要购买软件，也避免了出现软件 bug 时造成的文献混乱或者信息丢失。以笔者自身经历为例，在研究生阶段，笔者主要用 EndNote 管理文献，并多次遇到因为软件 bug 而弄乱文献格式的情况。因此进入博士项目后，笔者就彻底告别了软件，回到人工管理文献上。由于方法恰当，管理效率也不那么低下。再加上笔者喜欢阅读纸质文献，就更加发现人工管理文献有极大的吸引力。

（2）适合软件管理

如果科研新手处在科研项目的早期，需要查阅大量的论文以增加专业知识、提炼科研想法，特别是快速发展和文献积累较多的一些学科（如医学），以及撰写综述和学位论文需要参考大量文献，那么他们则适合使用文献管理软件来辅助管理。在处理大批文献时，它具有很明显的存储和检索效率上的优势。例如，当我们在数据库中检索文献时，浏览到感兴趣的文章，可以直接将文献导出到管理软件中，方便之后批量阅读。如果所在单位又提供免费下载使用，软件费用上的

忧虑也可以免去。

此外，如果喜欢阅读电子版论文，又不习惯人工管理文件夹和阅读纸质版论文，他们也适合用软件管理文献。

总的来说，文献管理的两种方式各有千秋，大家可根据本节总结的优缺点和适合场景酌情做出选择。但是不管选择哪一种，我们都需要做好每一步的文献管理工作，保持严谨细致的科研态度，利用好不同的工具。

4.9　文献统计分析

下载和管理好文献后，接下来就要跃跃欲试开始阅读论文了呢？其实，在正式阅读全文之前，我们还可以对收集到的所有论文、期刊或所在的文献数据库先进行初步的统计分析，整体上获得研究热度、国内外同行、期刊等信息。

笔者将从文献、期刊、学者分别介绍常用的文献统计分析方法，帮助科研人员宏观把握研究状况，也为提炼科研想法提供辅助。

4.9.1　文献数据库的文献分析

当前某些文献数据库的功能日趋集成化，除了提供检索文献的基础功能外，还可以分析文献。例如 Web of Science 数据库提供全方位的文献统计分析功能，在文献检索结果界面点击 "Analyze Results（分析检索结果）"，可按出版年、文献类型、作者、来源出版物、国家 / 地区、研究方向、机构等条件分析，并以柱状图或树形图的形式显示分析结果的记录数。如图 4.14 所示，笔者在数据库中检索关键词组合 "concrete AND microcracking"，检索到 766 篇 SCI 论文，然后分析检索结果，选择出版年份分析这些文献。我们可以看到不同年份的论文发表数量以柱状图的形式呈现，一目了然地了解该研究课题的热度变化情况。读者也可以选择其他字段分析文献，深挖文献整体信息。

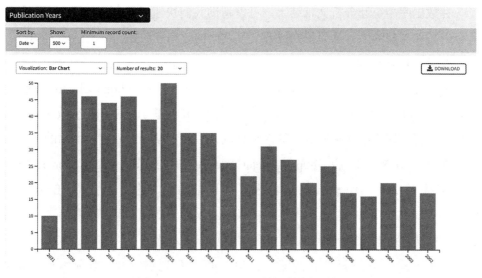

图 4.14　Web of Science 数据库分析文献

此外，知网也支持文献的计量分析功能，可以分析全部检索结果，也可以筛选部分文献，将文献的总体趋势、文献关系网络（文献互引、作者合作）和文献分布情况进行可视化分析与呈现（图 4.15）。知网文献计量分析的一大优势在于呈现了完整的文献关系网络，我们可以从中了解到不同研究主体的合作态势，找到领域内的杰出学者与研究机构。此外，它还清晰地呈现文献互引情况，文献互引量越高就表示同行认可度越高，帮助我们找到领域内具有开创性和标志性的文献。

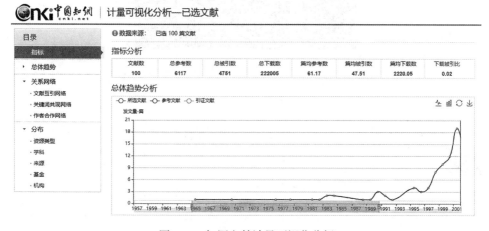

图 4.15　知网文献计量可视化分析

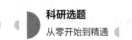

在数据库中统计分析文献结果，可以帮助我们快速了解自己的研究方向是否具有创新性与前瞻性，从而我们提升文献调研的效率和质量。

4.9.2 JCR 期刊分析

除了在文献数据库中分析检索结果，也可以直接在 Journal Citation Reports（JCR，《期刊引征报告》）中详细分析期刊信息。JCR 基于对期刊引文数据的统计和分析，用于评价期刊在领域内的水平高低，并展示期刊之间相互引用的关系。

在登录 JCR 入口后（https://jcr.clarivate.com/JCRLandingPageAction.action），可以直接在检索框中输入期刊名称查询详细信息，也可以选择"Browse by Category"（按类别浏览），点击"Select Categories"选择期刊领域来筛选，共有254 个领域类别（2020 年版）。例如图 4.16 所示，笔者选择"Clinical Neurology"（临床神经学），并选择期刊范围为 SCIE。可以看到临床神经学领域有 208 本 SCI 期刊（图 4.17），可按总被引量、期刊影响因子、期刊引文指标（期刊过去三年发表的所有论文和综述的影响力指标平均值）等排序（可点击 Customize 自定义添加筛选指标）。

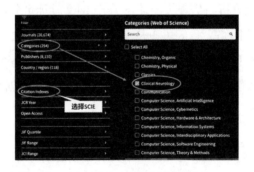

图 4.16　选择期刊领域

图 4.17　临床神经学领域的 SCI 期刊

当然我们还可以进一步查看期刊的具体情况。例如笔者点击该领域内影响因子最高的期刊 *Lancet Neurology*（《柳叶刀–神经病学》），就进入了期刊的详细界面。它包含期刊的基本信息、影响因子、被引论文、来源数据、期刊关系、开源比例、不同国家和机构的发文数量等众多内容。这些信息数据通过可视化图表的形式反映在界面中，方便科研人员直观地获取关键信息。图 4.18 显示的是该期刊界面的部分内容，上方为该期刊的基本信息，左下部分为期刊的影响因子的动态趋势图，包括所有年份的数据，右下部分为期刊影响因子贡献项目。

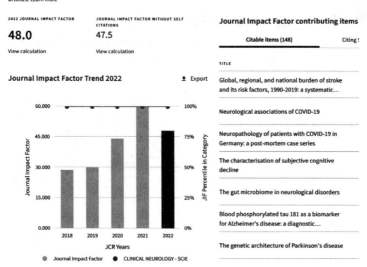

图 4.18　期刊情况

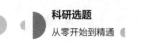

其中在 Journal Impact Factor contributing items 期刊影响因子贡献项目界面，我们可以看到期刊的高被引论文具体有哪些。图 4.19 中清晰地呈现了被引的文献以及被引量（从高到低排序），帮科研人员画出了重点，哪些是值得关注的高被引论文一目了然。

Journal Impact Factor contributing items   ⬇ Export

Citable items (159)	Citing Sources (1,507)

TITLE	CITATION COUNT
Diagnosis of multiple sclerosis: 2017 revisions of the McDonald criteria	639
Global, regional, and national burden of Alzheimer's disease and other dementias, 1990-2016: a systematic analysis for the Global Burden of Disease Study 2016	237
Global, regional, and national burden of Parkinson's disease, 1990-2016: a systematic analysis for the Global Burden of Disease Study 2016	226
Global, regional, and national burden of migraine and tension-type headache, 1990-2016: a systematic analysis for the Global Burden of Disease Study 2016	167
Global, regional, and national burden of multiple sclerosis 1990-2016: a systematic analysis for the Global Burden of Disease Study 2016	127

图 4.19　被引文献

在期刊的 JCR 界面，还可以看到该期刊在其领域内的年度影响因子排名以及 JCR 分区情况，如图 4.20 所示。Lancet Neurology 期刊在其研究领域中的每年度排名第一，属于 JCR1 区。

Rank by Journal Impact Factor

Journals within a category are sorted in descending order by Journal Impact Factor (JIF) resulting in the Category I list, with other years shown in reverse chronological order. Learn more

EDITION
Science Citation Index Expanded (SCIE)

CATEGORY
CLINICAL NEUROLOGY

1/208

JCR YEAR	JIF RANK	JIF QUARTILE	JIF PERCENTILE	
2020	1/208	Q1	99.76	
2019	1/204	Q1	99.75	
2018	1/199	Q1	99.75	
2017	1/197	Q1	99.75	
2016	1/194	Q1	99.74	

图 4.20　期刊排名与 JCR 分区

图 4.21 中，上下两侧分别为三年内不同研究机构、国家 / 地区在该期刊发文的数量，可以作为投稿时的参考。滑动右侧滑块即可查看所有国家地区或组织的发文数据，基于它们可统计中国相对其他国家的发文热度。比如 Lancet Neurology 期刊共计发表了 1756 篇次（若一篇论文有多个国家的作者，则该篇论文都分别算作各自国家的论文），中国独自发表或参与国际合作发表了 30 篇，说明不到 2% 的论文来自中国单位。而美国和英国分别占据了第一和第二的发文量位置，因此它们在临床神经学领域占有显著优势。同时，University of London 伦敦大学和 Harvard University 哈佛大学是领域内所有发文单位的领头羊。

图 4.21 期刊概况

4.9.3 顶尖学者分析——全球前 2% 科学家榜单

顶尖科学家们引领所在学科的发展，他们的研究往往代表着权威与高水平，一直是科研人员关注的焦点。越了解他们，在阅读论文时就会越有意识地关注他们所在团队的成果。科睿唯安公司每年会根据 Web of Science 的数据，统计发布高被引学者榜单。该榜单对 21 个学科和一个跨学科进行分类统计，根据学者的高被引论文数量和总被引量，最终筛选出 7225 位高被引学者（2022 年）。但是，由于其存在未去除自引量、学科划分较粗导致一些学科入选人员过少等局限性，美国斯坦福大学的 John Ioannidis（约翰·约阿尼迪斯）教授团队开创了一种新的科学家筛选方法，称之为世界前 2% 科学家榜单。以 2020 年为例，榜单分为"职业生涯科学影响力排行榜"（1960—2019）和"年度科学影响力排行榜"（2019）两种，分别考察职业发展以来的持续影响力水平以及最近一年的表现。

该榜单数据源自 Scopus 数据库，基于引用次数、H 指数、同行合作调整后的 Hm 指数、不同作者单位论文的引用量，并一个综合指标。该综合指标分数决定了学者排名情况。它的计算排除了自引量并综合考虑了作者的总被引量、H 指数、Hm 指数、第一作者的论文被引量、唯一作者的论文被引量、最后作者的论文被引量的数据。同时，划分学科更加细致和深入到二级学科，最终在 22 个领域和 176 个细分领域中的 700 多万科研人员中筛选了前 2% 的科学家，囊括约 16 万名分属不同领域的顶尖科学家。

我们可以在官网（https://data.mendeley.com/datasets/btchxktzyw/2）下载查看该榜单的 Excel 表格，筛选所在领域内顶尖科学家。表格包含学者、国家（地区）、研究机构、全球排名、研究领域、所在领域排名等众多信息。图 4.22 所示的是笔者在职业生涯榜单中筛选研究领域 "Building & Construction" 建筑建造的顶尖科学家，即可看到该领域内的顶尖学者的排名情况。其中中国大陆排名第一的是来自湖南大学的顶尖科学家 Shi, Caijun（史才军）教授。如果想更加直接地查询各领域的世界前 2% 科学家榜单，也可以到研淳官网的世界 TOP2% 科学家页面（https://www.papergoing.com/index/scientist/index）查看。只要直接输入学科名称、科学家姓名、所在单位、所在国家或地区和 H 指数，就可进行高效查询（见图 4.23）。

学者	研究机构	国家/地区	全球排名	学科	所在领域排名
Santamouris, Mattheos	University of New South Wales	aus	5298	Building & Construction	1
Li, Victor C.	University of Michigan, Ann Arl	usa	5340	Building & Construction	2
Shah, Surendra P.	Northwestern University	usa	6068	Building & Construction	3
Bentz, Dale P.	National Institute of Standards a	usa	6454	Building & Construction	4
Poon, Chi Sun	Hong Kong Polytechnic Univers	hkg	7828	Building & Construction	5
Weschler, Charles J.	Rutgers Environmental and Occ	usa	8479	Building & Construction	6
Nazaroff, W. W.	University of California, Berkele	usa	9798	Building & Construction	7
Shi, Caijun	Hunan University	chn	9878	Building & Construction	8
Scrivener, Karen	Ecole Polytechnique Fédérale de	che	10380	Building & Construction	9
Love, Peter E.D.	Curtin University	aus	11384	Building & Construction	10
Chen, Qingyan	Purdue University	usa	11838	Building & Construction	11
Jennings, Hamlin M.	Massachusetts Institute of Techi	usa	11904	Building & Construction	12
Garboczi, Edward	National Institute of Standards a	usa	12300	Building & Construction	13
Siddique, Rafat	Thapar Institute of Engineering	ind	12520	Building & Construction	14
Provis, J. L.	University of Sheffield	gbr	12557	Building & Construction	15

图 4.22　Building & Construction 领域科学家排名

| 学科名称: | 请输入英文或中文 | | TOP科学家姓名: | 请输入英文，如"Wang, Shaobin"（姓，名） | | □ 模糊查询 | |
| 所在单位: | 请输入英文 | | 所在国家或地区: | 请输入英文或中文 | | h指数: 请输入数字 ～ 请输入数字 | 搜索 |

Materials, 材料 (6088)	Neurology & Neurosurgery, 神经病学与神经外科 (5801)	Applied Physics, 应用物理学 (5776)	Oncology & Carcinogenesis, 肿瘤学与癌发生学 (5636)
Artificial Intelligence & Image Processing, 人工智能与图像处理 (5389)	Energy, 能源 (4880)	General & Internal Medicine, 普通内科医学 (4668)	Cardiovascular System & Hematology, 心血管系统与血液学 (3989)
Biochemistry & Molecular Biology, 生物化学与分子生物学 (3966)	Networking & Telecommunications, 网络与电信 (3944)	Microbiology, 微生物学 (3444)	Organic Chemistry, 有机化学 (3084)
Nuclear & Particle Physics, 核与粒子物理 (2944)	Developmental Biology, 发育生物学 (2889)	Plant Biology & Botany, 植物生物学&植物学 (2853)	Nanoscience & Nanotechnology, 纳米科学与纳米技术 (2831)
Pharmacology & Pharmacy, 药理学与药剂学 (2777)	Immunology, 免疫学 (2666)	Mechanical Engineering & Transports, 机械工程与运输 (2381)	Optoelectronics & Photonics, 光电子学 (2376)
Surgery, 外科 (2373)	Electrical & Electronic Engineering, 电气和电子工程 (2258)	Analytical Chemistry, 分析化学 (2194)	Nuclear Medicine & Medical Imaging, 核医学与医学影像 (2164)
Polymers, 聚合物 (2131)	Meteorology & Atmospheric Sciences, 气象学与大气科学 (2070)	Industrial Engineering & Automation, 工业工程与自动化 (2044)	Ecology, 生态学 (1992)
Chemical Physics, 化学物理学 (1980)	Geochemistry & Geophysics, 地球化学与地球物理 (1935)	Medicinal & Biomolecular Chemistry, 药物与生物分子化学 (1923)	Nursing, 护理学 (1905)

图 4.23　世界 TOP2% 科学家查询页面

4.9.4　EndNote 的文献分析功能

面对从不同数据库中检索筛选的大量文献，我们该如何快速分析其背后的文献信息？其实我们只要借助 EndNote 的文献分析功能，就可对导入文献的关键词、期刊、作者、发表年份等众多信息做统计分析。笔者在下文中将具体介绍如何使用 EndNote 批量进行文献统计分析。

笔者在 Web of Science 数据库中以"concrete AND microcracking"为检索关键词，按被引频次对检索结果进行排序，将排名前 200 的文献导出到 EndNote 20（英文版）中，并以这些文献为例进行文献分析。

首先，点击菜单栏的工具"Tools"，选择其中的"Subject Bibliography"（主题目录）进入文献分析功能（图 4.24）。

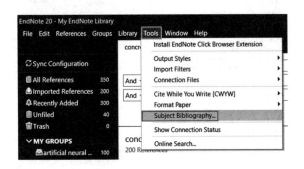

图 4.24　EndNote 的文献分析功能

在该功能里，我们可以选择不同的字段分析，如图 4.25 所示。它包括文献类型、作者、发表年份、标题、来源期刊、关键词等众多字段，根据不同的字段可以分析得出不同的结果。以期刊来源为例，笔者在 "Selected Fields"（所选字段）中选择 "Secondary Title"（期刊名称），会显示这 200 篇文献的来源期刊以及该期刊发表的文献数量，点击 Records 可以按发表数量排序。由图 4.26 可知，期刊 Cement and Concrete Research 的发文数量遥遥领先，达到 76 篇，由此可见阅读该期刊论文对于了解混凝土裂缝这一研究领域有突出价值。其他发文数量超过 10 篇的期刊同样是值得关注的重点期刊。同时，这些期刊也是未来撰写论文时要重点引用的论文来源。我们还可以选中要导出的内容，选择一定的输出样式进行保存或打印。

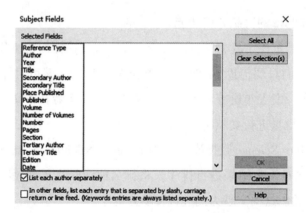

图 4.25　选择不同的分析字段

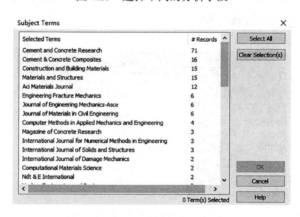

图 4.26　按期刊来源分析

根据不同的要素分析，可以总结出不同的结果。对期刊进行分析，可以了解在某个研究领域的热门期刊；对作者进行分析，可以知道在这个领域发文量最多的人，也就是所谓的大佬或活跃研究人员，以后可以多关注他的文章；对年份进行分析，可以知道这个方向近几年的发文量，从而判断这个方向的研究热度与未来发展情况；对关键词进行分析，可以知道这个方向研究最多的点是什么，使用频率最高的专业名词是什么。这样一通分析下来，就对整个研究方向有了一个宏观的了解，为之后的细化研究奠定基础。

4.9.5 关键词云图

笔者要介绍的另一种文献统计分析方法是制作关键词云图。前文提到的利用EndNote分析文献主要针对批量分析文献的情况，而制作关键词云图更多的是针对某一篇文献。

关键词云图，也叫文字云，是通过对一个或多个关键词进行重复的、字体大小颜色不一的、不规则的排列，使其看上去类似于某种形状的图片，是对文本中出现频率较高的"关键词"予以视觉化的展现。关键词云图过滤掉大量的低频低质的文本信息，使得浏览者只要看一眼文本，就能抓住该论文的主要专业词汇。

关键词云图生成器作为生成云图的一种工具，简化了制作过程。笔者综合分析目前存在的词云制作工具，推荐一个网站叫"Wordsift"。在该网站，用户可方便快捷地生成关键词云图。具体使用方法介绍如下。

在空白处中输入想要制作云图的文字内容，然后点击"sift！"就可以自动生成云图。笔者在空白处输入之前发表的论文 Influence of drying-induced microcracking and related size effects on mass transport properties of concrete 中的结论部分，点击"sift！"后生成图4.27所示云图。

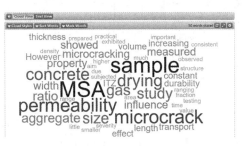

图4.27 云图结果

其中 MSA、permeability、sample、concrete 和 microcrack 等词汇字体较大，说明在文中出现的次数较多，属于高频词汇。点击某个词汇，在下方界面可以查看其在文中出现的具体位置，也可以看见其从属关系和对该词汇的图片或视频解析（见图 4.28）。

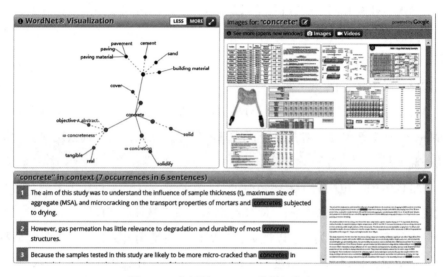

图 4.28 高频词 concrete 的详细信息

此外，用户可以根据需求点击"Cloud Styles"修改云图的效果，还可以调整云图中文字的角度、大小等参数，下载的时候也可以选择 SVG 和 PNG 格式（见图 4.29）。

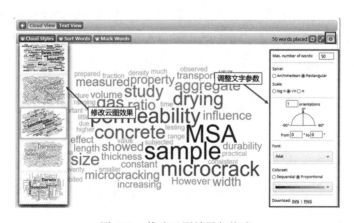

图 4.29 修改云图效果与格式

4.9.6 专业文献分析工具——CiteSpace

除了上述几种文献统计分析的方法外，科研人员还可以借助专业的工具对文献进行细致全面的分析。CiteSpace、VOSviewer、HistCite 和 RefViz 等是目前使用较多的文献分析软件。其中 CiteSpace 以其强大的文献共被引分析而知名。它以可视化的形式呈现学科结构，是分析研究发展规律与研究热点的软件，支持对Web of Science、Scopus、PubMed、中国知网、CSSCI 等众多数据库文献的分析。

官网支持免费下载安装 CiteSpace 软件。安装完软件后，需要先从数据库中导出文献，再打开 CiteSpace 软件导入文献进行分析。我们可以勾选想要分析的节点，包括作者、机构、国别、主题、关键词、参考文献等，还可选择文献的时间，设置好所有参数后，运行软件即可以可视化的形式直观地呈现文献分析结果。笔者在下文简单介绍该软件的功能，具体的操作流程大家可以在本书的第 9章的第 9.6 节查看。

如图 4.30 所示，在 CiteSpace 的文献分析可视化界面，我们可以看到中间所有被分析文献的关键词共现的一张巨大的知识图谱。其中，每一个节点代表一个关键词，圆圈大小表示关键词出现的频次，节点之间的连线表示不同关键词出现在同一篇文献中，一定程度上反映了该领域的结构层次。

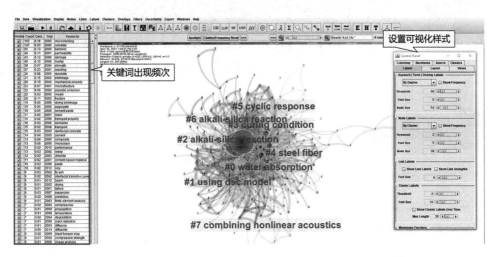

图 4.30　CiteSpace 可视化分析

CiteSpace 分析文献的一大亮点在于在知识图谱中添加时间因素，可以绘制关键词时区图和关键词时间线图，展现研究关键词演进的时间路径。例如在图 4.31 的关键词时间线图中，将不同聚类下的关键词按时间线铺开，从左往右年份依次增加，可以清晰地展现每个聚类中关键词的演进时间。从该图中，我们可以得到最近几年新的关键词，以此启发我们新的研究方向。比如在最近两年里，新出现了关键词有 sorptivity、degradation 等。通过利用这些关键词进一步检索文献，我们可以更加深入地了解相关的研究方向和内容，以此启发科研想法。图中这些关键词聚类代表着所选年份内论文高频关键词的所属类别，这些类别整体上代表了主要研究主题。笔者挑选了前 9 个关键词聚类（如 drying-induced non-uniform deformation）。通过阅读理解它们，我们可以明确主要研究主题或研究方向，有助于理解专业词汇和专业内容，扩大知识面，从而有利于设置检索关键词。

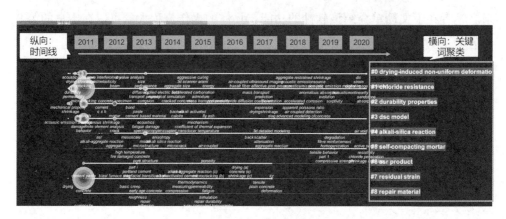

图 4.31　CiteSpace 绘制关键词时间线图

1. 可以通过哪些方式下载文献？（　　）。

A. 开源期刊在数据库免费下载

B. 利用学校图书馆订购途径下载文献

C. 通过公共图书馆下载

D 付费购买文献后下载

2. 文献管理的思路一般是怎样的？（ ）。

① 筛选文献；② 下载目标文献；③ 管理文献

A. ③②① B. ①③②

C. ①②③ D. ②③①

3. 以下哪些选项属于人工管理文献的优势？（ ）。

A. 加深对文献的印象 B. 随时添加笔记

C. 文献数量比较多的时候效率较高 D. 灵活性较强

4. 小明同学在学习过程中下载了大量研究领域内的相关文献，为了避免找不到想要的文献，下列哪种文献管理的方法不可取？（ ）。

A. 将文献导入到管理软件如 EndNote 中批量管理

B. 把文献打印出来并做标签分类整理

C. 在电脑中创建不同名字的文件夹分类管理

D. 一篇篇点开查找所需文献

5. 一般来说，想深挖某个研究领域的文献背后的信息，进行文献统计分析是必不可少的环节，我们可以借助哪些工具开展文献统计分析工作？（ ）。

A. EndNote 的文献分析功能

B. 使用 CiteSpace 等文献分析软件

C. 关键词云图制作工具分析高频关键词

D. 在知网和 Web of Science 等数据库中在线分析检索结果

第 4 章参考答案

参考文献

[1] LISBON A H. Multilingual scholarship: Non-English sources and reference management software[J]. The Journal of Academic Librarianship, 2018, 44(1): 60-65.

[2] SMALLWOOD J, FITZGERALD A, MILES L K, et al. Shifting moods, wandering minds: negative moods lead the mind to wander[J]. Emotion, 2009, 9(2): 271-276.

[3] SPEARE M. Graduate student use and non-use of reference and PDF management

software: An exploratory study[J]. The Journal of Academic Librarianship, 2018, 44(6): 762-774.

[4] Wu Z. Influence of microcracks on the transport properties of concrete[D]. London: Imperial College London, 2014.

[5] WU Z, WONG H S, BUENFELD N R. Influence of drying-induced microcracking and related size effects on mass transport properties of concrete[J]. Cement and Concrete Research, 2015, 68: 35-48.

快速阅读理解论文中的长难句及段落

完成文献的下载和整理后，接下来就是阅读文献和获取课题相关信息了。我们面临的第一大难题就是语言问题。由于我们母语就是中文，因此对于绝大多数同学来说，阅读中文论文不存在任何语言障碍，但是阅读英文论文却让人云里雾里。相信很多人都有这样的经历，一读英文论文就犯困，似乎眼前的英文论文是助眠效果极佳的睡前读物。这背后主要是因为有别于中文论文，英文论文中存在一些结构复杂的长句子、晦涩难懂的句子间逻辑关系、陌生的专业词汇及专业原理。在本章中，我们先聚焦解决英文中的长难句和段落，在下一章中再讲如何攻克专业知识。

5.1 长难句的定义、作用及类型

在本章中，笔者首先从难句的定义、作用与类型入手，帮助你建立阅读长难句的思维。在此基础上，笔者提供一套针对英文长难句的先侦察、再拆分、最后击破的战术，即"主干分析法"，助力快速分析和理解英文长难句。此外，为了让你与英语长难句的每一场仗都不白打，笔者还特地准备了小测试以供检测进步情况。最后，精选顶级期刊论文中的长难句开展案例分析，让你熟练掌握主干分析法，并将其运用到阅读实战中去。

5.1.1 长难句的定义与作用

所谓英文"长难句"，"长"自然好理解，一般来说，一个句子超过 20 个单词就被认为是长句子。但长句子不一定会引起阅读障碍，阅读障碍往往是由句法结构复杂、存在陌生专业词汇引起的。在英文论文中，长难句所占篇幅比例大致在 15% 左右，并不算多。但如果你对句式结构不熟悉而无法快速辨析句子结构，它们一定会造成你的信息流堵塞、中断，从而影响你的阅读效率甚至是对文章内容的理解。

可是，笔者在《国际高水平 SCI 论文写作和发表指南》一书第一讲中提到，学术论文强调通过文字交流学术成果，希望借助简洁、流畅的表达风格，让读者迅速理解行文逻辑和内容含义。你可能会奇怪，为什么不直接在论文写作中全部使用理解起来更轻松的简单句？

想要回答长难句为何还在寸土寸金的论文中占据着不可取代的位置，就必须搞清楚长难句在一篇文章中究竟发挥着怎样的作用。为了回答这个问题，笔者结合案例，列举了以下两点作用供大家参考。

（1）作用一：使句子与文章结构更紧凑

由于学术英语表达要做到详细准确，因此我们还会给句子补充一些细节信息，如补充实验所处环境的温度和湿度信息，这就不可避免地加长了句子。假设我们要补充多个细节信息，倘若全部使用短句，就会造成文章支离破碎，不仅不能达到行文简洁的效果，反而让人读起来觉得繁琐、杂乱，甚至会出现指代不明、逻辑混淆的情况。这时，如果尝试串联多个简单句，或在主句后设置从句，这虽然制造了长句、复杂句，但却可以省略一些单词短语，反而使得行文紧凑简洁，并且让信息传递变得更加高效。

以下案例就是一个典型的长难句，它来自笔者的一篇发表在 SCI 期刊 *Cement and Concrete Research* 上的论文。为了更好地分析和理解句子的各个部分，我们拆分句子，并在各个部分前面加注编号。

◎ 案例

---

① The size effect on permeability also has implications that ② one has to exercise care ③ when using permeability data to calibrate or to validate numerical models ④ that aim to predict transport properties from microstructure.

我们可以根据句子意思把它分成 4 个部分，并画出它们的句式结构示意图（见图 5.1）：

① The size effect on permeability also has implications that 尺寸效应对渗透性

的影响带来启发……

② one has to exercise care 我们需要谨慎

③ when using permeability data to calibrate or to validate numerical models 当利用渗透性数据去校准或验证数值模型

④ that aim to predict transport properties from microstructure（数值模型）用于从微观结构层面预测（混凝土）水气传输性能

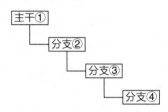

图 5.1　句式结构的分解

　　从该长难句的句式结构来看，序号①部分意在说明样本尺寸效应对渗透性的影响可以产生一些应用启发，是这个句子的主干信息，因此我们用树的主干示意。序号②到④部分则紧接着补充说明应用启发的具体内容，我们用主干延伸的分支表示。序号②短语用于提醒读者应用启发的重要性。序号③短语紧接着②补充具体的应用场景。序号④短语则紧接着解释说明序号③中的模型的使用目的。序号③、④一起作为前面分支②的延伸。由于使用长句子，这四个部分不仅变得内容紧凑，而且有效传递了样本尺寸效应对渗透性的影响研究可以产生明确的应用场景的信息。而如果把该长句分成四个短句子，就会造成重复部分过多或需要多次指代，反而会使信息过于分散且容易出现指代不明造成理解的歧义。

　　（2）作用二：平衡段落结构

　　长难句除了可以串联多个简单句或从句，紧凑、有效传递信息，还可以和短句一起交替出现，用以平衡段落或文章整体的句子长短。这样可以让读者在长短句变换阅读中保持良好的阅读感受，提升阅读理解效率。

　　我们再来看这篇论文中的英文段落（见图 5.2），来自旅游行业著名 SCI 期刊 *Tourism Management* 的 SCI 论文引言第一段。为了让大家更好阅读句子之间的过渡，笔者将每个句子分隔出来排列。在该段落中，论文作者在短句 1 之后连接了一个长句 2，并在其后又接上短句 3，紧接着便是长句 4 和 5。这种长短句的交替使用就很好地平衡了文章段落中句子的长短结构，使文章产生一种错落有致的美感，也为文章结构增色不少。

◎ 案例

短句1过渡到长句2

长句2过渡到短句3

短句3过渡到长句4和5

1. Online peer-to-peer (P2P) marketplaces are growing at a rapid rate, especially in travel and tourism services.

2. These marketplaces comprise individuals (consumers) who transact directly with other individuals (sellers), while the marketplace platform itself is maintained by a third party.

3. Early marketplaces of this kind, such as eBay and Craigslist, have been associated with the trade of traditional retail items.

4. Recently, a new type of P2P commerce, mainly associated with the supply of services and commonly known as the "sharing economy," has emerged.

5. Sharing economy marketplaces have flourished particularly within the field of travel and tourism, in which locals supply services to tourists. Examples include taxi services (Uber), restaurant services (Eatwith), tour guide services (Vayable), and accommodation services (Airbnb).

图 5.2　长短句交替出现

需要强调的是，在论文段落写作中，仅仅交叉使用长短句还不够，还需要保持上下句之间紧密的逻辑关系。例如，图 5.2 中短句 1 首先引入了 P2P（个人对个人）市场的概念并表明其火热程度，长句 2 马上解释了 P2P 市场的概念。短句 3 开始介绍早期的 P2P 市场再过渡到长句 4 中引入最新的新型 P2P 市场（即共享经济）。整体逻辑：引入概念——概念解释——发展历程——引出论文研究对象，可见论文的整体思路异常清晰，易于读者理解。

经过以上分析，我们可以发现，英文长难句虽然在文章中占比不高，但是其在论文写作中十分必要，起到让句子结构紧凑和平衡文章段落结构的作用。如果我们具备了快速分析和应用长难句的能力，那么文献阅读效率和英文论文写作水平也将大大提高。然而，需要强调的是，笔者并不鼓励大家在自己写作学术论文时多用长句。回想笔者的高中和大学英语教育，被强调多使用高级语法、复杂句型和丰富词汇才能在英语考试中得高分，因为各种从句大行其道，如走马灯般出现在写作中。然而过犹不及，经过了多年的海外留学和工作，笔者才回到了学术英文写作追求准确、简洁、清晰和客观的正确轨道上。

5.1.2 长难句的类型

想要快速搞懂长难句，就首先需要知道英文长难句有哪些类型。笔者通过调查研究发现，英文论文中常出现的长难句大致可以被归纳为两大类型（见图5.3）：类型一是基于单一主干句配上多个分支短语或句子的长难句；类型二是基于多个主干的复杂句（两个或两个以上的主干），同样具有多个分支短语或句子。

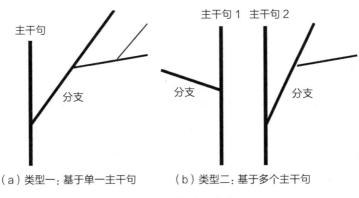

(a) 类型一：基于单一主干句   (b) 类型二：基于多个主干句

图 5.3 长难句的两大类型

（1）类型一：基于单一主干句

基于单一主干句的长难句。就像图5-3所表示的一样，先有了句子主干，然后在主干上长出多个分支句子或短语。例如，5.1.1节中分析的案例长句就是一个典型的基于单个主干句的复杂句。加粗部分 **The size effect on permeability also has implications**（尺寸效应对渗透性的影响带来启发……）是主干句。在主干句子后，不断连接分支句子或短语。

需要注意的是主干句也有可能中间穿插分支短语起到补充说明的作用，例如以下这个长句：This dramatic increase in speed compared to all known classical algorithms is an experimental realization of quantum supremacy for this specific computational task, heralding a much-anticipated computing paradigm.（与所有已知的经典算法相比，这种速度的显著提高是对这一特定计算任务量子霸权的实验性实现，预示着一种备受期待的计算范式）。其主干句为 This dramatic increase in speed compared to all known classical algorithms is an experimental realization of quantum supremacy，而 compared to all known classical algorithms（与所有已知的经典算法相比）就是一个短语分支作为补充。

（2）类型二：基于多个主干句

类型二的长难句是基于多个主干句的复杂句。它通常表现为两个或两个以上主干句子的并列组合，主干句和主干句之间通常用连词 and（和）、or（或）、but（但是）等连接。两个主干句是两个独立的句子，由于逻辑紧密，构成一个复杂句。

我们来看其中的一个案例。

◎ 案例 1

① This effectively produces two variables: aggregate size and sample porosity, and ② it would be incorrect to interpret the data solely on the effect of aggregate size ③ since changes in porosity will have a major influence on transport.（译文：这有效地产生了两个变量：骨料粒径和样品孔隙率，仅仅根据骨料粒径的影响来解释数据是不正确的，因为孔隙率的变化将对水气运输产生重大影响。）

在该长句中，我们可以看到一个明显的标志 and，它连接了主干句 1 和主干句 2。主干句 1 的意思是"这产生了两个变量：骨料粒径和样品孔隙率"，而主干句 2 主要讲"解释分析数据不能只分析其中一个变量的影响，即骨料粒径的影响"，且后面紧跟序号③部分则为主干句 2 的分支短语，补充说明背后的原因。虽然主干句 1 到 2 用连词"and（和）"，但也有一定的逻辑递进关系。

◎ 案例 2

① Recent case studies showing substantial declines of insect abundances have raised alarm, ② but how widespread such patterns are remains unclear. (Van Klink et al., 2020).（译文：最近的案例研究显示，昆虫数量大幅下降，这引起了人们的警惕，但这种模式的广泛程度尚不清楚。）

在该长句中，我们看到一个明显的转折词 but 用于连接主干句 1 和主干句 2。

句子1中最近的案例研究指出昆虫数量大幅下降，让人们担心是不是大范围内昆虫数量都在大幅下降，于是作者马上补充说目前情况尚不清楚。

5.2　快速阅读理解长难句

在上一节中，笔者介绍了英文长难句的定义、作用和类型，相信读者对长难句已经建立了初步的认知。由于长难句句式复杂，科研人员常常在阅读时受到阻碍，难以理清句子逻辑，无法快速消化理解句子含义，阅读进度十分缓慢。虽然长难句在英文文献中所占的篇幅不多，但其传递了重要的内容信息，是我们在阅读时必须啃下的"硬骨头"。在本节中，笔者将针对这一情况，介绍快速阅读理解长难句的技巧，帮助科研人员提高阅读效率。

5.2.1　建立理解长难句思维

因为我们长期浸润在汉语世界里，习惯于汉语的思维模式，缺乏英文的语言环境，所以阅读时很难从固有的中文语法思维中脱离出来，喜欢按照中文的阅读习惯去理解英文。而中英文之间的语法结构、思维模式都存在很大差异，这往往容易造成理解上的偏差。因此，在阅读英文文献时，需要从英文的语法习惯出发，建立长难句思维。

（1）树与竹：中英文语言结构差异

无论口语还是写作，中文和英文的语法结构都大不相同。如果说英文长句像一棵主干粗壮且旁逸斜出的树（见图5.4a），那么中文句子则更像一株竹子。它的语法单元之间从属关系并不明显，甚至存在一定的逻辑断层（见图5.4b）。无论是说话还是写作，中文都可能出现很多主次不分明的短句。

英文句子：树式结构　　　中文句子：竹式结构
（a）　　　　　　　　（b）

图5.4　中英文句子结构的差别

笔者举一个具体的例子。以下分别是一个中文句子和一个英文句子，它们所表达的意思相同，但句子结构存在着显著的差异。

◎ 英文句子

There are endless worries with modern people, such as faster pace of life, the higher house prices and the more severe pollution.

◎ 中文句子

现代人的烦恼层出不穷，生活节奏越来越快，房价越来越高，污染越来越严重。

英文句子只有一个主干，即 There are endless worries with modern people（现代人的烦恼层出不穷）。它在整个句子中提纲挈领，而其余3个部分——"生活节奏越来越快""房价越来越高""污染越来越严重"都被写成名词短语形式来举例说明。而在中文句子中，"一个主干、三个分支"的结构变成了"四个小短句"，形成了四个主语（现代人的烦恼、生活节奏、房价、污染）。虽然在语义层面上，后面三个短句是围绕第一个短句展开的，但在语法形式层面上，它们却在不断地切换主语，变换主干，各自形成独立的语法单元。

通过这个例子，我们可以发现中英文表述在语法结构上有着巨大差异。想要流畅地阅读英文论文，理解英文长难句的内在逻辑关系，我们在阅读时务必要完成从中文"竹式结构"到英文"树式结构"的思维转换，即关注句子的主干，厘清句子各部分之间的逻辑关系。

（2）逆向思维：假如我是作者

另外一种促进理解英文长难句的思维是逆向思维，即如果我们明白了作者是如何思考、组织和写作句子的，我们也就知道了如何逆向拆分和理解句子结构。

我们首先来看读者的写作思路。一般来说，包括笔者在内的很多作者写作英文长难句时，会先将核心意思通过主干句表达出来，再根据需要添加分支句子、分支短语，并确定分支部分与主干句之间的关系，以便完整、清晰、准确地表达句子的含义。

而作为读者，我们就可以运用逆向思维，逆着作者的写作过程，先把句子的分支部分去掉，提炼出主干句，再明确分支部分与主干句之间的关系，再读懂分支部分的意思，这样就可以迅速明白整个长句的意思了。图 5.5 展示的就是作者写作和读者阅读的示范过程。

图 5.5　作者写作和读者阅读过程的对比

我们不妨以下面这个 *Nature* 论文中的长难句为例，分析作者的写作过程，由此反推读者该如何安排阅读顺序才能更好地理清思路和理解句子含义。

① <u>This dramatic increase in speed</u> ② compared to all known classical algorithms ③ <u>is an experimental realization of quantum supremacy</u> ④ for this specific computational task, ⑤ heralding a much anticipated computing paradigm.

◎ 作者写作过程示范

第一步，建立主干句，表达主要意思：先写下① This dramatic increase in speed ③ is an experimental realization of quantum supremacy（这种速度的显著提高是量子霸权的实验性实现）。大家可以发现，这是一个完整的"主系表"结构句子，即使什么都不添加，它也可以完整地表达意思。

第二步，添加补充信息：② compared to all known classical algorithms（相对于已知的所有经典算法），补充说明主语所比较的对象，即目前已知的经典算法；④ for this specific computational task（对于这个特定的计算任务），对主干句进行补充说明，以限定结论使用范围，使得行文更加严谨；⑤ heralding a much anticipated computing paradigm（预示着一个备受期待的计算范式），阐释 quantum supremacy（量子霸权）带来的价值。

理解了作者的写作过程，我们就可以采用逆向思维拆解句子结构，找出并

理解主干句然后再添加分支结构，进而明白每个分支短语起到的作用。笔者在实操中发现，快速识别和理解主干句是关键。即使不认识分支短语中的单词，只要明白分支短语的功能也不影响理解句子的整体含义。这对于快速阅读文献大有裨益。

5.2.2 主干关系法实操阅读长难句

经过 5.2.1 建立长难句思维一节的分析与讨论，我们可以发现，要快速完全读懂一个句子，首先要读懂它的主干，再搞清楚它的分支短语或分支句子与主干句之间的关系和作用。基于这种认知，笔者提出利用"主干关系法"实操阅读英文长难句。

我们先要搞清楚所谓"主干关系法"中的几个概念。

第一，什么是主干句？

所谓主干句，即整个句子中所出现的没有连词引导的简单句。对一般的复杂句而言，主干句或许并不难找，往往就是句子的开头部分。但主干句有可能不在整个句子的开头，也不一定呈现为一个整体，其中的修饰和插入语等分支短语可能会干扰我们的视线，让我们判断失误或难以快速定位主干句。

第二，什么是分支？

所谓分支，顾名思义，即主干的延伸，这些分支句子或短语通常起到补充说明、限定条件范围、举例子、作比较等作用，和主干句一起组成完整的长难句。它（们）有可能是一个从句，被称为分支句子；它（们）也有可能是一个短语，比如不定式短语 to do，动名词短语 doing 等。

◎ 案例

Therefore, the person <u>who provides the service</u> becomes an integral part of the experience.（因此，提供该服务的人成为体验的一个组成部分）。这里的 who provides the service 就是一个分支句子，表示限制范围，意味着只有提供了该服务的人才可以成为体验的一个组成部分。

因此，应用"主干关系法"阅读理解长难句的关键和难点在于找出和理解主干句。毕竟确定了主干句也就明确了分支句子或短语（整个长难句去除主干句之后的句子成分），而且理解分支与主干句之间的关系和作用也较为简单。

下面笔者就将重点介绍如何定位主干句。想要定位主干句，不能仅仅依赖经验和直觉，而是应该根据主干句的本质特征提炼出判断要点。根据笔者的经验，定位主干句需要快速明确主干句句型且会快速判断句子成分。

（1）要点一：明确主干句所用句型

长难句中的主干句，需要满足以下两个条件：

条件 1：句首无连词引导。没有连词引导的句子才是主干句，有连词引导的叫作从句。

条件 2：是一个完整的简单句，有且仅有一个谓语成分。

为了快速判断主干句，我们还需要熟悉构成主干句的五种常见句型。笔者通过举例说明。

主干句句型 1：主谓结构

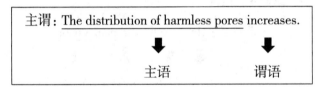

基本句型 1 是主谓结构，仅有主语和谓语。充当谓语的通常是不及物动词，即可不接宾语的动词，能单独表达完整的意思。

主干句句型 2：主谓宾结构

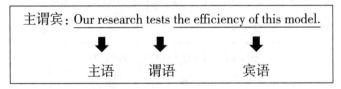

基本句型 2 是大家最熟悉的主谓宾结构，其中 Our research（我们的研究）是主语，tests（测试）是谓语，the efficiency of this model（这个模型的效率）即为宾语。这类句型中的谓语动词具有实义，是主语产生的动作，但不能表达完整的意思，即为及物动词，必须添加一个宾语作为动作的承担者。

主干句句型 3：主谓宾 + 宾补结构

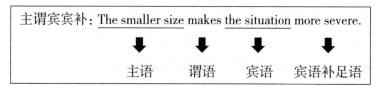

主谓宾宾补：The smaller size makes the situation more severe.

主语　谓语　宾语　宾语补足语

基本句型 3 是主谓宾 + 宾补结构。大家可能对这个名字很陌生，但这种结构其实十分常见。此类句型的特点是，动词为及物动词，但只跟一个宾语还不能表达完整的意思，必须加上一个补足语来补充宾语，使整个句子的意思完整。在图中这个句子中，the smaller size（更小的尺寸）是主语，而 makes（让）是谓语，the situation（这种情形）是宾语，more severe（更加严重）是用来修饰宾语的，叫宾语补足语，简称宾补，表示动词导致宾语产生的现象。在"更小的尺寸让这种情形更加严重"这个句子中，"更加严重"作为宾补。

主干句句型 4：主谓双宾结构

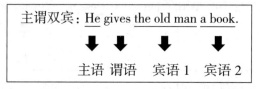

主谓双宾：He gives the old man a book.

主语 谓语　宾语 1　宾语 2

基本句型 4 是主谓双宾结构，即一个句子中有两个宾语，一个宾语为动作的直接承受者，另一个宾语为动作的间接承受者。像这个例子中，"他给了老人一本书"，the old man（老人）是宾语 1，a book（一本书）则是宾语 2。

主干句句型 5：主系表结构

主系表：The host is trustworthy.

主语 系动 词表语

（谓语）

基本句型 5 是主系表结构。句子中的谓语动词（系动词）不能单独表达完整的意思，必须加上一个表明主语情况或状态的标语。be 动词是最常见的系动词，此外，系动词还有表示感官的 look、sound、taste、feel 等，表示变化的 become、 get、turn、grow 等。系动词所连接的成分叫作表语，通常由形容词充当，有时也由名词充当。

为了简化记住以上五大基本句型，我们可以首先记住主谓宾这一基本句型结构（主干句句型 2），然后将它做适当变化即可得到其他句型。比如去掉宾语成为主谓结构（主干句句型 1），增加宾语补足语则成为主谓宾 + 宾补结构（主干句句型 3），再增加一个宾语则成为主谓双宾结构（主干句句型 4），而主系表结构和主谓宾类似，只不过系动词做谓语，表语相当于是宾语。

在一个长难句中，可以出现两个及以上的主干句，这种类型的长难句即为较为复杂的第二类长难句（详细见 5.1 节）。

（2）要点二：快速判断句子成分

在熟悉常见句型之后，接下来要了解的就是如何快速判断主语、谓语、宾语等关键句子成分，它们可对应于不同的词性（表 5.1 所示）。

定位主干句首先就要找到主语，在英语中，主语通常由名词、代词、doing 形式（动名词）和 to do（不定式）来充当。

举例 1：Our research tests the efficiency of this model.

举例 2：Trading with strangers in P2P marketplaces involves asymmetric information and economic risks.

举例 3：To evaluate the efficiency of this model is the first aim of our research.

在第一个例子中，作主语的就是名词 our research（我们的研究）；第二个例子中，作主语的就是 trading with strangers in P2P marketplaces（与陌生人在 P2P 市场交易），第三个例子就是 to evaluate the efficiency of this model（去评估这个模型的效率）这个不定式来充当主语。

需要注意的是，我们常说句子中的第一个名词是主语，这实际上是不准确的。更为准确的说法是主语是句子中的第一个独立名词，"独立"是指这个词前面不带介词。比如 In the day...，这里的 the day 因为前面有介词 in，所以 the day 就不是主语。

谓语通常由动词充当；宾语和主语类似，通常由名词、代词充当。此外，还有可能由动名词 doing 形式和动词不定式 to do 形式充当。宾语补足语则主要由形容词、名词和动名词充当。表语即主系表结构中的系动词连接的成分，通常是形容词，还可能是名词，如 The experiment was successful（表语是形容词）或者 The experiment was a success（表语是名词）。

表 5.1　句子成分中主要词性的用法汇总

充当成分	词性			
主语	名词	动名词 doing	不定式 to do	代词
谓语	动词			
宾语	名词	动名词 doing	不定式 to do	代词
宾语补足语	名词	形容词		
表语	名词	形容词		

　　除了以上介绍的两个要点，我们还可以借助标点符号、连接词等理清句子结构。

5.3　活学活用英文长难句

　　为了学以致用，在了解了用"主干关系法"阅读英文长难句的背后思维和具体步骤后，我们接下来将进入长难句案例的阅读实战当中。笔者从各领域的英文论文中，选编了 3 个长难句例题与 3 个易错案例，并辅以详细讲解，供大家练习参考。

5.3.1　长难句案例练习与详解：

◎ 案例 1

Our research seeks to fill this void in the literature, and tests whether the perception of sellers' trustworthiness, based on their photos, affects the consumption of online services, such as apartment rentals on Airbnb.

句子分析：

　　我们可将上面句子拆分成两个主干句，如表 5.2—表 5.3 所示。首先，我们可以快速找到主干句 1，也就是 Our research seeks to fill this void，意为"我们的研究想要填补空白"。然后，通过连词 and，我们可以发现主干句 2，即 Our research tests whether...（我们的研究测试 ×× 是否）。tests（测试）的宾语是一个 whether 引导的宾语从句，它是主干句 2 的分支句子，指代其宾语，表明作者想测试，基于卖家的照片（判断出）的卖家可信度（trustworthiness）的感知是否会影响在线服务的消费。

表 5.2　主干句 1

主语 1	谓语 1	宾语 1
Our research 我们的研究	seeks to fill 寻求填补	void 空白

表 5.3　主干句 2

主语 2	谓语 2	宾语 2
Our research 我们的研究	tests 测试	whether xx 是否

明确了两个主干句之后，我们就可以分析分支与它们的关系了。在主干句 1 中的分支短语 in the literature（在文献中）代表限制范围，即我们的研究寻求填补文献当中的空白。

在主干句 2 中，在 whether 引导的分支句子中还存在分支短语 1，即 based on their photos，用于补充说明对卖家可信度的判断基于卖家照片，以及分支短语 2，即 such as apartment rentals on Airbnb（例如 Airbnb 上的公寓租赁），用于举例说明一种在线服务的消费形式。

◎ 案例 2

- -

Caution must also be taken when using lab-measured permeability data to compare or validate numerical models that aim to predict permeability from microstructure since currently available models have yet to achieve the level of sophistication required to simulate a representative volume of concrete, and include the influence of microcracks.

注：permeability 渗透性；concrete 混凝土

句子分析：

该长难句虽然较长，但只有一个主干句：Caution must also be taken（还必须小心谨慎的是），属于长难句类型1，后面紧跟分支句子或短语。分支短语1：when using lab-measured permeability data to compare or validate numerical models（当使用实验室测量的渗透率数据来比较或验证数值模型时）表示补充说明需要小心谨慎的内容。紧接着另外一个分支句子：that aim to predict permeability from microstructure（目的是从微观结构预测渗透率）作为定语从句修饰限定分支1中提到的 numerical models（数值模型），即表示该句中所指的数值模型是专门指那些用于从微观结构去预测渗透率的数值模型。再接着另外一个分支句子：since currently available models have yet to achieve the level of sophistication（由于目前可用的模型尚未达到成熟的水平）用于解释原因。最后的分支：required to simulate a representative volume of concrete, and include the influence of microcracks（需要模拟的混凝土具有代表性的体积，并包括微裂缝的影响）则用于补充解释成熟模型应该达到的水平。该案例句子成分层层深入，或说明内容，或限定范围，或解释原因，十分紧凑地表达出相对丰富的内容。

◎ 案例3

Still, with a reported overall response rate of 36%, most patients fail to respond to single-agent daratumumab, <u>and</u> the outcome of patients following failure of daratumumab therapy is poor, with a reported median overall survival of 5.3–8.6 months in two recent retrospective studies.

注：daratumuma 是一种单克隆抗体，用于治疗多发性骨髓瘤

句子分析：

当我们看到连接词 still（尽管如此）和介词短语 with a reported overall response rate of 36%（伴随着报告出来的总缓解率为36%），我们能马上认定它们不会是主干句成分，进而往下看找到了主干句：most patients fail to respond to single-agent daratumumab（大多数患者对单药 daratumumab 无效），它是一个典型的主谓宾结构的主干句，且不在句首出现。当我们发现 and 时，表明还有一个主干句，它便是 the outcome of patients following failure of daratumumab therapy is poor（daratumumab 治疗失败后患者的预后较差）。此后跟随着介词短语 with a reported median overall survival of 5.3—8.6 months in two recent retrospective studies（在最近的两项回顾性研究中，中位总生存期为 5.3 ～ 8.6 个月）。显而易见，该分支句的作用是为了佐证作者的关于病人预后较差的合理判断。

5.3.2　难点或易错点归纳

尽管笔者给出了阅读、分析英文长难句的基本方法，但是在阅读实际论文时，我们仍然会发现一些难以分辨的句子结构或是句子成分，从而容易发生误判或混淆的情况。下面我们进行举例说明。

（1）难点或易错点 1：难以定位较长的主语

迅速定位主语是我们应用主干关系法的关键，然而某些句子中的主语却因为过于冗长而不明显。需要强调的是，笔者不建议这样的写作，而是建议简洁直接的表达。过长的主语容易扰乱我们快速抓住主干句的视线，我们来看例句 1。

◎ **例句 1**

The possible use of active control systems and some combinations of passive and active systems as a means of structural protection against seismic loads has received considerable attention in recent years.

翻译：近年来，作为结构抗震保护手段，主动控制系统以及被动和主动系统的某些组合的应用可能性受到了相当大的关注。

句子分析：

名词性短语 the possible use of ... 是整个句子的主语。然而，这里的阅读困难在于介词 of 后面跟着两个并列名词词组以及一个分支 as a means of ...。此外，我们还可以同步确定谓语动词 has received 来辅助确定主语，毕竟找到谓语动词就知道主语在其前面。

（2）难点或易错点 2：多个动词 -ed 形式导致难以分辨真正的谓语

一般来说，谓语要紧靠在主语边上，即便不是也要能让读者能快速识别出其所在的位置。而如果句子中出现多个动词（以动词 -ed 形式存在），则让人难以分辨出真正的谓语，因为动词 -ed 形式不仅能作谓语，还可能是非谓语动词的被动语态。比如在一般进行时中表被动（being done），或在完成时中表被动结构

（have been done），或仅仅表一般被动语态（done）。

◎ 例句 2

- -

Results of the prespecified interim analysis indicated that GSK2857916, at the identified recommended phase Ⅱ dose of 3.4 mg/kg, demonstrated favourable PK properties, was well tolerated and had good clinical activity in heavily pre-treated patients.

翻译：预先指定的临床期中分析结果表明，GSK2857916（一种新药）在确定的推荐Ⅱ期剂量为 3.4 mg/kg 时，表现出良好的药代动力学 PK 特性，耐受性良好，在接受大量预处理的患者中具有良好的临床活性。

句子分析：

主语是 Results of the prespecified interim analysis（预先指定的期中分析结果），之后连续出现多个动词，包括 indicated, identified, recommended, demonstrated, tolerated, had。那么究竟哪些动词是真正的谓语，哪些不是呢？

首先我们明确主干句的谓语是 indicated（表明），后面接着宾语从句（that GSK2857916...）是表明的结果。在宾语从句中，GSK2857916 成了主语，其紧跟着一个分支短语 at the identified recommended phase Ⅱ dose of 3.4 mg/kg（在确定的推荐Ⅱ期剂量为 3.4 mg/kg 时），补充说明药物使用的剂量。其中的动词 identified 和 recommended 都是非谓语动词的被动语态，分别表示Ⅱ期剂量是被确定和被推荐的。分支之后的动词 demonstrated、was well tolerated, had 都是宾语从句的谓语，表示 GSK2857916 新药的良好效果（PK 特性、耐受性和临床活性）。

（3）难点或易错点 3：容易混淆多词性单词

一些学术词汇存在多个词性，既可以是动词也可以是名词，比如 support（支持）。如果固有记忆里面只记得其中一种常见的词性，比如 support 往往被记忆成动词词性，一旦呈现其他词性，就会出现"认识单词，但似乎看不懂"的情况。

◎ 例句 3

- -

This dramatic increase in speed compared to all known classical algorithms is an experimental realization of quantum supremacy for this specific computational task, heralding a much-anticipated computing paradigm (Arute et al., 2019).

翻译：与所有已知的经典算法相比，这种速度的显著提高是对这一特定计算任务量子优势的实验性实现，预示着一种备受期待的计算范式。

句子分析：

很多人看到 increase（增加）后，很容易把它当作是一个谓语动词。但实际上，只要细心一点，就可以避开这个"坑"。因为 increase 前的 dramatic 是一个形容词，而如果 increase 是动词的话，前面的 dramatic 不能是形容词而只能是副词 dramatically，因此这里的 increase 是一个名词。再往后看可以发现真正的谓语动词是 is。

要应对多词性动词这种情况，首先大家平时在阅读时就要多留心，多记忆和多积累。倘若不确定单词的词性和意思，一定要勤查词典。笔者在科研生涯早期，阅读论文时通常都会打开科林斯在线翻译（https://www.collinsdictionary.com)，以备随时查词。其次，当不确定该词的词性时，可以先观察它前后的词属于什么词性，进而推断出目标词的词性。

5.3.3　练一练

请运用主干关系法迅速标记出句子的主干，并试着读懂它们。

练一练参考答案

① GSK2857916 was well tolerated and demonstrated a rapid, deep and durable response in heavily pre-treated patients with relapsed / refractory MM, consolidating the interim analyses conclusions that GSK2857916 is a promising treatment for these patients.

② We also assert that this visual-based trust affects the consumer's behavior at least as much as, if not more than, the seller's reputation as communicated by her online review score.

③ Studies using microscopy techniques have observed that neat cement pastes when subjected to drying form a cell-like crack pattern (map-cracking) on the surface, and that the microcracks form perpendicular to the dried surface, but with limited penetration depth.

④ The host, realizing that there is excess demand for the space she is renting, might decide to increase the price since she cannot increase the number of nights sold.

5.4 句子间逻辑关系及阅读技巧

在讲解完英文长难句之后，我们接下来就来分析句子之间的逻辑关系，以便读者更快地理解多个句子的含义和表达意图。我们通过具体案例来切入讲解。

5.4.1 案例分析 – 有机食品与癌症风险研究

案例片段来自一篇发表于医学权威 SCI 期刊 *JAMA Internal Medicine*（《JAMA 内科学》）的高质量论文，位于论文引言中的第 2 段，一共 6 句话。该段落主要分析有机食品含有较少农药残留物的原因和相关论据。首先请各位读者阅读该片段，并初步体会下句子之间的联系与发展关系。为便于大家快速理解，笔者将起到关键联系作用的词汇加粗和设置斜体，如 meanwhile。

① *Meanwhile*, the *organic food market* continues to grow rapidly in European countries,[6] propelled by environmental and health concerns.[7-10] ② *Organic food standards* do not allow the use of synthetic fertilizers, pesticides, and genetically modified organisms and restrict the use of veterinary medications.[11] ③ *As a result*, organic products are less likely to contain pesticide residues than conventional foods.[12,13] ④ *According to* a 2018 European Food Safety Authority[13] report, 44% of conventionally produced food samples contained 1 or more quantifiable residues, *while* 6.5% of organic samples contained measurable pesticide residues. ⑤ *In line with this report*, diets mainly consisting of organic foods were linked to lower urinary pesticide levels compared with "conventional diets" in an observational study[14] of adults carried out in the United States. ⑥ *This finding* was more marked in a clinical study[15] from Australia and New Zealand (a 90% reduction in total dialkyphosphate urinary biomarkers was observed after an organic diet intervention) conducted in adults.（右上标的数字代表引用的参考文献）

译文：与此同时，在环境和健康问题的推动下，欧洲国家的有机食品市场继续快速增长。有机食品标准不允许使用合成肥料、杀虫剂和转基因生物，并限制使用兽药。因此，与传统食品相比，有机产品不太可能含有农药残留。根据2018年欧洲食品安全局的一份报告，44%的常规生产食品样本含有1种或更多可量化残留，而只有6.5%的有机样本含有可测量的农药残留。与本报告一致，在美国对成年人进行的一项观察性研究中，与"传统饮食"相比，主要由有机食品组成的饮食与较低的尿农药水平有关。这一发现在澳大利亚和新西兰的一项临床研究中更为显著（在有机饮食干预后，观察到二烷基磷酸盐尿生物标志物总量减少了90%）。

　　读完之后，你有怎样的感受？笔者觉得此片段行文一气呵成，流畅易懂，中心意思明确。那么为什么会产生这样的效果呢？我们来分析下作者是如何衔接上下各个句子的。句子1在开头用过渡词 meanwhile（与此同时）紧密连接上一段，呈现并列关系，强调 organic food market（有机食物市场）在欧洲持续快速增长。句子2的句首词（organic food standards）通过近似重复句子1的主语（即 organic food market）巧妙联系上句，重复 organic food（有机食物）使得表述对象自然切换到有机食物标准，表明有机食物标准不允许使用合成肥料、杀虫剂等。句子3句首用了因果关系过渡词 as a result（因此）来表明由于有机食物标准使得有机食品不太可能含有农药残留物。由于这只是理论上的推论分析，作者认为还不够有说服力，于是马上在句子4中开始举论据，用了举例子写法中常用的词组 according to（根据）。句子5用相似过渡词 in line with this report（与这个报告一致的是）再举一个例子作为论据。作者最后在句子6的句首用了指示代词加总结名词（This finding）来承接上一句。全段旨在表达有机食品很少含有农药残留物的这个事实。

5.4.2　快速识别句子间的逻辑关系

　　在上述案例中，我们发现作者主要使用了过渡词（meanwhile, as a result 等）来衔接上下句，同时使用重复名词（organic food）、指示代词加总结名词（This finding），起到前后呼应，浑然一体的逻辑效果。为了能让大家快速识别句子间的逻辑关系，表5.4总结了在学术论文中常用的过渡方式。

表 5.4　英文句子中常用的逻辑过渡方式

作用	过渡词
表示相似关系	in line with, similarly, in another similar study
表示递进关系或强调想法	in addition, furthermore, moreover, apart from, likewise, also, again, indeed, clearly, interestingly, obviously, to date
表示转折关系或提出新想法	nevertheless, on the contrary, in contrast, but, yet, however, while, conversely, instead, although, even though, in spite of, unlike, on the other hand
总结得出结论	as a result, so, thus, hence, therefore, consequently, accordingly, for this reason, to summarize
表示注释或解释原因	It should be noted that..., caution should be taken..., more specifically, the result can be attributed to/explained, it has been suspected that..., this is because...
表示时间或发展顺序	firstly, first of all, secondly, finally, to start with, after that, next, then, eventually, later on, afterward, as soon as, immediately, simultaneously
表示举例说明	For example, for instance, an example can be found/seen..., according to, as an example, a recent review/study
表示指示关系	the former...the latter..., this(these)/that(those)/its(their)+ 总结性名词（如 result(s), data, observation(s), phenomenon, purpose(s), consistency, inconsistency, finding(s), decrease, increase）, the above+ 总结性名词
重复名词衔接上下句	在下一句开头重复上一句的关键名词，如上述案例中的 organic food

由于存在较多的逻辑过渡方式，难以一时掌握，建议读者精读 1—2 篇自己领域的论文，并分析句子间应用了哪些过渡方式，这样就有了特定的语境，有利于理解和记忆。同时，要学会灵活辨别逻辑过渡方式，比如"指示代词 + 总结性名词"中的总结性名词是联系上一句的关键，有时并不能被直接判断出来。我们来看以下这个案例：

案例：① For each picture, they were asked to answer the question: "To what degree would you like to spend a night in the room that appears in the picture?" ② Their responses were graded on a Likert scale from 0 (not at all) to 10 (very much).（Ert et al., 2016）

译文：① 对于每张照片，他们被要求回答以下问题："你有多想在照片中出现的房间里住一晚？" ② 他们的回答用李克特量表进行评分，从 0 分（一点也不）到 10 分（非常想）。

解读：句子1说明参与者需要看照片回答问题，句子2则马上用"他们的回答"来紧密衔接句子1，一问一答，衔接自然。句子1中说明参与者回答了问题，自然就有回答结果，这些回答结果用句子2 their responses 来指代。

尽管句子之间的逻辑关系可以通过表5.4中列举的各种过渡词来构建，但是一篇高水平学术论文中并不是仅仅使用它们。而且由于一些过渡词如however, in addition 的语气较为强烈，学术界一般普遍认为要避免使用它们，而是建议通过句子意思进行自然承接。这就是为什么我们看到一些句子之间明明没有明显的过渡词，但是逻辑关系却衔接自然。我们进行举例说明。

例1：① Worldwide, the number of new cases of cancer was estimated in 2012 at more than 14 million, and cancer remains one of the leading causes of mortality in France. ② Among the environmental risk factors for cancer, there are concerns about exposure to different classes of pesticides, notably through occupational exposure.（Baudry et al., 2018）

译文：① 2012 年，全世界新增癌症病例估计超过 1400 万，癌症仍然是法国的主要死亡原因之一。② 在癌症的环境风险因素中，人们对接触不同类别的农药感到担忧，尤其是通过职业接触。

解读：句子1的上下半句重复 cancer（癌症）引出癌症在法国是最主要的死亡原因之一。这表明作者想强调癌症的危害性，应该重视背后造成癌症的原因。于是，作者顺势在句子2中指出造成癌症的环境风险因素：暴露在农药环境下，使得上下句无缝衔接（即便没有使用过渡词）。

例2：① Another interesting finding that is worth mentioning is the possibility of a gender bias. ② There is evidence of a preference towards female hosts.（Ert et al., 2016）

译文：① 另一个值得一提的有趣发现是性别偏倚的可能性。② 有证据表明，人们更喜欢女房东。

解读：句子1强调性别偏倚的存在。虽然句子2没有使用过渡词，但是从意思上来看，是在举例说明性别偏倚的可能存在。

5.5 英文段落常见形式及阅读技巧

在介绍完长难句及句子间逻辑关系后，接下来就是分析段落了。要想快速阅读理解英文段落，首先我们需要熟悉常见段落的结构形式（如总分），其次掌握段落间的常见衔接方式。和中文文章段落结构类似，在一个英文段落中，我们也常常发现有三种结构形式，分别是总分总、总分和分总。

5.5.1 总分结构

该结构首先给出主题句（一般是一到两句话），用以概括该段落的中心意思，让读者快速了解段落的主要内容，然后展开说明提供细节信息。这种形式比较符合西方人先说观点后摆论据的形式。

◎ 案例（临床医学）：总分结构

原文：① Full details on study assessments can be found in Trudel et al. and are summarised here. ② Patients were initially followed up for up to 3 months after the end of the treatment; the protocol was amended to follow up patients for up to 1 year after end of treatment. ③ To assess the safety and tolerability of GSK2857916, adverse events (AEs) were recorded from the first dose until 30 days after the last dose. ④ AEs that occurred within the first 21 days of treatment and for which association with study treatment could not be excluded were considered a dose-limiting toxicity. ⑤ Specific criteria for dose-limiting toxicity are provided in Trudel et al.

译文：①关于（药物）研究（作用）评估的完整细节可在特鲁德尔等人研究中找到，在此处我们进行总结。②患者在治疗结束后最初随访3个月；对研究方案进行了修订，以便在治疗结束后对患者进行长达1年的随访。③为了评估GSK2857916（药物）的安全性和耐受性，记录了从第一次给药到最后一次给药后30天的不良事件（AE）。④在治疗的前21天内发生的不良事件，以及不能排除与研究治疗关联的不良事件，被认为是剂量限制性毒性。⑤特鲁德尔等人提供了剂量限制毒性的具体标准。

解读：段落起始句总括该段落的中心意思，即表明这段话介绍关于药物研究作用评估的实验过程。然后展开说明具体的评估过程。这种写法常常出现在论文的材料方法部分，用于简略描述实验过程，而其中的详细过程可参考其他文献。

◎ 案例（建筑材料）：总分结构

原文：① The published literature contains a vast number of papers on the mass transport properties of cement-based materials. ② However, studies where aggregate size is a variable are limited and do not provide a clear and consistent answer as to whether a significant aggregate and sample size effect on transport exists. ③ Data from some suggest that increasing aggregate size increases measured transport [37–40], while others show insignificant influence [41,42] or even opposing trends [43]. ④ Most studies looked at a small range of aggregate sizes, at constant sample thickness, and very few have considered the possible influence of microcracks or related their observations to the t/MSA ratio [19,40,44]. ⑤ The inconsistent findings may also be due to several influencing parameters that vary (but may not be considered) in experiments, which underscore the difficulty of isolating the effect of microcracks.

译文：①已发表的文献中包含大量关于水泥基材料质量传输特性研究的论文。②然而，以骨料粒径为变量的研究是有限的，对于针对骨料粒径和样本大小是否对运输存在显著的影响并没有提供明确一致的答案。③一些人的数据表明，增加骨料粒径会增加测量的传输量，而其他人则显示出微不足道的影响甚至相反的趋势。④大多数研究着眼于恒定样本厚度下的小范围骨料尺寸，很少有研究考虑到微裂纹的可能影响，或将其观察结果与t/MSA比率关联起来。⑤这些不一致的发现也可能是由于实验中的几个影响参数变化引起（但可能未被考虑），这突出了单独去研究微裂纹影响的困难。

解读：该段落的前两句话总括了中心意思，先概括了同行已经大量发表了相关论文，但是研究成果存在不一致。接着，作者开始举例说明不一致的双方的具体不同点在哪，也强调了前人研究在设计上的缺陷并做了解释。这种总分写法是出现在论文的引言部分用于分析文献进展时常用的一种写作手法，用于提炼前人

的研究成果。

需要强调的是，有些段落的总起句可以省略不写而直接呈现具体的信息，这常见于研究方法部分，因为其段落中心意思已在小标题或前面段落中得以体现。

◎ 案例（智能交通）：总分结构（省略中心句）

A. Correlation Study

① We collect traffic data every five minutes for 4 months from 47 freeways. ② In addition, soft and hard weather data are collected from 16 stations scattered in the Bay Area. ③ Computing correlation involving huge number of paired time-series (weather and traffic), ensures pertinent feature selection and best prediction accuracy.

译文：

A. 相关性分析

①我们在4个月内每五分钟从47条高速公路收集一次交通数据。②此外，还从分布在海湾地区的16个台站收集了软、硬天气数据。③计算相关性需要大量成对时间序列（天气和交通）以确保相关特征的选择和实现最佳预测精度。

解读：在研究方法中，实施步骤往往通过小标题来串联。比如在上述写作中，作者已经在小标题中写明了是开展相关性分析（对于同行来说很容易理解），也就可以直接在紧跟标题的段落中具体展开说明如何收集数据来开展相关性分析。该段落的后面一段（未在这里展示出来）接着描写如何利用收集到的交通数据开展相关性分析。这也可以启发我们在阅读时要结合标题和段落一起阅读，标题和紧跟它的段落联系紧密，共同构成了作者想要表达的完整意思。

5.5.2 总分总结构

部分段落会在总分结构之后（即段落末尾或后面部分）加上总结句或引出新的话题及分析的对象。

◎ 案例（智能交通）：总分总结构

① Presently, our cities suffer from ever increasing population growth, pollution leading to pressure on existing transportation infrastructure. ② The situation will be even more critical in future. ③ Recent statistics indicate that 60% of the world population will be living in cities by 2050 [1]. ④ With more than a billion cars on the roads today that is expected to double to around 2.5 billion by 2050 [2], designing super-efficient navigation and safer travel journey are becoming a major challenge for transportation authorities. ⑤ The development of Intelligent Transportation Systems (ITS) is a cornerstone in the design and implementation of smart cities. ⑥ Indeed, building more roads will not radically solve the problem of large traffic congestion, fuel consumption, longer travel delays and safety.

译文: ①目前, 我们的城市面临着不断增加的人口增长、污染, 对现有交通基础设施带来了压力。②未来形势将更加严峻。③最近的统计数据表明, 到 2050 年, 世界人口的 60% 将生活在城市 [1]。④如今, 道路上行驶的汽车超过 10 亿辆, 预计到 2050 年将翻倍至 25 亿辆左右 [2]。因此, 设计超高效的导航和更安全的旅行旅程正成为交通部门面临的重大挑战。⑤智能交通系统 (ITS) 的开发是智能城市设计和实施的基石。⑥事实上, 修建更多的道路并不能从根本上解决严重的交通拥堵、燃油消耗、较长的出行延误和安全问题。

解读: 作者通过该段落的第 1 句直接表明城市人口增长对现有交通基础设施带来的严峻形势, 并且在第 2 句中强调这种形势会更加严峻。接着在第 3 和第 4 句中摆出具体数据来支撑上述观点, 顺势引出要发展智能交通系统的观点, 还强调传统修建更多道路的方法不是一个可行之道。这种总分总写法是论文引言中介绍研究背景和引出科学问题常用的手法。

在论文的 Discussion (讨论) 部分, 常常需要总结研究发现并做一定的解释来分析和延伸思考引出新话题 (如未来研究的想法), 因此有些段落的结构也会呈现总分总形式。下面我们来看一个案例。

◎ 案例 (经济管理): 总分总结构

----

① Another interesting finding that is worth mentioning is the possibility of a gender bias. ② There is evidence of a preference to-wards female hosts. ③ Although gender was not found to gain a price premium (Study 1), it was found to affect direct choice (Study 2). ④ A potential reason for this difference is that the latter studies allowed for heterogeneous preferences that could not be assessed in the first study. ⑤ Further studies can investigate the robustness of this finding as well as possible reasons for its occurrence.

译文：①另一个值得一提的有趣发现是性别偏见的可能性。②有证据表明，人们更喜欢女性房东。③虽然没有发现性别会增加价格溢价（研究1），但发现性别会影响直接选择（研究2）。④造成这种差异的一个潜在原因是，后一项研究考虑了第一项研究无法评估的异质偏好。⑤进一步的研究可以调查这一发现的鲁棒性，以及其发生的可能原因。

解读：作者在该段落的第1句中先总结一个创新的发现，然后在第2和第3句中具体阐述背后的依据。接着，作者分析背后的潜在原因，并且在最后一句中引出未来研究的方向。

5.5.3　分总结构

该结构始于具体的细节信息（抛出定义、具体历史事件、统计数据等），中间是展开说明，最后是作者总结或引出新的问题启发读者思考，因此是一种具体到广泛的结构形式。这种形式的意图在于通过展示具体信息迅速抓住读者的注意力，然后有逻辑地做出总结。

◎ 案例（临床医学）：分总结构

- -

① Multiple myeloma (MM) is a plasma cell malignancy characterzed by clonal proliferation of plasma cells within the bone marrow. ② While advances have been made in the management of MM in recent years with the introduction of novel therapies such as immunomodulators and proteasome inhibitors, outcomes are poor for those with relapsed and refractory disease, highlighting the need for new treatments.

译文：①多发性骨髓瘤（MM）是一种浆细胞恶性肿瘤，其特征是骨髓内浆细胞克隆性增殖。②近年来，随着免疫调节剂和蛋白酶体抑制剂等新疗法的引入，MM 的治疗取得了进展，但对于复发和难治性疾病的患者，预后不佳，这突出了对新疗法的需求。

解读：该段落是引言部分的第一段，首先是具体下定义，抛出研究对象 MM 的概念，然后展开分析其治疗进展，最后总结存在的问题并提出需要开发新疗法。虽然只有两句话，但非常精辟地概括了目前的研究进展，是一种典型的"分总"段落形式。

截止到这里，我们分析完了具体段落的常见写作结构和思路，那么段落之间的逻辑分析又是怎么样的呢？我们在 5.4 节中介绍了优秀句子的写作常常前后连贯、流畅易懂，形成句子流。类似地，高水平学者在布局段落之间的逻辑关系时也强调要保持逻辑连贯，转承自然。由于段落的上一级是论文各个部分，比如引言、方法、结果和讨论，因此各个段落的内容和它们之间的逻辑关系就要构建起所在部分的主体内容。这也意味着如果我们熟悉论文各个部分的写作思路，那么在阅读时我们就很容易识别出各个段落的主要内容方面和逻辑关系了。比如引言的开头部分是研究问题和背景，基本上用一段话进行描述；引言的中间部分则针对这个研究问题汇报已有的研究成果，可能会有两到三段的分析。总之，熟悉了论文各部分的写作内容，为我们阅读段落和识别段落之间的逻辑关系提供了重要基础。详细的高水平论文写作讲解可参考笔者的《国际高水平 SCI 论文写作和发表指南》。

习　题

1. 既然强调简洁表达，为什么论文中还是出现长难句？（　　）。

A. 为了彰显作者优秀的英文写作实力

B. 使句子与文章结构紧凑和保持整体简洁

C. 与短句交替出现，有利于平衡段落结构，产生错落有致的阅读美感

D. 审稿人喜欢长难句

2. 攻克长难句的关键思维或方法有？（　　）。

A. 英文句子结构是树式结构，找出主干句就可以抓住关键信息

B. 采用逆向思维，去掉枝叶（分支句子或短语）即可露出主干句

C. 长难句虽然长，但是结构不一定难，分析出主干句和分支是关键

D. 碰到长难句，直接跳过不读，反正全文字数占比不高

3. 哪些词性可以充当主语成分？（　　）。

A. 名词　　　　　　　　　　　　　B. 形容词

C. 动名词 doing　　　　　　　　　D 不定式 to do

4. 主干句必须满足哪两个要求？（　　）。① 是一个完整的简单句，只有一个谓语成分；② 句首有连词引导；③ 句首无连词引导；④ 在句子的开头

A. ①④　　　　　　　　　　　　　B. ①③

C. ②③　　　　　　　　　　　　　D. ②④

5. 利用主干关系法阅读英文长难句的顺序是？（　　）。

A. 去掉主干找分支，添加分支定关系

B. 添加主干定关系，去掉分支找主干

C. 去掉分支找主干，添加分支定关系

D. 添加分支定关系，去掉分支找主干

6. Although companies have relied on health maintenance organizations and other types of managed care firms to control costs through most of the 1990s, the Hewitt survey showed employers have serious concerns about the health plans. 请问该例句的主干句是哪一句？（　　）。

A. Although companies have relied on health maintenance organizations

B. other types of managed care firms to control costs

C. the Hewitt survey showed（that）

D. employers have serious concerns about the health plans.

7. 以下哪一个过渡词或短语可以用来表示句子之间的递进关系？（　　）。

A. in contrast　　　　　　　　　B. finally

C. the result can be attributed to...　　　D. furthermore

8. 第 2 个句子的开头用 the situation 连接上一句，用到的逻辑过渡技巧是什么？
（　　）。① Presently, our cities suffer from ever increasing population growth, pollution leading to pressure on existing transportation infrastructure. ② The situation will be even more critical in future.

A. 表示举例说明　　　　　　　　　B. 表示总结得出结论

C. 表示指代关系　　　　　　　　　D. 表示解释原因

9. 在阅读论文中，我们有时发现某些段落句首没有总起句而是呈现具体的数据，比如以下国际顶刊 *The England Journal of Medicine* 的一篇高被引论文的引言第一段开头部分：Infections with severe acute respiratory syndrome coronavirus 2 (SARS-CoV-2), the virus that causes coronavirus disease 2019 (Covid-19), now number more than 7 million in the United States. At the peak of the pandemic to date, more than 1000 Americans died from Covid-19 each day, and more than 214,000 had died as of October 13, 2020. 请问作者设置这样的段落开头，其用意是什么？（　　）。

A. 没有特别讲究，只是为了引入研究对象是新冠病毒

B. 段落是分总结构，先通过具体数字信息强调新冠病毒带来的巨大危害性，以此抓住读者的注意力，引导读者认可作者在该段落的后半部分提出的观点和研究主题

C. 引言的开头部分都是这么介绍研究背景

D. 作者的写作失误，应该补充段落总起句

参考文献

第 5 章参考答案

[1]　ARUTE F, ARYA K, BABBUSH R, et al. Quantum supremacy using a programmable superconducting processor[J].Nature, 2019, 574: 505-510.

[2]　BAUDRY J, ASSMANN K E, TOUVIER M.Association of frequency of organic food consumption with cancer risk: Findings from the NutriNet-Santé prospective cohort study[J].JAMA Internal Medicine, 2018, 178(12): 1597-1606.

[3]　ERT E, FLEISCHER A, MAGEN N.Trust and reputation in the sharing economy:

The role of personal photos in Airbnb[J].Tourism Management, 2016(55): 62-73.

[4]　KOESDWIADY A, SOUA R, KARRAY F.Improving traffic flow prediction with weather information in connected cars: A deep learning approach[J].IEEE Transactions on Vehicular Technology, 2016, 65(12): 9508-9517.

[5]　SOONG T T, SPENCER B F Jr.Supplemental energy dissipation: state-of-the-art and state-of-the-practice[J].Engineering Structures, 2002, 24(3): 243-259.

[6]　STONE J H, FRIGAULT M J, SERLING-BOYD N J, et al.Efficacy of tocilizumab in patients hospitalized with Covid-19[J].The New England Journal of Medicine, 2020, 383(24): 2333-2344.

[7]　TRUDEL S, LENDVAI N, POPAT R, et al.Antibody-drug conjugate, GSK2857916, in relapsed/refractory multiple myeloma: An update on safety and efficacy from dose expansion phase I study[J].Blood Cancer Journal, 2019, 9(4): 37.

[8]　VAN KLINK R, BOWLER D E, GONGALSKY K B, et al.Meta-analysis reveals declines in terrestrial but increases in freshwater insect abundances[J].Science, 2020, 368(6489): 417-420.

[9]　WU Z, WONG H S, BUENFELD N R.Influence of drying-induced microcracking and related size effects on mass transport properties of concrete[J].Cement and Concrete Research, 2015, 68: 35-48.

五步法集中攻克专业知识

正如笔者在第5章开头提及的，绝大多数科研人员在早期阅读英文论文以获取诸如研究前沿、研究进展等课题相关信息时会遇到两大困难：一是英文长难句，二是陌生的专业词汇和专业原理。我们已经在第五章中详细探讨过如何使用主干关系法去攻克英文长难句。相信通过阅读与实战，读者已经能搞清楚英文长难句的结构，不再会被它庞杂的体系和惊人的字数吓倒。同时，笔者也分析了通过一系列过渡词如何快速定位和分析句子之间的逻辑关系，讲解了三种常见的段落结构形式。在本章中，笔者聚焦于解决第二大难题，指导读者如何搞定专业知识，扫清专业理解上的困惑。

然而冰冻三尺非一日之寒，快速掌握专业知识绝非易事。为了步步为营，笔者总结出一套"五步法"，循序渐进地让大家掌握专业知识。首先笔者会系统介绍五步法的背景、作用和必要性，再阶梯式呈现学习专业知识的方法论：先搞定基础篇——教材、学术和专业词汇。有了上述基础，再搞定重难点——研究领域、文献综述和论文里的专业知识。值得注意的是笔者强调要在较短时间内"集中"攻克专业知识而不是像在大学期间那样慢慢学习知识，因为时间紧迫，我们需要尽快掌握专业知识和原理，然后将主要精力和时间放在选题和方案设计等课题研究上。

6.1 五步法背景及介绍

6.1.1 专业知识理解难的原因分析

专业词汇看不懂，专业原理不理解，阅读英文文献时只顾着翻译，就难以分

出精力理解论文的核心内容，领悟其精妙之处。根据笔者对 100 多位各专业硕博士生的调研，约 83% 的同学都或多或少地遇到过这类问题。背后的主要原因包括以下几个方面。

首先，大部分硕士或博士研究生在接受了本科通识教育知识后，在研究生开始阶段难以从学校提供的专业课程中系统地学习到自己课题所需的专业知识，于是在面对深入、细致和专业的研究课题时就发现专业知识储备不够，特别是英文语境下的专业词汇和知识。而课题导师一般不会对这些基础专业知识予以相应的通识指导，他们更多的是提供选题、方案设计等课题内容的指导。这就造成硕博研究生专业知识的相对缺乏。

其次，交叉研究日益增多。所谓隔行如隔山，当我们面对新领域的专业知识时，自然就会因为理解困难而影响研究进展。对于大部分同学来说，学习新知识一般按照大学本科教育形成的固有模式，即有明确的教材和教师指导，按部就班地学习并且可以从老师的反馈中获得进步，但是，在科研中学习新知识很不一样，我们需要自己找资料，从零开始学习，导师一般也不会具体指导专业知识，我们只能自己摸索前进。

此外，即便熟悉中文专业词汇，也会因为不熟练相应英文专业词汇而在阅读英文文献时举步维艰。虽然借助翻译工具能解决一部分问题，但是中英文词汇往往很难一一对应，一个中文专业词汇往往能被翻译成多个英文词汇。例如在知网翻译工具中"弹性模量"被翻译成多个英文词汇，包括 elastic modulus、modulus of elasticity 和 modulus。一个英文专业词汇也不好直译成中文词汇，比如临床试验相关的专业词汇 interim analysis 是期中分析或期间分析，而不能直译成中期分析。这也好理解，毕竟一般翻译工具并没有设置具体的语境，而英文词汇需要在具体语境中详细准确地表达意思。

最后一个原因是一个专业词汇可能有多种表达，存在特指或行业术语。比如建筑材料"混凝土"又被称为"砼"，临床医学上"Beer Suds"特指尿液中的蛋白质。如果不熟悉这些行业中的词汇特性，在理解上就会困难重重。

6.1.2 五步法的介绍和内容

五步法就是将专业知识的学习结合科研过程逐步递进，一共分五步进行。第一步是阅读专业教材，第二步是记忆和理解学术词汇和专业词汇，第三步是了解课题组的相关研究领域，第四步是精读综述，最后一步则是精读原创论文。

五步法是学习专业知识的完整路径，根据不同的科研阶段逐级深入，讲究循序渐进。台阶一步步跨才走得稳，学习专业知识也要有合理的学习顺序和节奏安排。通过阅读专业教材先掌握大方向的专业基础知识和专业原理，记忆学术词汇和专业词汇以扫清阅读文献特别是英文文献的词汇障碍，并加深专业原理的理解，然后再不断缩小学习范围，集中到了解相关研究领域并选择一到两个感兴趣的研究方向，再依据拟要开展的课题领域精读少量综述和原创论文以进一步学习最前沿的专业知识。走完五步法，就像从上到下经过一个漏斗（如图 6.1 所示），从行业内的基础知识逐步聚焦到细分研究领域的最前沿专业知识。五步法较为适合希望建立扎实专业基本功的科研小白和早期科研人员。如果科研经验丰富或者科研任务紧迫，读者可以跳级学习，比如直接开展第四和第五步。此外，对于专业知识较为薄弱的同学，在进入五步法之前可先通过如百度百科和维基百科等网页信息入门学习专业知识后，再进入五步法学习深入的专业知识。

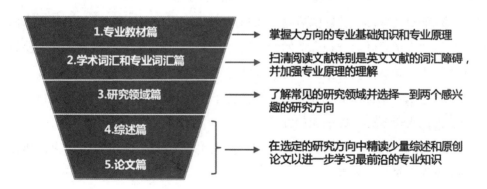

图 6.1 "五步法"集中攻克专业知识

为了增加实操性，笔者接下去详细介绍每一步的操作方法。

6.2 第一步：专业教材篇

专业教材是入门某个科研领域最为简便、成本最低的方式。不同于一篇面向专业人士的学术论文，它不怎么讨论到那些细枝末节处的问题，而更像是对一个学科领域的鸟瞰和概括。相对来说，它比较有系统性也较为浅显易懂，因此适合早期科研人员入门了解专业知识。特别是经典教材，长期受到广大读者的喜爱，其内容的权威性和易读性得到了保证。关于教材的介绍可参考本书第一章 1.1.1节，这里聚焦描述如何寻找和阅读专业教材。

6.2.1 如何寻找教材？

教材的选择不在于多，而在于精。市面上的教材鱼龙混杂，尤其是某些中文教材，很多质量难以保证。即使质量过关的教材，有些也写得晦涩难懂，犹如天书，而深入浅出、明白晓畅的教材就显得凤毛麟角了。通常来说，英文教材质量更令人放心，相比中文教材内容更加详细，读起来更通俗易懂。然而，我们的母语是中文，阅读中文教材自然要比阅读英文教材来得容易。因此，对于国人来说，笔者认为比较合适的阅读方案是：选择中文、英文经典教材各一到两本进行阅读，先阅读中文教材理解专业原理后，再用英文教材强化理解。

入门教材的好坏直接影响后续专业知识的理解与知识体系的建构，处于入门阶段的科研人员要学会选择合适的专业教材。那么，哪些教材是经典之作，质量上乘呢？中文教材要去哪里找？英文教材要怎么找？

关于怎么检索优质的专业教材，笔者已经在第 3 章文献检索的具体案例中介绍过，总的来说不外乎以下几种方式。

① 在教材网站（爱教材网等），图书搜索引擎（谷歌图书等），图书网店亚马逊及京东等平台上检索。

② 在 BKCI、Springer、PubMed、ScienceDirect、超星电子图书等知名文献数据库中检索。

③ 咨询导师、国内外同行、师兄师姐等，图 6.2 中展示的咨询国际同行的邮件模板，大家可参考模仿。

④在科研社区或社群如 ResearchGate 上提问。

⑤查看名校研究生课程的阅读清单 Reading List。

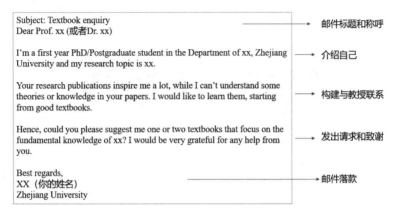

图 6.2　咨询国际同行的邮件模板

某些经典英文教材还会被翻译成多种语言出版，这对于身在国内难以及时和按照优惠价格购买国外教材的同学来说，是个福音。比如 Stephen B. Hulley（斯蒂芬 B. 赫利）等教授编著的第四版 *Designing Clinical Research*（《临床研究设计》）就被彭晓霞和唐迅博士翻译引入国内，并由北京大学医学出版社出版。

6.2.2　如何阅读教材？

解决了如何找教材的问题，接下来就是阅读了。当你拿到一本陌生的教材，你会怎样阅读它？是直接单刀直入，找到自己需要的部分阅读，还是先大致了解一下这本书的编排结构？初入科研的同学适合先了解全书编排结构再全面深入地阅读；而有一定科研基础的同学，则可以直接找到自己需要的部分进行选择性阅读。因此，这两种读法并无优劣之分，重点在于你是否了解自己的情况和需求。笔者下面介绍全面阅读专业教材、学习专业知识的方法。

首先，了解书的基本信息：它的书名关键词、作者介绍、目录、序言或引言。一般从序言中，我们能了解到该书的内容概貌、它所面向的读者、编写本书的目的、可能获得的收获、章节编排结构和内在逻辑等。通过了解它们，我们可以建立对书籍的整体认识，就像获得了通走全书的地图，为后续深入阅读正文建立了基础。

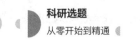

有了对书籍的整体了解后，接下来就是阅读正文内容了。通常来说，专业教材的编者为了使读者更好更快入门，会按照从基础到进阶的章节顺序写作。因此，我们可遵循相应的顺序进行阅读，并依据阅读难度设置不同的策略。图6.3所示的就是笔者建议的阅读方式。

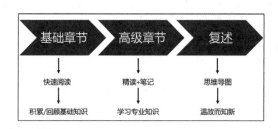

图 6.3　阅读教材的策略

具体来说，教材的基础章节讲解的是比较基础的知识，读者可以快速阅读，以积累和回顾基础知识，形成对专业知识的总体认知。而高级章节的内容比较深奥，与研究领域的联系更为紧密，这时就需要通过做笔记的方式反复精读，琢磨透专业原理，学习掌握专业知识。

需要注意的是，此时切勿沾沾自喜，只满足于流畅地理解这些知识。在科研活动中灵活运用这些专业知识才是我们阅读的目的。这就要求我们能用自己的语言复述教材关键知识点以确保将教材知识转化成自己的知识。笔者常用的方式是利用 XMind 软件建立知识思维导图以将教材内容按知识逻辑关系做排列。它可以帮助我们建立起完整清晰的知识体系框架，将专业知识逐步内化为脑海里牢固的知识，并结合脑海中原有知识迸发出新的阅读感悟，做到温故而知新。然后，我们再将知识内容交流出去，例如与其他同学、导师交流或者写网络书评等，达到"输出"的目的以牢固掌握专业知识。

6.3　第二步：学术词汇和专业词汇篇

很多同学在本科期间已经通过了全国大学生英语四、六级考试，其中四级词汇量在 4500 词左右，而六级词汇量在 5500 词到 6000 词。然而即便掌握了它们，也不能确保可以畅通无阻地理解英文论文中的常用词，这是因为英语四、六级单词和学术论文中常用的词汇有着显著的不同。前者主要为了提升大学生在英文环境下的日常工作和交流能力，后者则是主要应用于专业学术内容的书面交流。因此，如果用四、六级的词汇去应付英文论文，没过两行可能就要翻词典。这不仅较大程度上影响阅读速度，而且会打击我们阅读英文文献的自信心。

那么如何系统掌握论文中常见的单词呢？笔者根据论文中单词的使用功能，将它们分成三大类：日常词汇、学术词汇和专业词汇。日常词汇主要是全国大学英语四、六级单词，比如 good（好的），在论文中是最基本的词汇，记忆和使用难度都较小，大部分科研人员和研究生都在大学时有过学习、记忆和应用；学术词汇（如 improve 提升）和专业词汇（如 radiology 放射学）则是学术场景中最常见也是相对较难掌握的词汇，是正式的学术交流的书面用语。笔者接下来就详细介绍学术词汇和专业词汇，重点讲述如何开展有效理解和记忆。

6.3.1 学术词汇和解释记忆

（1）学术词汇

学术词汇是指学术文献中高频次出现的词汇，与论文所在的专业领域无关。然而，其在日常生活、工作中却不太常见，相比日常用语，学术词汇显得更为正式和书面化，往往表达行为、属性、特征、目的等作用，是句子中的关键词。

例如，在工程学科论文中，我们常常见到类似的英文表述：

To further interpret the experimental data, a numerical model was developed.

译文：为了进一步阐释实验数据，（我们）建立发展了一个数值模型。

在该句子中，动词 interpret（阐释、解释）和 develop（建立发展）就是常见的学术词汇。如果还能理解专业词汇 numerical model（数值模型，一种计算机仿真模型）和日常词汇 further（进一步的）及 experimental（实验的），我们就掌握了该句子的主旨意思。

又如，在 2021 年 Julie Lundgren（朱莉·伦德格伦）等人的生命科学论文中，为了强调肥胖症的增多以及带来的危害，作者这样表述：

The prevalence of obesity is increasing, with detrimental effects on health.

译文：肥胖症的患病率正在增加，这会对健康造成不利影响。

在该句子中，detrimental（有害的，不利的）就是论文中表达不利影响常用的学术词汇。如果还能理解专业词汇 prevalence of obesity（肥胖症的患病率）和日常词汇 increase（增加）及 effect（作用），我们也就掌握了该句子的核心意思。

（2）高频学术词汇

根据新西兰惠灵顿维多利亚大学（Victoria University of Wellington）的 Averil Coxhead（埃夫丽尔·考克斯黑德）教授的研究和统计分析（Coxhead, 2000），常见的高频学术词汇一共有 570 个。虽然常见的学术词汇数量上并不多，但在文献中高频出现，且出现的频率比专业词汇要高，再加上它们在句中起到关键作用，我们熟悉学术词汇就显得尤为重要。

为了化整为零开展记忆，澳大利亚 RMIT University（墨尔本皇家理工大学）的学习实验室（Learning Lab）将 570 个学术词汇分成了 10 份 PDF 清单，读者们可以在研淳 Papergoing 官网上 "科研工具—学术资源—英文写作资源" 中下载获取，下载路径如图 6.4 所示。

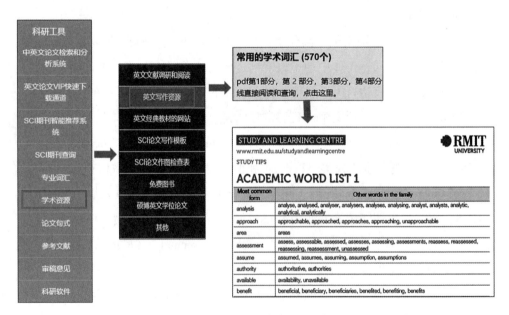

图 6.4　学术词汇列表下载方式

（3）理解和记忆学术词汇

对词汇的记忆主要有三种方式：第一种是输入式基础记忆（单纯记忆单词的本身意思），第二种是在场景中记忆（在句子中理解单词含义及其发挥的作用），第三种是在输出中记忆（在实战写作中加强对单词的记忆）。这三种方式各有优劣：第一种速度较快，有利于快速入门，但是记忆不深刻牢固。而第二种相对来说记忆更深，有利于学习一个单词的使用场景，方便理解，但也相对更耗时。第三种方式则是通过巩固和应用单词，加深记忆效果。

由于学术词汇主要出现在学术论文中，因此我们学习学术词汇不仅要记住单词，更要理解和运用它们。鉴于此，笔者建议，学习学术词汇可以综合以上三种记忆方式分三轮进行，即输入式基础记忆—在场景中记忆—在输出中记忆。

这里以学术词汇"interpret"为例，学习这个词汇的第一轮是快速的基础记忆。我们可以借助词典或翻译软件，其中百度翻译、Saladict沙拉查词、知网翻译助手（https://dict.cnki.net/index）是笔者推荐的翻译工具，它们都能方便我们理解词汇基本意思（详细如何使用百度翻译和沙拉查词插件功能可见第九章）。用知网翻译助手查询可知，"interpret"的常见翻译为"阐释、解释"。随后，我们可以进一步通过英英词典（如柯林斯词典）来学习其词性（这里指动词）和英文解释（见图6.5），因为在英文语境里理解词汇含义可以更精准。需要注意的是，不要一遇到生词就借助翻译工具翻译成中文进行理解而不再查英英词典了，毕竟中文直译不能帮助我们准确理解英文词汇。虽然直接查中文翻译理解起来很快，但实际上这种快是一种"慢"，因为下次遇到相同词汇时，我们还是会由于印象不深或理解不准确而需要再次查阅词典，花费更多时间。这样做得不偿失，还不如一次彻底查清楚，深入理解词汇含义后做到印象深刻，达到"慢即是快"的效果。

interpret

Word Frequency ●●●●●

in British English

(ɪnˈtɜːprɪt 🔊)

VERB

1. (*transitive*)

   to clarify or explain the meaning of; elucidate

2. (*transitive*)

   to construe the significance or intention of

   to interpret a smile as an invitation

3. (*transitive*)

   to convey or represent the spirit or meaning of (a poem, song, etc) in performance

4. (*intransitive*)

   to act as an interpreter; translate orally

Collins English Dictionary. Copyright © HarperCollins Publishers

图 6.5　在柯林斯词典查询词汇 interpret

　　第二轮学习是在阅读场景中记忆。在快速记忆完学术词汇后，你或许已经可以读懂带 interpret 的句子。这时就可以查看一些文献巩固记忆，在具体语境中把目标词汇再记一遍。同时，我们也可以熟悉其使用场景，为之后将它运用到论文写作中奠定基础。我们可以先找到一个优质的论文例句（如所在领域顶刊 SCI 论文句子），了解它适合在论文中什么场景下使用，具体应该怎样使用。

　　例句：To further interpret the experimental data, finite element models were developed for the ultra-high performance concrete (UHPC) columns.

　　译文：为了进一步阐释实验数据，建立了超高性能混凝土柱的有限元模型。

　　在该例句中，分析实验数据（experimental data）既可以用 interpret，也可以用 analyze。但是，interpret 在学术数据分析中尤指"揭示或阐释数据背后所蕴含的现象与规律"，它比 analyze 能更为深入地体现出对数据背后规律的发掘。

　　第三轮是在写作中输出。应用是学习词汇的最终目的，经过前两轮学习后，我们可以尝试在邮件、论文、周报写作中有意识地运用新学的词汇。如果对某个词汇的使用不够确定，可以根据第二轮学习时参考论文中的例句进行模仿应用，让写作更加地道。

这样的练习可以将你的词汇水平从四、六级词汇提升到学术英语词汇水平，不仅可以锻炼你的语言能力，而且能培养英文思维，避免阅读英文文献时不自觉地把英文翻译成中文再理解内容。随着不断积累阅读和写作英文论文的经验，我们的英文语感逐步增强，最终显著提升高效阅读和写作英文论文的能力。

6.3.2　专业词汇和解释记忆

专业词汇（terminology）是称呼某一特定专业领域内事物或描述特定行为的专业术语，是反映一篇学术论文研究主题的关键词。如果不认识和不理解专业词汇，即便知道句子内部表达的逻辑关系，也在理解句子表达的核心意思上举步维艰，无法进入该领域学习和研究。

（1）学习注意点

专业词汇的准确含义取决于所在的学科领域，比如词汇"变态"，一般指心理状态的不正常现象，多含有显著的贬义色彩；而在生物学领域内，它主要指"动物在发育期的外形、内部结构、生长习性等方面发生变化"，为中性词。又比如词汇"断裂"，它在不同学科领域内的含义也有所出入。比如在地质学、固体力学、材料科学等领域，它主要是指裂纹失稳扩展导致材料或构件破断，而在微生物学领域，它的含义特指"杆状细胞或菌丝通过形成两个或多个片段进行增殖的方式"，等价术语是 fragmentation（碎裂化，片段化）。因此中英文专业词汇存在不能一一对应的情况，这使得"断裂"在不同场景下可被翻译为：fracture、rupture、crack、fragmentation 等。此外，专业词汇可能还和区域位置有关，比如透水混凝土在欧洲被称为"permeable concrete"，在北美则为"pervious concrete"。

以上案例启发我们在学习专业词汇时需要注意以下两点。

第一，专业术语基于其所在研究领域，需要根据特定的专业语境进行理解，不能望文生义，或随意用其他领域内的含义来理解。这就需要在相关中英文文献背景下记忆专业词汇。相比于学术词汇，我们更要理解专业词汇的精确含义，因为尽管可以通过死记硬背记住词汇的含义，但我们很难在阅读和写作中灵活运用它们。想要真正理解、运用一个专业词汇，必须要深入了解其在具体论文语境中的应用，这样我们才可以知道更多相关专业知识及专业原理。

第二，在记忆专业词汇时，不仅要理解和记忆中文或者英文词汇的意思，还要记忆两者的对应关系。比如已经学习过中文专业词汇的解释，但在写英文论文时却不知道其对应的英文专业词汇是什么；或在不同文章中发现，一个中文专业词汇可能在英文中有好几种表达方式。为了对应好中英文词汇，除了要充分理解词汇含义外，还要在中英文语境下收集词汇含义的汇总和例句的收集，如表 6.1 所示。这种深入细节的学习方法对于科研小白来说能夯实基础，但是对于有经验的科研人员来说就没有必要了。

表 6.1 专业词汇的整理模板

专业词汇（中文）	专业词汇（英文）	词汇解释	文献例句
人工智能	artificial intelligence	研究、开发用于模拟、延伸和扩展人的智能的理论、方法、技术及应用系统的一门新的技术科学。	中文例句：统计关系学习是人工智能领域一个新的研究方向。 英文例句：Many researchers followed different approaches like mathematical, knowledge-based and artificial intelligence (AI)-based methods to generate optimal disassembly sequences.
…	…	…	…

（2）专业词汇的中文解释

由于大多数同学对专业词汇的认识通常从中文文献和中文的入门教材开始，所以我们先了解 3 个适合查询中文专业词汇的网站：

① 中国规范术语：http://shuyu.cnki.net。

中国规范术语的优点是包含多个学科的术语解释和翻译，所覆盖的学科门类比较齐全（见图 6.6）。

图 6.6　中国规范术语

② 知网 CNKI 工具书库：http://gongjushu.cnki.net/RBook。

图 6.7 所示的是知网工具书库的使用界面，其有两个明显优点：一是涵盖多个学科，并提供多个来源的解释和翻译；二是除了可以查中文专业术语之外，还可以查一些英文术语。缺点是该书库未能及时更新数据库，解释的数据来源有些较为陈旧，不能满足与时俱进的科研需求。

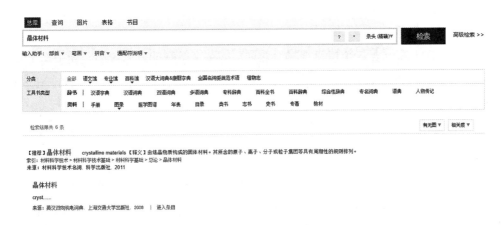

图 6.7　CNKI 工具书库

③ 术语在线：https://www.termonline.cn/。

作为一款笔者比较推荐的工具，它能根据不同学科领域分别呈现词汇的含义，兼具解释与英文翻译。如图 6.8 所示，相比前两个，其解释来源的公布年度比较新，中英文词汇都可以查询。查询英文复合词汇时，只需要直接输入搜索，而不需要加英文格式下的引号。

图 6.8　术语在线

（3）专业词汇的英文解释

笔者向大家推荐 3 个快速查找专业词汇的英文解释的方法。第一和第二个是适合全学科的 ScienceDirect Topics 和谷歌学术；第二个是适合生命科学的 MeSH 主题词库。

① ScienceDirect Topics：https://www.elsevier.com/solutions/sciencedirect/topics。

ScienceDirect Topics 的优势在于依托爱思唯尔出版社强大的英文文献数据库资源。其对专业词汇的解释来自于书籍，可信度较高，页面设置了专业词汇的简短定义、相关术语、文献摘录等板块，可以帮助科研人员在具体的文献语境中快速理解相关定义。通过浏览不同文献对该专业词汇的解释，科研人员也可以大致了解该专业词汇的应用场景，获取可能的研究拓展。

那么如何使用 ScienceDirect Topics 查询英文专业词汇呢？首先进入官网，点击 Explore the topic pages（探寻主题页）按钮进入 Browse Topics（浏览主题）界面，在检索框中输入要查询的词汇。图 6.9 所示的是笔者查询专业词汇"注意缺陷多动障碍"的缩写"ADHD"，对该词汇的解释主要来自心理学（psychology）和神经系统科学（neuroscience），笔者选择神经系统科学领域，可查询到它在该领域教材中的具体解释（图 6.10）。如果我们手头恰巧有这本教材，就可以系统学习有关概念和原理。

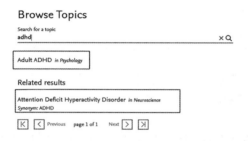

图 6.9　进入 ScienceDirect 的 Topics 板块进行检索

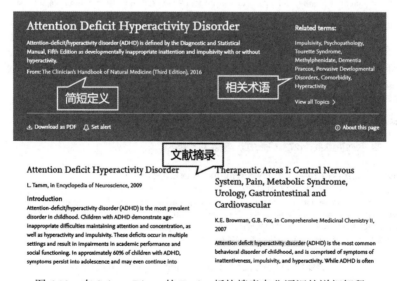

图 6.10　在 ScienceDirect 的 Topics 板块搜索专业词汇的详细解释

② 谷歌学术：https://scholar.google.com。

如果未能在英文教材中检索到专业词汇的解释，或者如果你还想从更多角度理解它，则可以到谷歌学术中直接搜索目标词汇，因为其收录论文的引言中可能会解释该词汇。

常用的检索技巧是输入的关键词包含 "×× is"（×× 是什么）、"called ××"（…被称为 ××）等，这样可以搜出对目标词汇的定义。以计算机科学领域内的专业词汇 "open class" 为例：在谷歌学术（大陆用户需要通过谷歌学术镜像访问）搜索其英文解释时，需要在搜索框内输入 "open class is" 或 "called open class"。注意在谷歌学术中精确搜索复合词要加上英文格式的双引号，搜索示例结果见图 6.11 和 6.12。

"open class is"   🔍

找到约 452 条结果 （用时0.29秒）

[PDF] Open class–An important component of teachers' in-service training in China
S Liang - Education, 2011 - researchgate.net
... As an in-service training tool, open class is introduced to provide a vision of possible change in teacher training in the US. What is open class ... This model of open class is worth to be considered and tried on in the US teachers' in-service training ...
☆ 〞 被引用次数：9   相关文章   所有 5 个版本 〞〞

Differences in brain potentials to open and closed class words: Class and frequency effects
TF Münte, BM Wieringa, H Weyerts, A Szentkuti... - Neuropsychologia, 2001 - Elsevier
... words, respectively. Open class words include nouns, verbs, adjectives and most adverbs, and the characteristic of the open class is that new words can be added as the language changes (eg computer, fax, rocket). Open class ...
☆ 〞 被引用次数：127   相关文章   所有 12 个版本

Toward competence and creativity in an open class
L Kelly - College English, 1973 - JSTOR
... We know we have not found the easy way out of the frus- tration and boredom generations of fresh- men have known in English 101, Com- munication Skills and Rhetoric. We know an open class is not achieved by casually deciding to try something new you've heard about ...
☆ 〞 被引用次数：30   相关文章   所有 2 个版本

图 6.11　谷歌学术中搜索 "open class is" 的结果

> "called open class" 🔍

找到约 230 条结果　(用时0.23秒)

[PDF] University of surrey participation in trec8: Weirdness indexing for logical
document extrapolation and retrieval (wilder)
K Ahmad, L Gillam, L Tostevin - TREC, 1999 - researchgate.net
… The key difference at the lexical level, between specialist and general language texts, is in the
distribution of the so-called open class words, typically nouns and adjectives, and the closed
class words, typically determiners, conjunctions, prepositions and modal verbs …
☆　♄♄　被引用次数：180　相关文章　所有 6 个版本　♄♄

Neural plasticity in the dynamics of human visual word recognition
JW King, M Kutas - Neuroscience Letters, 1998 - Elsevier
… sources of linguistic information. While most word types in the language are in the
so-called open class (eg content words), the vast majority of highly frequent words
are closed class items (ie function words). Thus the search …
☆　♄♄　被引用次数：156　相关文章　所有 6 个版本

Psychological effects of the "Open Classroom"
RA Horwitz - Review of Educational Research, 1979 - journals.sagepub.com
… Unfortunately, some of the research studies on so-called open class- rooms have failed to make
clear what precisely was open about the classrooms and whether the investigators were
measuring effects of building layout, of teacher-student interaction, of both, or of something …
☆　♄♄　被引用次数：212　相关文章　所有 8 个版本　♄♄

图 6.12　谷歌学术中搜索 "called open class" 的结果

③ MeSH 主题词库：https://www.ncbi.nlm.nih.gov/mesh。

由于笔者在第一章第 10 节介绍 MEDLINE 数据库时已顺带介绍过 MeSH 主题词库，这里仅进行案例展示。

以注意缺陷多动障碍 "Attention Deficit Disorder with Hyperactivity" 为输入对象，MeSH 主题词库给出了以下详细解释：

Attention Deficit Disorder with Hyperactivity

A behavior disorder originating in childhood in which the essential features are signs of
developmentally inappropriate inattention, impulsivity, and hyperactivity. Although most individuals
have symptoms of both inattention and hyperactivity-impulsivity, one or the other pattern may be
predominant. The disorder is more frequent in males than females. Onset is in childhood.
Symptoms often attenuate during late adolescence although a minority experience the full
complement of symptoms into mid-adulthood. (From DSM-V)
Year introduced: 1984

图 6.13　MeSH 中搜索 "Attention Deficit Disorder with Hyperactivity" 的结果

6.4 第三步：研究领域篇

五步法的前两步有利于提升专业知识和词汇的储备量。接下来我们就进入五步法的第三步了，即了解常见的研究领域并选择自己感兴趣的研究方向，然后与导师或合作者讨论确定最后的选题方向，这就开启了研究课题相关的工作了。

6.4.1　了解不同研究领域的必要性

很多初入科研之门的新手在认识自己的研究领域时会有不少困惑，"有那么多大领域，大领域下又有那么多细分领域，专业知识那么多那么深，我都要学吗？我该从哪里入手啊？"这其实都是很常见的疑问，很多时候是因为对科研不了解而产生莫名的担忧。试想，如果我们不了解自己所在领域的几个细分方向的大致情况，在遇到选题时就会受限于狭窄知识面而难以入门和形成发散性的网状思考，提出的科研选题在前沿性、创新性上可能就受到限制。相反，如果我们较为了解细分领域的大致情况，就可以在以下情况中获益：

① 导师给出一个大的研究方向而让自己去选题，就有机会挑选感兴趣的细分领域去从中挖掘出有价值的研究想法。

② 选题思绪不畅时，有机会结合不同细分领域的前沿进展开展组合式选题，选题资源更加丰富。

③ 新思想、新技术、新理论可能首先已应用于某个细分领域，可以从中借鉴应用于其他领域，获得应用创新的优势。

需要注意的是，我们只需要大致了解主要的细分领域，并不需要深入到每个细分领域中，因此不必要花费太多时间在这个阶段上。不同于大学本科在一个大的专业领域内的"通识教育"，科研人员需要尽快探索出一个学科内的细分研究领域切入研究，即站位于面上，但从细节上切入。如果把本科期间的学习比作大水漫灌，那么科研工作则是"弱水三千，我只取一瓢"。因此，在了解大致情况后，我们应该迅速聚焦到某个细分领域中进行文献调研。五步法的第四和第五步就是在明确细分领域后深入开展文献分析从而提炼课题想法。

接下来，我们就介绍如何较为快速地了解各个相关的研究领域，首先我们从所在课题组开始。

6.4.2 从所在课题组中了解研究领域

课题组是进行科学研究的最小组织。它为科研人员提供文献、设备、技术、资金、人脉等多方面的支持，比如硕士或博士研究生的研究课题一般来自其导师的基金项目，因此可以说课题组和导师很大程度上决定了新加入课题组的科研新人的研究方向。科研新人在入门专业知识后，有必要从以下几个方面认真了解课题组研究领域的相关内容。

（1）了解导师的研究方向和研究兴趣

课题组通常是导师根据自己的研究方向和研究兴趣成立的研究小组，有明确的研究方向，有时也被称为实验室。导师和他所带的研究生是课题组的主要人员，在课题组内成员各自负责自己的研究任务，为课题组的研究总目标效力。课题组负责人是课题组的核心，而研究生导师一般就是该负责人或是大课题组的某个子方向负责人。

通常所在学院的官网上可以找到课题组导师的个人主页，很多导师会直接在介绍中写明自己的研究兴趣、研究方向和研究成果。像图 6.14 就是浙江大学农业与生物技术学院孙崇德教授的介绍页，包括个人简介、研究方向、专利成果、工作研究项目、实验室介绍、发表论文等。果实采后储藏物流与营养品质分析是他的主要研究方向。图 6.15 展示的是哈佛医学院高被引学者 Michael Lawrence（迈克尔·劳伦斯）博士主页及研究摘要，从中我们可以了解到他聚焦于研究 DNA 损伤和修复的过程、基因表达和基因组复制以及癌症驱动基因。

图 6.14　浙江大学孙崇德教授主页及研究兴趣

图 6.15　哈佛医学院高被引学者 Lawrence 博士主页及研究摘要

（2）了解课题组研究的整体架构

除了了解导师的研究兴趣，还需要了解课题组研究的整体架构。也就是你所在课题组过去、现在和未来研究的关键内容能否串联在一起，成为一个有清晰脉络的研究体系。如果存在这样的研究体系，说明这个课题组研究在有条不紊地开展，你将要参与的课题也基本会是其中的一个环节。因此，科研人员需要了解课题组研究的整体架构，在大局上把控研究方向。

最简单也最有效的方式就是多看课题组发表的论文。通过这些文章，你可以快速了解到课题组主要的研究方向与研究脉络，知悉课题组解决了哪些研究问题，取得了什么突破性进展，并启发自己未来的研究方向。

一些导师和课题组的官方主页上会有板块展示其科研成果板块，我们从中可以找到课题组发表的文章。另外，我们也可以在 Web of Science、谷歌学术上直接搜索导师 / 通讯作者的名字，查看课题组发表的论文成果。例如图 6.16 展示的是浙江大学孙崇德教授研究主页中罗列出的最新发表的学术论文。

| 个人简介 | 专利成果 | 教学与课程 | 工作研究项目 | 实验室介绍 | 发表论文 |

论文选列（* 为通讯作者）

Sun Chongde,Yilong Liu#, Liuhua n Zhan, Gina R Rayat, Jianbo Xiao, Huamin Jiang, Xian Li*, Kunsong Chen.Anti-diabetic effects of natural antioxidants from fruits.*Trends in Food Science & Technology*, Available online 18 August 2020

Wang Yue, Liu Xiaojuan, Chen Jiebiao, Cao Jinping, Li Xian, **Sun Chongde**[*]. Citrus flavonoids and their antioxidant evaluation. *Critical Reviews in Food Science and Nutrition*, 2020, DOI: 10.1080/10408398.2020.1870035.

Zhao Chenning, Liu Xiaojuan, Gong Qin, Cao Jinping, Shen Wanxia, Yin Xueren, Grieson Donald, Zhang Bo, Xu Changjie, Li Xian, Chen Kunsong, **Sun Chongde**[*]. Three AP2/ERF family members modulate flavonoid synthesis by regulating type IV chalcone isomerase in citrus. *Plant Biotechnology Journal*. 2020, DOI: 10.1111/pbi.13494

Liu Xiaojuan, Zhao Chenning, Gong Qin, Wang Yue, Cao Jinping, Li Xian, Grieson Donald, **Sun Chongde**[*]. *Journal of Experimental Botany*, 2020, 71(10):3066-3079

Chen Jiebiao, Wang Yue, Zhu Tailin, Yang Sijia, Cao Jinping, Li Xian, Wang Lishu, **Sun Chongde**[*]. Beneficial Regulatory Effects of Polymethoxyflavone-Rich Fraction from Ougan (Citrus reticulata cv. Suavissima) Fruit on Gut Microbiota and Identification of Its Intestinal Metabolites in Mice. *Antioxidants*, 2020, 9(9): DOI: 10.3390/antiox9090831

图 6.16 浙江大学孙崇德教授课题组的最新发表论文

（3）了解组内其他成员的在研方向

课题组的研究通常需要组员通力合作，组内研究生的具体研究方向又与导师、课题组研究的整体框架、组内其他成员的在研方向密切相关。因此，了解课题组内师兄师姐的在研方向也十分重要。如果刚加入这个课题组，你可以试着帮助他们做一些琐碎的工作，这对自己的科研能力也是一种锻炼；如果已经在课题组里待过一段时间，你也可以借此思考如何更好地与他们合作；当你遇到自己不懂的问题时，了解其他成员的专长，你也会更清楚有什么样的问题该向谁咨询。这样做不但会让你更有方向感，也会节约自己和他人的时间。

（4）了解常用的研究方法

科研所需的研究仪器、研究材料是一个课题组开展科学研究的基础，而一个课题组惯用的研究方法和研究思路，搭建起了工作的结构与脉络。作为一个课题组成员，你需要搞清课题组过去惯用的研究思路有哪些，现在有什么研究仪器和研究材料，思考在此研究条件下可以完成怎样的研究方案。科研是严谨而环环相扣的工作，作为其中一环，你的工作也必须足够优秀，因此你需要了解上述因素，才能知道你目前具备什么条件，应该沿着何种道路向前。

6.4.3　从著名期刊的研究热点中了解研究领域

许多期刊为增加来稿匹配度，会在期刊主页的"Aims & Scopes"（宗旨与范围）或"Guide for Authors"（作者指南）板块给出期刊具体的收稿范围，将细化研究领域广而告之。比如图 6.17 中展示的 AHA/ASA 系列期刊，它就向你列出了细化的研究主题、研究方向。这些可以作为你了解研究领域和细化研究方向并深入学习专业知识的小窗口，为你探索当前学界的研究概况提供帮助。

图 6.17　AHA / ASA 系列期刊

另外，一些期刊会列出推荐使用的关键词、主题术语清单，它们也有助于你更新、完善自己的专业词汇库。因此，在阅读科研期刊时，可以重点关注一下编辑推荐的主题术语、关键词。那么，我们该如何找到这些期刊推荐的关键词呢？

我们以土木工程领域的期刊 *Cement And Concrete Research* 为例。

　　如图 6.18 所示，进入该期刊的主页，找到 "Guide for authors" 模块，一直拉到页面最下方，就可以看到该期刊推荐的关键词清单了。对于大多数知名规范期刊网站，这一招都是适用的。如果找不到，大家也可以在作者指南页面直接搜索关键词 "term" 或 "keyword" 等关键词，也可以找到关键词清单。

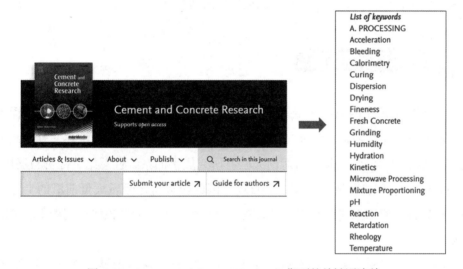

图 6.18　Cement And Concrete Research 期刊的关键词清单

6.4.4　从国内或国际会议主题列表中了解研究领域

　　考研成功的准研究生或刚入学后的研究生可以向自己的研究生导师索取最新的国内或国际会议征稿主题（会议正在宣传中）或实际演讲主题（会议已举办）。一般来说，科研活跃的研究生导师会比较关注自己领域内的专业学术会议，也就会有相应的会议宣传手册（含会议征稿主题）或会议的具体报告流程（含演讲人及演讲主题）。例如，2022 年第十三届环境科学与发展国际会议的宣传手册中就指明了征稿主题包括环境修复与生态工程、景观退化与恢复、废物稳定物价、危险固体废物管理等六十余个研究领域。这些研究领域反映了目前国内外同行较为认可的前沿方向，是我们了解研究领域的重要途径之一。

　　权威的学术会议还会出版会议论文集，收录会议主旨演讲报告和会议论文，比如会议论文集 *8ᵗʰ International Conference on Advanced Composite Materials in*

Bridges and Structures 就收录了 2021 年第八届桥梁和结构高级复合材料国际会议的论文。因此，我们还可以下载会议论文集阅读演讲主题相应的会议论文以深入了解研究领域和包含的内容。

以上介绍的认识研究领域的方法是为了增加我们对研究方向的了解、储备更多的专业知识，为之后开展提炼具体的课题想法奠定基础，并不需要过于深入。在本书第 8 章中，笔者详细介绍了如何提炼科研想法。

6.5 第四步：综述篇

在了解了常见的研究领域和选定感兴趣的研究方向之后，接下来就是深入到该研究方向中学习前沿专业知识了。这就来到了第四步，即从综述文献中系统性获得专业知识。综述是同行对前人已有研究成果的系统性总结、分析与展望，其包含的参考文献数量至少都是上百篇，因此包含特定领域大量前沿的专业知识。可以说，阅读综述既有用，又高效，对我们学习专业知识能起到事半功倍的效果。

阅读文献综述不在多而在精，高质量的综述往往来自世界一流或知名同行，广受同行认可和好评，而一般水平的综述虽然也包含较多的内容，但是剖析关键问题的深度和对某些专业知识的准确理解上还是差一截。此外，顶级期刊综述选取的主题往往较大，也就包含更多的专业知识，覆盖基础到高深知识，层次丰富，逻辑清晰。虽然知识内容广，但是综述作者能深入浅出地讲解它们，图文并茂展示专业概念或原理，有利于科研早期阶段的同学们理解知识内容。因此，我们优先阅读精选的 1 到 2 篇高质量综述以集中学习前沿的专业知识。

6.5.1 筛选高质量的文献综述

了解了高质量综述论文的基本特征后，接下来就该检索和筛选综述了。如果通过五步法的第一和第二步积累了一定的专业知识和英文专业词汇的基础，那么建议大家直接阅读更高水平的英文综述。如果在阅读过程中，还有一些单词不认识，可借助翻译工具（详见第九章）辅助理解。筛选英文综述可以通过在 SCI

论文数据库 Web of Science 中进行。基本的思路是首先选取研究对象对应的关键词，比如肺癌 "lung cancer"，选择"标题"为检索类目，将关键词输入搜索框后再限制文献类型为综述（review），设置发表时间在五年内，在搜索结果中按被引频次从高到低排序，或者选取高被引论文或热点论文即可找出高质量综述。检索设置和筛选过程如图 6.19 所示。如果想了解关于肺癌研究的专业知识，从检索检索中，我们可以选取 2021 年在医学顶级期刊 *The Lancet* 上发表的热点综述论文 "Lung cancer"。它盖了基础到高深内容，截止到 2022 年 5 月 27 日，一年多的时间已经得到了同行的 61 次引用。

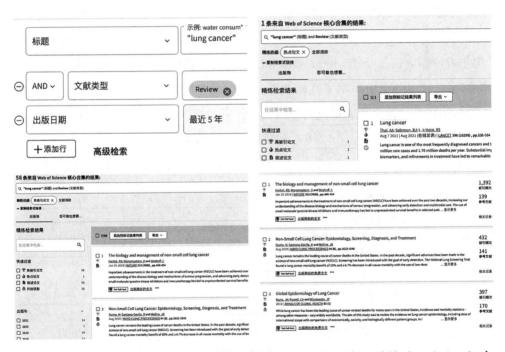

　　图 6.19 Web of Science 中检索最近五年内发表的肺癌相关综述。左上：组合搜索设置；右上：筛选热点论文检索到医学顶刊 *The Lancet* 关于肺癌的一篇综述，该综述长达 20 页包含 289 篇参考文献；左下：筛选出 58 篇高被引综述论文，排在第一的是顶级期刊 *Nature* 的关于非小细胞肺癌的综述；右下：按被引次数由高到低排序，最高被引频次是 1392 次，远远高于第二篇的 432 次。检索时间为 2022 年 5 月 26 日。

如果想阅读中文综述，可以到知网中进行检索。首先进入高级检索，设置检索类目为篇名，输入"肺癌"关键词，限制发表时间为最近五年（从 2017 年 1 月 1 日到检索日）后进行检索，在检索结果中再筛选文献类型为综述，基金类型为国家自然科学基金，按被引频次排序，即可看到关于非小细胞肺癌的综述有 117 篇，占比最高。被引量排在第一位的是发表于北大核心期刊《医学研究生学报》的一篇被引量达到 1050 次的关于非小细胞肺癌的综述论文（笔者检索时间为 2022 年 5 月 26 日）。关于检索和筛选文献的技巧，可参考本书第三和第四章。

需要提醒的是，为了广泛学习专业知识，我们希望检索出大主题的综述，而不是主题太聚焦的综述，因此，检索关键词的内容范围要广，一般情况下输入所要了解的研究对象／关键技术即可，比如 lung cancer（肺癌）、Alport syndrome（奥尔波特综合征）、behavioral economics（行为经济学）、permeable concrete（透水混凝土）。表 6.2 中举例了几篇主题范围大的高质量综述，其显著特点是综述标题短小精练，论文作者都是行业内大牛，所在期刊是行业内顶刊，被引量高。

表 6.2　高质量综述检索举例

检索词	综述标题	所在期刊	JCR 分区	被引量（Web of Science）／发表年份
lung cancer	Lung Cancer	*The Lancet*	1	61/2021
Alport syndrome	Alport Syndrome—Insights from Basic and Clinical Research	*Nature Reviews Nephrology*	1	150/2013
behavioral economics	Behavioral Economics—Past, Present, and Future	*American Economic Review*	1	186/2016
permeable concrete	Clogging in Permeable Concrete: A Review	*Journal of Environmental Management*	1	83/2017

6.5.2　学习综述内的专业知识

检索到综述论文后，我们就要通过它们学习专业知识了。综述在结构上与原创论文相似，同样具有题目、摘要、引言、正文、结论和参考文献，只不过正文部分是分析述说前人的研究成果。由于拟要阅读的综述论文的主题范围很大，因此，其正文部分包含了大量的综述主题相关的次级内容，且内容由浅入深，娓娓道来。鉴于我们的阅读目的是学习专业知识，我们可以采用如图 6.20 所示的策略。

图 6.20　为学习专业知识阅读综述的三步骤

在打开文章后，我们首先不要着急细读内容，而是先整理文章提纲。可以采用中英文的形式，理解含义之后再总结出来，以便全局了解文章知识点。图 6.21 展示的就是综述 "Alport syndrome—insights from basic and clinical research" 的中英文提纲，可以看到作者系统综述了 Alport 综合征的发病机理、诊断和治疗，可以说较为全面地介绍了这种罕见病。

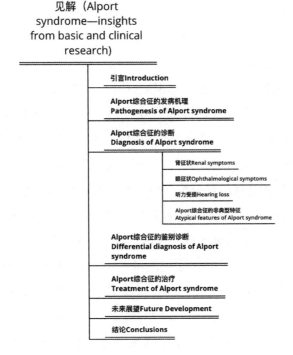

图 6.21　案例综述论文的提纲

我们再阅读引言部分，即可了解到关于 Alport 综合征的历史起源、发病机理、早期诊断重要性和挑战性等疾病相关的背景知识。此后，我们就可以根据自己掌握知识点的需求，找到正文中相应的分支部分通过阅读学习专业知识即可。比如想了解如何治疗 Alport 综合征，即可前往阅读 Treatment of Alport syndrome（Alport 综合征的治疗）。由于综述作者常用图形展示方法原理，因此我们可以结合示意图辅助理解专业知识。

为了加强记忆和理解专业知识，可以在论文上做标记（一般是 PDF 文件），也可以将其摘录汇总到表格中方便回顾复习。

6.6 第五步：论文篇

在阅读综述时，如果遇到难以理解的专业知识，可以找到综述中引用的参考文献（一般是论文），进行拓展阅读。而如果没有相应的参考文献的话，此时则需要通过关键词检索网页或论文进行阅读理解。这就来到了五步法中的最后一环，即阅读原创论文以进一步学习专业知识。

论文是科研人员针对某一科学问题进行深入研究撰写的研究成果文章，因此相比于综述，原创论文呈现的专业知识就更加深入和细化，需要辅以一定的专业知识基础与阅读技巧。如果在阅读论文时，我们发现对大部分专业知识的理解较为困难，则可能没有通过践行五步法的前面四步打好基础。这时，可以回到第一步去阅读相关的教材，夯实基础后再回到论文中开展阅读。

那么该阅读论文的哪些部分呢？由于当前阅读目的是为了学习了解专业知识，我们也就没有必要精读论文的全部内容（本书第 7 章中会提到）。一般来说，可以跳着学习专业词汇、专业原理、通用的研究方法、数据分析方法等。

论文的研究方法阐述了研究采用的材料 / 调查的对象（如医学研究的受试者）、干预措施、测试手段、测试设备、实验流程等内容，是作者实现论文研究目标的具体方式与手段，出现在论文的方法部分（Method/Methodology/Research design/Experimental 等）。我们只要找到该部分进行阅读即可。如果方法描述不够详细，我们还可以找首次研发出该方法的论文进行全面理解。

除了要理解研究方法的知识点外，我们还要学会总结研究方法的关键思路和步骤。这样做有利于我们以后遇到类似研究方法的论文时，可以较快地理解内容。例如，有限元分析法（Finite Element Analysis）是在多个自然学科中被普遍使用的一种模拟技术。笔者在谷歌学术中检索有限元分析法，找到如图 6.22 所示的这篇论文。通过阅读该论文我们就可以提炼出有限元分析法的四个关键步骤：首先要建立几何模型，再构建材料模型，接着要施加荷载和设定边界条件。

Contents lists available at ScienceDirect

Journal of Building Engineering

journal homepage: http://www.elsevier.com/locate/jobe

ABAQUS modeling for post-tensioned reinforced concrete beams

Swoo-Heon Lee [a], Ali Abolmaali [b], Kyung-Jae Shin [c], Hee-Du Lee [c, *]

[a] School of Convergence & Fusion System Engineering, Kyungpook National University, 2559 Gyeongsang-daero, Sangju-si, Gyeongsangbuk-do, 37224, Republic of Korea
[b] Department of Civil Engineering, The University of Texas at Arlington, 416 Yates St., Box 19308, Arlington, TX, 76019, USA
[c] School of Architectural Engineering, Kyungpook National University, 80 Daehak-ro, Buk-gu, Daegu, 41566, Republic of Korea

ARTICLE INFO

Keywords:
ABAQUS
Finite element analysis (FEA)
Externally post-tensioning (EPT)
Reinforced concrete (RC) beam
Concrete damaged plasticity (CDP)

ABSTRACT

Finite element analysis (FEA) using ABAQUS software was performed to investigate the behavior of post-tensioned concrete beams. This study is an attempt to examine the concrete damage behavior using a concrete damaged plasticity (CDP) model in ABAQUS, as well as the effect of an external post-tensioning (EPT) steel rod system. Concrete is a well-used material in many architectural and civil structures, with behavior exhibiting different characteristics in compression and tension; it also shows an inelastic-nonlinear behavior. These properties of concrete make modeling or simulation of the material difficult. In reinforced concrete, there is particular difficulty with respect to the bond-slip relationship between concrete and steel. However, in this paper the finite element analysis for concrete beams through ABAQUS simulation has been carried out with some assumptions, including perfect bond of steel and concrete and the CDP model for concrete property. In comparing analysis and experimental results, the simulated tensile deformations are similar to actual crack patterns in tests and the analytical responses such as strength, deflection, and stress of external rods are in good agreement with the measured responses.

图 6.22 采用有限元分析法的案例论文

对于方法技术类知识点，如果通过阅读论文后还意犹未尽，我们可以通过检索网页获取更多的指导文档或视频。常用的技巧是在谷歌或微软 Bing 国际版中设置检索关键词"方法 +tutorial"。比如，我们想查阅统计分析中的方差分析ANOVA，就可以在微软 Bing 国际版中输入关键词"ANOVA tutorial"，即可找到相关的入门教程，如图 6.23 所示。这些入门教程一般都会用较为容易理解的简单案例来解说方法，通俗易懂。

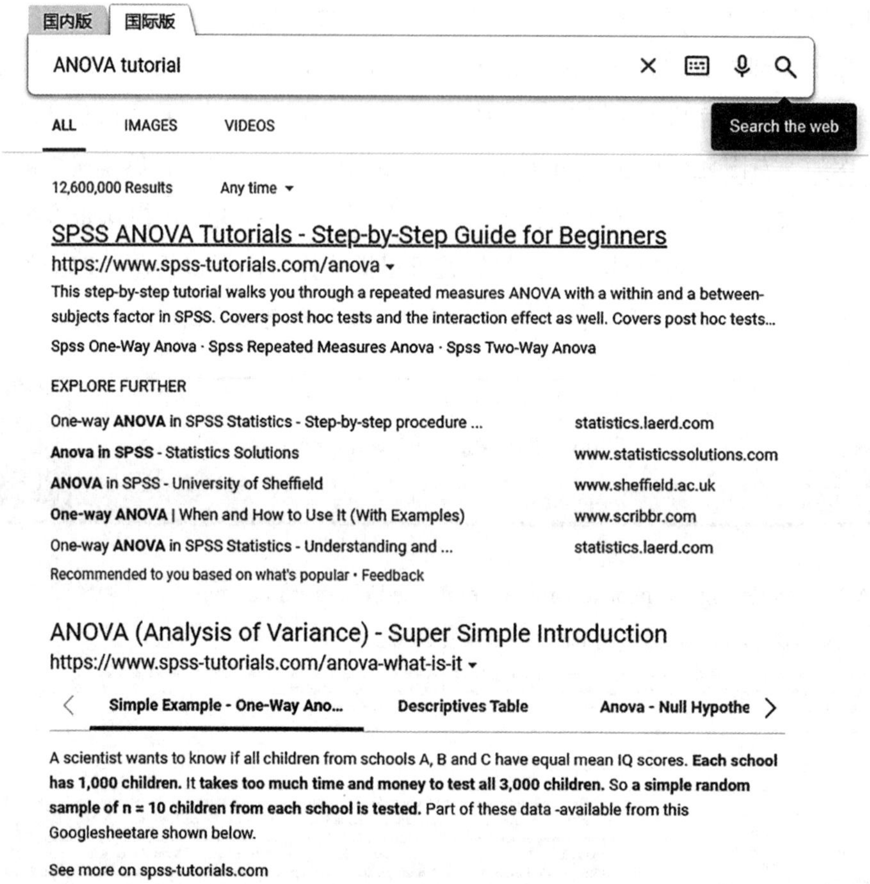

图 6.23　微软 Bing 中检索方差分析 ANOVA 的指导材料

　　在阅读文献学习专业知识时，由于不需要逐字逐句地通读全篇论文，我们还可以在论文中通过搜索关键词进行快速阅读。在文献里查找关键词，Windows 电脑的常用快捷键是 Ctrl+F，苹果电脑的快捷键是 Command+F。比如我们找到解释有限元分析法的相关论文后，无需通读全篇论文，只需在论文中通过快捷键检索关键词 "Finite Element Analysis" 或者 "FEM"，即可迅速找到文中出现该关键词的位置，其中就有对该专业知识的解释。

1.本章介绍的五步法搞定专业知识，推荐的阅读顺序是怎样的？（　　）。① 教材；② 论文；③ 研究领域；④ 文献综述；⑤ 学术词汇和专业词汇

A.①②③④⑤   B.①③⑤④②

C.②③①⑤④   D.①⑤③④②

2.为了深入掌握学术词汇，我们可以采取的最佳记忆策略是？（　　）。

A.完全采用输入式基础记忆，单纯记忆单词的本身意思就可以了

B.不需要记忆，阅读文献时用翻译软件翻译即可

C.不仅要记忆单词的意思，还要在句子中理解单词的含义和发挥的作用，并且在实战写作中加强单词的记忆

D.摘录SCI论文中常见的学术词汇，通过分析其语境中的含义进行记忆

3.对于科研新手来说，是否有必要了解相近方向的不同研究领域？（　　）。

A.有，增加可挑选感兴趣的细分领域的机会

B.有，有机会组合不同方向的前沿进展进行组合式选题

C.没有，专注了解自己研究领域即可

D.有，可借鉴其他领域的新思想、新技术、新理论到自己的研究方向上

4.在阅读综述或原创论文学习专业知识时，不恰当的做法是什么？（　　）。

A.逐字逐句的精读

B.不着急阅读综述文章，先整理提纲，获得全局了解

C.阅读引言部分可以快速学习背景知识

D.按需阅读，根据自己的需要直接跳读到相应的部分或搜索关键词定位阅读

第6章参考答案

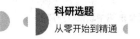

参考文献

[1] HAN H, CHEN Y, SUN Z. Estimation of maximum local scour depths at multiple piles of sea/bay-crossing bridges[J]. KSCE Journal of Civil Engineering, 2019, 23(2): 567-575.

[2] LEE S H, ABOLMAALI A, SHIN K J, et al. ABAQUS modeling for post-tensioned reinforced concrete beams[J]. Journal of Building Engineering, 2020, 30: 101273.

[3] ROTHAN H A, BYRAREDDY S N. The epidemiology and pathogenesis of coronavirus disease (COVID-19) outbreak[J]. Journal of Autoimmunity, 2020, 109: 102433.

[4] SUN C, LIU J, Gong Y, et al. Recent advances in all-solid-state rechargeable lithium batteries[J]. Nano Energy, 2017, 33: 363-386.

平行阅读法精读论文及评估质量

读过英文论文的人想必都有过这样的经历，早上起来神采奕奕，打开选好的论文。乍一看，这个文章和自己研究很相关而且发表在高分 SCI 期刊上，想着精读之后应该能收获满满，可是不知不觉就到了晚上九点，猛然发现一天又过去了，突然扪心自问："哎，我读到哪了？话说回来，这个文章好厉害的样子，我看不出有啥不足啊！"

据调研发现，大部分同学看论文的习惯是从头到尾逐字逐句地阅读，即先阅读题目摘要，接着引言、方法、结果、讨论和结论。另外一部分同学是跳过难理解的部分，比如理论推导和讨论部分，而去阅读容易理解的引言和结果等部分。以上两种阅读方法容易导致一些问题：第一，容易看了后面忘记前面内容，又得回头阅读，影响阅读效率。第二，阅读论文没有明确具体的目标导向（如概括某个研究内容的最新研究进展），只是泛泛知道想通过阅读文献提炼课题想法，导致对内容理解不深。第三，阅读散乱，不成体系，即便读了很多篇论文，却不知道如何串联每篇论文的主干内容，难以精准概括研究进展和存在的研究不足。因此，很多科研新手在阅读文章过程中都发出这样的心声：看过就忘，一知半解，离散阅读，零散笔记，一直看文献却脑袋空空，这种尴尬局面只会让人越发焦虑。

上述挑战主要源于错误或不科学的阅读方法，片段化、浅层的阅读无法将不同的背景知识串联起来。本章内容就是面向该挑战，基于平行阅读法理解和提炼文章核心内容及结构思路，并利用系统化思维构建知识体系图谱以全面总结文献进展，最终让大家高效提

炼优质科研想法，协助完成周报 PPT 汇报、文献综述、开题报告、研究计划、基金申请等任务。

7.1 论文写作的底层逻辑及对阅读论文的启发

阅读和写作本是一家人，前者是采集和输入信息到大脑中，后者是输出信息到文章中，两者密不可分，相辅相成。基于此，笔者认为，如果我们熟悉论文作者在写作时的行文逻辑，那么在阅读论文时，就更能穿透表面文字直达文章的内核，理解就会更深入，也就真正起到了精读论文的作用。

那么高水平学者在写作论文时，会有哪些底层思考逻辑呢？

首先是"通过论文表达思想"。作者们历经千辛万苦，终于想出了一个科研想法，自然很想在撰写文章时重点体现出来。同时，一篇论文也需要一个中心意思作为主线去串联前后内容以产生清晰的结构思路。因此，一篇文章的背后一定有一个核心的研究结论和清晰的想法。比如某论文作者想强调患有白血病前期克隆性造血的原发性癌症患者会更有发生"治疗相关性髓系肿瘤"的风险；一种新的电池成分配方有利于大幅度降低电池成本。这就启发我们在阅读某篇论文时，只有找出这种中心思想，才能直达论文作者的内心。

第二个底层逻辑是"参天大树，始于树苗"。意思是说一篇具有内容丰富的论文，也是先有提纲和主干再拓展枝叶而成的。这是因为绝大多数学术论文采用标准化结构思路，作者们一般先按论文结构布局主干内容然后再填补细节内容。这也就意味着我们可以采用逆向思维，在阅读文章时抛开枝叶，抽丝剥茧找到主干内容，从而将论文读薄。

第三个底层逻辑是"天使战胜魔鬼"。一篇论文之所以能被发表出来，一定是包含了新知识，产生了一定的贡献和价值，并且有充分的科学依据。这些正向内容类似"天使"，带给同行启迪和帮助。然而，绝大多数研究都存在一定的瑕疵，比如样本量不充分、研究方法不完美等，这些类似"魔鬼"的内容也会存在于论文中。为了让论文通过同行专家的审阅，作者们总是千方百计地展现美好的一面，去说服读者相信研究成果的价值和先进性，而有意避开或隐藏部分不足之处。我们在了解了这种让天使战胜魔鬼的写作属性之后，就需要在阅读文献过程中，既要总结研究成果，也要挖掘论文存在的不足之处，这样才能对同行研究获得细致深入的了解。

第四个底层逻辑是"布局内容，换位思考"。有经验的研究人员，既是论文作者也当过期刊审稿人，因此他们在写论文的同时也会把审稿人的可能提出的问题考虑进去，优化内容布局，最大程度避开审稿人会挑战的常见问题，从而撰写出审稿人和读者真正想看的内容，以此增加录用成功率。作为读者，我们就可以总结审稿人常关注的方面，以此作为标准评价论文的质量并找出不足之处。

在习得论文写作背后的关键底层逻辑之后，笔者接下来介绍高效阅读文献的方法，即平行阅读法。

7.2　平行阅读法及科学依据

平行阅读法是一种全新的结构化阅读方法，指利用学术论文的结构化摘要与正文内容相对应的关系，通过摘要快速定位阅读包含详细信息的正文，有目的地认识研究主题和挖掘提炼核心内容。这种阅读方法可大大提升阅读论文的效率和深度。

为了让大家更深入理解平行阅读法、领悟其精髓，下面笔者先介绍该方法背后的科学依据。

7.2.1　论文正文结构与摘要结构相互对应

平行阅读法有两大科学依据。其最大的科学依据来自英文论文中蕴藏的规律：论文正文结构和摘要结构存在着相互的对应关系。

论文正文通常呈沙漏形结构。在引言部分，作者通常先明确拟要解决的研究问题并概述研究背景，接着论述围绕该研究问题已有的研究成果以及存在未解决的问题或有待提升的地方，这就引出了作者的研究动机。紧接着，作者就会提出具体的研究目标，描述对应的研究方案或方法。最后，有些作者还会在引言最后部分简单描述研究带来的启发或潜在研究价值。

在方法和结果之后的讨论部分，作者一般会概括关键发现，解释并分析原因，接着与国际同行进行结果比较从而提炼创新点，并论述研究发现带来的理论意义或应用价值，体现其重要性。最后，他会呈现确定性的结论。结论既可以单独作为一部分写出来，也可以放在讨论中，在其最后一段进行描述。

学术论文中最常见的摘要类型是结构化摘要。它是对正文核心内容的高度概括，通常由研究背景和动机、研究目标或研究假设、研究方法、研究结果和结论组成。由于部分论文还会简要概括或提示研究价值，因此笔者也将其列入图 7.1 所示的完整论文摘要中。正是基于摘要和正文的对应关系和紧密联系，我们可以边读摘要边读正文，如图 7.2 所示。箭头所指的方向就是由正文核心内容对应结构化摘要的内容。

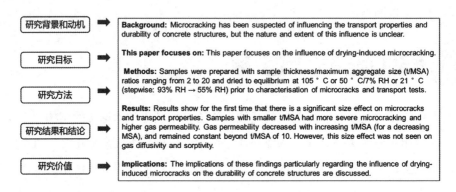

图 7.1　典型论文摘要的内容组成

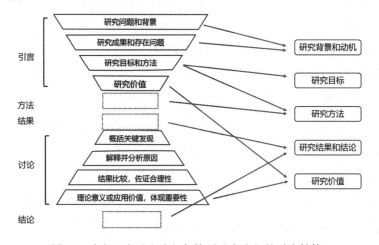

图 7.2　论文正文（左边）与摘要（右边）的对应结构

7.2.2 目标导向思维

平行阅读法的第二个科学依据来自目标导向思维。笔者认为高效阅读必须要做到有明确的阅读产出，这比盲目阅读或者抱着大目标进行阅读能更高效。

图 7.3 所示的就是阅读文献的主要应用场景：周报 PPT、开题报告、文献综述、论文写作、制定研究计划、基金书写作等。这些文档主要是基于创新的科研想法发展而来的。但据笔者调研所得，大部分同学在阅读中只做到了学习知识和理解内容，并没有系统整理和有效输出关键内容到上述文档中。虽然读了很多文献，但却并没有形成清晰的写作思路。作为一名科研人员，我们不像本科生那样只是学习知识就够了，我们还要通过阅读文献提出同行认可的创新想法并付诸实践以推进人类知识的边界。因此，文献阅读的目的要从学习知识升级为撰写特定应用场景的文档，以明确研究想法和研究思路。

图 7.3 科研人员阅读文献的主要应用场景

7.3 基于平行阅读法提炼核心内容

采用平行阅读法精读论文，是根据论文的结构化特征，将摘要和论文正文对应起来阅读，而不是按照从头到尾的顺序通读，这样就不至于阅读散乱不成体系。所谓精读，就是要细致地研读关键内容并提炼论文核心内容，以便掌握论文的关键信息。图 7.4 所示的就是精读单篇论文的主要步骤。笔者将摘要和论文正文部分用箭头对应连接，并将每一步按序号标注，下面就分步介绍如何精读单篇论文。

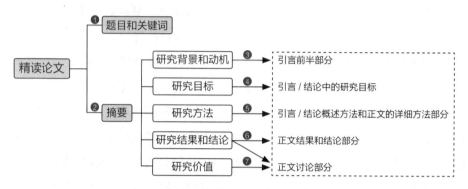

图 7.4　精读论文的主要步骤

7.3.1　平行阅读法的七个步骤

（1）题目和关键词

精读单篇论文的第一步是阅读论文的题目和关键词，这一步是为了认识研究主题。论文的题目和关键词是全文主要研究内容凝练的结果，通常会包含研究对象、研究变量、研究方法、研究目标和研究范围等关键信息。一般来说，通过分析题目包含的这些关键要素，我们能了解到论文作者的基本研究思路，初步对文章研究内容与主题有一个整体的把握。由于题目是课题想法的凝练，因此透过题目的写法和要素信息能反映出课题想法。常见的题目写法有：

① 侧重于描写研究方法，即用某种方法研究什么内容或实现某个目的，比如 SCI 论文题目 "Automatic Soil Desiccation Crack Recognition Using Deep Learning"（利用深度学习技术自动识别土壤干燥裂纹）和 "A Systems Approach to Reduce Urban Rail Energy Consumption"（一种降低城市轨道交通能耗的系统方法）。

② 侧重于描述研究成果或研究对象的主要响应变量，比如 SCI 论文题目 "Long-term Settlement Behavior of Metro Tunnels in the Soft Deposits of Shanghai"（上海软土地区地铁隧道的长期沉降特性）和 "The Metastatic Spread of Breast Cancer Accelerates During Sleep"（乳腺癌的转移扩散在睡眠中加速）。

③ 侧重于描述因素之间的影响关系或因果关系，比如 SCI 论文 "Effect of Ti-based Nanosized Additives on the Hydrogen Storage Properties of MgH_2"（钛基

纳米添加剂对 MgH_2 储氢性能的影响）和 "Effect of an In-Hospital Multifaceted Clinical Pharmacist Intervention on the Risk of Readmission: A Randomized Clinical Trial"（住院多方面临床药师干预对再入院风险的影响：一项随机临床试验）。

在理解以上课题想法思路时，我们可能会碰到不懂专业词汇或专业知识的情况。这对于科研新手来说非常常见，我们可利用本书第 6 章中介绍的学习和理解专业词汇和专业知识的方法开展调查研究，以加深对研究主题的理解。

同时，我们也可以简要分析下论文及所在期刊的基本情况，包括影响因子、分区情况、发表时间、是否是高被引论文、第一作者和所在单位等。了解这些信息有利于我们增加对论文的亲切感（比如作者是行业内熟知的大佬，单位是全球知名的大学或研究中心），更有利于后面阅读论文时保持兴趣。

（2）通读一遍摘要

第二步是通读摘要，摘要虽然篇幅不长，但所述内容结构完整，相当于是整篇论文的浓缩版。通读摘要可以基本了解论文研究的主要内容。阅读摘要时，注意提取关键信息，包括研究背景和动机、研究目标、研究方法、研究结果和结论以及研究价值。需要注意的是，大部分摘要都会包含这些部分，但有些可能会比较简略，省去研究背景和动机或者研究价值等；有些临床医学论文则比较详细，如 SCI 期刊 *JAMA Surgery*（《美国医学会外科杂志》）的论文将摘要中的研究方法细化为研究方案类型、研究场所、受试者、干预措施和主要结局变量。在我们第一次阅读摘要且没有细看全文时，难免会遇到有些部分难以理解。此时，不必要深究，只要大致理解论文的主要意思即可。

（3）研究背景和动机（为什么要研究）

通读摘要大致了解论文研究内容后，接着就要将摘要各部分的信息与论文正文对应部分的内容结合起来阅读。首先，了解论文的研究背景和动机，即明白作者为什么要研究。通常它会出现在摘要的前两句，接下来我们就应该趁热打铁跳到引言的前半部分，因为这部分也会着重描述研究背景和研究问题，综述当前关于该研究问题的研究成果和存在问题。在理解这部分内容时，要清晰整理出激发作者开展这项研究的最大动机。

（4）研究目标（要研究什么）

第四步是阅读摘要中的研究目标或研究假设，明确论文拟要回答的科学问题或要检验的假设，理解作者重点要研究什么，可以用一句话进行概括。理解目标后，我们应该立即跳到引言和结论中描写研究目标的部分。研究目标通常在引言的后半部分（最常见是在最后一段）中出现，在结论的首段也会再次概括和回顾研究目标。如果将结论写入讨论部分的最后一段，研究目标则一般会写在讨论的开头部分，这常见于临床医学论文。

（5）研究方法（怎么做的研究）

第五步是阅读摘要中的方案设计和研究思路，对应地阅读引言中的方法概述部分、正文的方法部分详解、结论中的方法概述部分，通过这四处对研究方法多角度和不同详略程度的描述，我们就可以理解作者的方案设计的类型、思路与执行步骤手段，并且可以用一到两句话进行概括作者是怎么做的研究。

（6）研究成果和结论（得到了什么）

第六步是阅读摘要的研究结果和结论描述，然后细读正文的结果和结论部分。读完这些部分，我们也就了解了文章得到了什么成果。在总结成果时，我们可以用罗列的方式呈现文章最关键的结论，暂时忽略次要的结果。

（7）研究价值（意味着什么）

最后是阅读摘要中的研究价值或研究启发部分。有些论文会用标题Implications 清晰指明，其他论文则可能只是简单提及或者直接省略。

接着，我们去阅读讨论中相应的部分，那里会有更细节的阐述。它一般出现在讨论的最后部分。也有部分论文的成果价值较为明显，于是在讨论的前半部分就分析成果带来的价值意义。这些价值意义或启发主要体现在理论意义（如理清机理）、工程/临床/政策应用、方法/技术开发和交叉研究等方面。在概括这部分内容时，一般也是和总结结论一样罗列关键要点即可。

虽然学术论文不像基金申请书那样比较强调预期研究成果带来的价值，但高水平论文往往比较重视这方面以提升研究贡献程度。低分论文则往往满足于实现研究目标，不再深入分析论文进一步的研究价值。

当完成以上 7 个步骤后，我们也就提炼完了论文的主干内容。这些内容主要就是通过回答图 7.5 中展示的 5 个问题来得到的，这也可以让读者更容易记住要概括哪些内容。这 5 个问题分别是要研究什么？为什么要研究？怎么做的研究？得到了什么？意味着什么？得到的相应答案对应的是研究目标、研究背景和动机、研究方法、研究结果结论和研究价值。

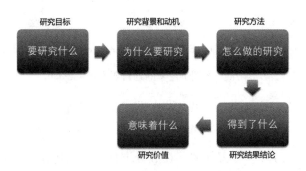

图 7.5　提炼论文核心内容要回答的 5 个问题

为了让大家更好地理解和应用平行阅读法提炼论文核心内容，下面笔者举例进行实操演示，选取了学科跨度较大的工学学科（土木工程）、医学学科（临床医学）和管理学（旅游管理）的高质量论文进行案例剖析。在开始实操前，笔者建议大家先打开一份空白的 PPT，并准备好案例论文，结合笔者的实操案例理解论文核心内容并在 PPT 中撰写总结性报告。

7.3.2　案例实操 1（工学学科）

◎ 案例 1（土木工程论文）

该案例选用 2015 年发表在土木工程建筑材料领域的顶级期刊 *Cement and Concrete Research* 上的一篇实验类论文 "Influence of Drying-Induced Microcracking and Related Size Effects on Mass Transport Properties of Concrete"（《干燥引起的微观裂缝及相关尺寸效应对混凝土质量传输特性的影响》）。

（1）题目和关键词

首先阅读这篇论文的题目，了解题目的关键要素：研究自变量、响应变量、研究对象和研究目标等。我们可以看出该题目侧重于描述自变量和响应变量之间的影响关系。结合阅读关键词，我们认识到该论文是为了弄清楚 "drying-induced

microcracking（干燥引起的微观裂缝）"及"size effects（样本尺寸效应）"对混凝土材料的"mass transport properties（质量传输性能）"的影响。

图 7.6　案例 1 论文的题目要素和关键词

通过查阅网络和论文资料，我们进一步了解到混凝土材料在干燥干预下产生了收缩进而可能导致微裂缝。这种微观裂缝虽然尺寸小（肉眼不可见），但可能会增加水分 / 有害溶液、有害气体等在混凝土材料中的传输，进而可能破坏材料的服役性能。此外，作者还考虑了样本的尺寸大小对测试结果的影响。

该论文所在的 SCI 期刊的影响因子达到 11.4（2022 年数据），在土木工程领域中名列前茅。再考虑作者单位是世界知名大学（帝国理工大学），我们初步预判该论文写作质量有一定的保证，也激发了我们深入阅读它的兴趣。

（2）通读一遍摘要

通读摘要之后，我们发现它是一篇典型的结构化摘要。我们在通读时可以划分出结构化要素，包括研究背景和动机、研究目标、研究方法、结果与结论以及研究价值，如图 7.7 所示，以此获得对研究主要内容的快速了解。

研究背景和动机：Microcracking has been suspected of influencing the transport properties and durability of concrete structures, but the nature and extent of this influence is unclear.

研究目标：This paper focuses on the influence of drying-induced microcracking.

研究方法：Samples were prepared with sample thickness/maximum aggregate size (t/MSA) ratios ranging from 2 to 20 and dried to equilibrium at 105 °C or 50 °C/7% RH or 21 °C (stepwise: 93% RH → 55% RH) prior to characterisation of microcracks and transport tests.

结果与结论：Results show for the first time that there is a significant size effect on microcracks and transport properties. Samples with smaller t/MSA had more severe microcracking and higher gas permeability. Gas permeability decreased with increasing t/MSA (for a decreasing MSA), and remained constant beyond t/MSA of 10. However, this size effect was not seen on gas diffusivity and sorptivity.

研究价值：The implications of these findings particularly regarding the influence of drying-induced microcracks on the durability of concrete structures are discussed.

图 7.7　案例 1 论文的摘要分拆

（3）步骤3到7，提炼核心内容

在初步了解完整体内容之后，我们就可以采用平行阅读法细读步骤3到7中介绍的各个部分，并在表格7.1中进行概括。

表7.1　案例1论文的核心内容

五个问题	核心内容
要研究什么？	探究样本厚度、骨料大小和它们的比值对于干燥引起的微观裂缝的影响以及微观裂缝对混凝土水气传输性能的影响
为什么要研究？	混凝土会由于干燥收缩引起微小裂缝，这种微观裂缝理论上分析可能会影响混凝土结构的传输性能和耐久性，但目前很少有研究去直接表征微观裂缝和分析它们带来的影响。同时，微观裂缝和传输性能也可能受到样本尺寸效应的影响，已有文献中并无一致性结果
怎么做的研究？	开展实验研究，设计不同样本厚度 / 最大骨料比值（2到20）的混凝土样本，让其承受不同的干燥条件，然后表征微观裂缝和测量其对样本水气传输性能（气体渗透性、扩散性和吸水性）的影响
得到了什么？	（1）样本尺寸效应对微观裂缝和水气传输性能中的渗透性有显著性影响，但对扩散性和吸水性没有显著性影响； （2）样本厚度 / 最大骨料比值越小，微观裂缝越严重，相应的气体渗透性越强
意味着什么？	（1）相比渗透性，扩散性和吸水性对实际混凝土结构更重要，但微观裂缝对它们影响较小，因此整体上微观裂缝对混凝土耐久性和服役性能影响很小； （2）渗透性是实验室测量混凝土材料性能的重要方面，由于其对微观裂缝敏感，在实验室测试和结果解读时要充分考虑样本大小和骨料大小，但由于样本厚度需要较大而导致实验测试面临挑战

7.3.3　案例实操 2（医学学科）

◎ 案例 2（临床医学论文）

案例 2 选用 2017 年发表在临床医学权威期刊 *Lancet Oncology*（《柳叶刀肿瘤》）上的一篇病例—对照研究论文 "Preleukaemic Clonal Haemopoiesis and Risk of Therapy-Related Myeloid Neoplasms: A Case-Control Study"（《治疗相关性髓系肿瘤风险与白血病前克隆性造血：一项病例—对照研究》）。由于分析思路和案例 1 类似，因此笔者重点呈现关键结果。

（1）题目和关键词

阅读这篇论文的题目，我们可以概括出如图 7.8 所示的题目要素，包含研究自变量、响应变量、研究目标和研究方案。尽管该论文没有关键词，我们也能了解到该论文是开展回顾性病例 - 对照研究以分析患者存在 "Preleukaemic clonal haemopoiesis（白血病前期克隆性造血）" 可能导致的 "therapy-related myeloid neoplasms（治疗相关性髓系肿瘤）" 的风险大小，属于研究自变量与响应变量之间的因果关系。

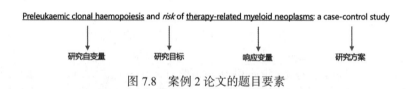

图 7.8　案例 2 论文的题目要素

如果不熟悉研究变量，我们可以在谷歌上快速检索相关概念。比如检索 clonal haemopoiesis 克隆性造血就查到论文 "Clonal Hematopoiesis and Its Emerging Effects on Cellular Therapies"（《克隆性造血及其对细胞疗法的新兴影响》），再阅读其摘要和引言部分即可明白克隆性造血是一种常见的癌前疾病。其定义为克隆衍生的造血干细胞异常扩增，携带白血病相关基因的体细胞突变。检索治疗相关性髓系肿瘤也能快速找到相关概念解释。其是在原发性疾病（通常是恶性疾病、实体器官移植或自身免疫性疾病）中进行化疗和 / 或放疗的晚期效应。于是，我们就理解了作者的主要研究内容，即如果患者已存在原发性恶性疾病，比如淋巴瘤，但其如果还存在克隆性造血的情形，可能会引起治疗相关性髓系肿瘤，增加了治愈疾病的难度。

该论文所在的 SCI 期刊的影响因子达到 51.1（2022 年影响因子），在肿瘤学领域中属于顶刊级别。这篇论文也是 Web of Science 中被认定的高被引论文，截止到 2022 年 6 月 19 日，被引量达到 180 次。再考虑作者单位是美国最大、全球知名的癌症中心（得州大学安德森癌症中心），我们初步预判该论文写作质量有一定的保证，同样也激发了我们深入阅读它的兴趣。

（2）通读一遍摘要

同案例 1，它也是一篇包含结构化摘要的论文，作者已将其划分为

Background（含研究背景和动机及目标）、Methods（研究方法）、Findings（关键结果和结论）和 Interpretation（研究价值及启发），如图 7.9 所示（由于字数多，笔者省略了部分文字）。通读一遍摘要，让我们能获得对研究内容的整体了解。

Background Therapy-related myeloid neoplasms are secondary malignancies that are often fatal, but their risk factors are not well understood. Evidence suggests that individuals with clonal haemopoiesis have increased risk of developing haematological malignancies. We aimed to identify whether patients with cancer who have clonal haemopoiesis are at an increased risk of developing therapy-related myeloid neoplasms.

Methods We did this retrospective case-control study to compare the prevalence of clonal haemopoiesis between patients treated for cancer who later developed therapy-related myeloid neoplasms (cases) and patients who did not develop these neoplasms (controls). All patients in both case and control groups were treated at MD Anderson Cancer Center (Houston, TX, USA) from 1997 to 2015)...

Findings We identified 14 cases and 54 controls. Of the 14 cases, we detected clonal haemopoiesis in the peripheral blood samples of ten (71%) patients. We detected clonal haemopoiesis in 17 (31%) of the 54 controls. The cumulative incidence of therapy-related myeloid neoplasms in both cases and controls at 5 years was significantly higher in patients with clonal haemopoiesis (30%, 95% CI 16–51) than in those without (7%, 2–21; p=0·016)...

Interpretation Preleukaemic clonal haemopoiesis is common in patients with therapy-related myeloid neoplasms at the time of their primary cancer diagnosis and before they have been exposed to treatment. Our results suggest that clonal haemopoiesis could be used as a predictive marker to identify patients with cancer who are at risk of developing therapy-related myeloid neoplasms...

图 7.9 案例 2 论文的摘要分拆

（3）步骤 3 到步骤 7，提炼核心内容

了解完整体内容之后，现在我们就可以采用平行阅读法细读步骤 3 到 7 中介绍的各个部分了，笔者在表格 7.2 中进行了概括。

表 7.2 案例 2 论文的核心内容

5 个问题	核心内容
要研究什么？	探索具有白血病前期克隆性造血疾病的原发性癌症患者发生治疗相关性髓系肿瘤的风险是否会增加
为什么要研究？	"治疗相关性髓系肿瘤"是继发性恶性肿瘤，通常是致命的，目前尚无早期诊断它的生物标志物。有证据表明，具有克隆性造血的个体患血液系统恶性肿瘤的风险增加，但克隆性造血是否可用作预测标志物以识别"治疗相关性髓系肿瘤"的风险尚不清楚
怎么做的研究？	进行回顾性病例—对照研究，比较接受原发性癌症患者接受癌症治疗后发展为"治疗相关性髓系肿瘤"患者（病例组）和未发展成继发性肿瘤的淋巴瘤患者（对照组）之间克隆性造血的发生率。运用基因分子条码测序检测癌症治疗前患者的外周血标本是否存在克隆性造血，并用靶向基因测序检测病例组的骨髓标本，分析从克隆性造血到发展为治疗相关性髓系肿瘤的克隆性演进。研究对象包括病例—对照队列（14 例病例 vs. 54 例对照）和外部队列（5 例病例 vs. 69 例对照）。该外部队列（巢式病例—对照队列）来自已完成的随机对照试验队列，他们接受了环磷酰胺、多柔比星等一线化疗治疗的干预

续表

5 个问题	核心内容
得到了什么？	（1）克隆性造血患者发生"治疗相关性髓系肿瘤"的风险显著高于无克隆性造血患者； （2）克隆性造血的存在显著增加了发生"治疗相关性髓系肿瘤"发生的风险
意味着什么？	克隆性造血可能作为早期检测"治疗相关性髓系肿瘤"的潜在生物标志物

7.3.4　案例实操 3（管理学）

◎ 案例 3（旅游管理论文）

案例 3 选用 2018 年发表在管理学学科权威期刊 *Tourism Management* 上的一篇实验类研究论文 "Trust and Reputation in the Sharing Economy: The Role of Personal Photos in Airbnb"（《在共享经济中的信任与声誉：个人照片在爱彼迎中的作用》）。其分析思路也与案例 1 和 2 类似，因此笔者重点呈现关键结果。

（1）题目和关键词

图 7.10 展示了文章的题目要素，包含研究对象、研究自变量、研究目标、研究范围和案例研究（以爱彼迎 Airbnb 为例）。再结合关键词，我们大致能猜想到论文作者是想研究共享经济平台爱彼迎上的房东个人照片及信任度和声誉对顾客购买决策带来的影响，属于研究因素之间的影响关系。不过需要注意的是，这里的自变量是信任度 trust 和声誉 reputation 而不是个人照片；题目中未提及响应变量，通过下一步阅读摘要，我们才知道响应变量是顾客的购买决策。

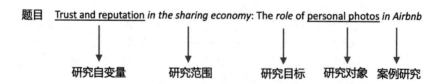

图 7.10　案例 3 论文的题目要素和关键词

如果你通过爱彼迎或国内其他网络平台提供的订房服务住过民宿房间，那么对于论文研究的大背景知识就不难理解了。如果没有这样的经历，也可以通过网络检索了解到相关的知识。爱彼迎 App 上面会提供民宿和房东的信息，其中就包括房东的个人照片和在线服务评价。该论文研究的就是它们是否会对房屋挂牌价格和顾客的购买决策产生影响。

该论文所在的 SCI 期刊的影响因子达到 12.7（2022 年数据），在管理学领域中属于顶刊级别。这篇论文也是 Web of Science 中被认定的高被引论文，截止到 2022 年 6 月 24 日，被引量已达到 616 次，可见其广受同行喜爱。

（2）通读一遍摘要

该摘要也属于结构化摘要，其内容可被拆分成研究背景和动机、研究假设、研究方法和结论。对于研究方法，作者只是非常简要地指出了是 empirical analysis（实证分析方法或经验分析方法）和 controlled experiment（控制性实验），并没有介绍操作步骤。通过这样的阅读，我们大致明白了作者通过实证分析和控制变量实验确认了研究假设，即房东的个人照片影响信任度进而影响房屋挂牌价格和顾客购买决策。但是，在线评论带来的声誉却对挂牌价格和购买决策没有影响。

研究背景和动机：'Sharing economy' platforms such as Airbnb have recently flourished in the tourism industry. The prominent appearance of sellers' photos on these platforms motivated our study.

研究假设：We suggest that the presence of these photos can have a significant impact on guests' decision making. Specifically, we contend that guests infer the host's trustworthiness from these photos, and that their choice is affected by this inference.

研究方法和结论：In an empirical analysis of Airbnb's data and a controlled experiment, we found that the more trustworthy the host is perceived to be from her photo, the higher the price of the listing and the probability of its being chosen. We also find that a host's reputation, communicated by her online review scores, has no effect on listing price or likelihood of consumer booking. We further demonstrate that if review scores are varied experimentally, they affect guests' decisions, but the role of the host's photo remains significant.

图 7.11　案例 3 论文的摘要分拆

（3）步骤 3 到步骤 7，提炼核心内容

要对整体内容进行了解，我们就可以趁热打铁采用平行阅读法细读步骤 3 到步骤 7 中介绍的各个部分，精读结果见表 7.3。

表 7.3　案例 3 论文的核心内容

5 个问题	核心内容
要研究什么？	爱彼迎上卖家的个人照片带来信任度和在线评论产生的服务声誉是否会影响消费者的购买决策

续表

5 个问题	核心内容
为什么要研究?	爱彼迎等 "共享经济" 平台最近在旅游业蓬勃发展。卖家在这些平台上展示了照片作为卖家身份识别和增加认同感的方式。已有研究聚焦于在线评论产生的服务声誉作用机制上,但从来没有分析过基于视觉的信任对在线交易的潜在影响
怎么做的研究?	首先测试了基于房东个人照片的信任和在线评论产生的服务声誉对挂牌价格的影响,对 175 个爱彼迎房源数据进行了实证分析,招募志愿者对个人照片产生的信任、房屋内在属性及在线评价声誉等因素进行线上问卷调查和打分,采用享乐价格分析(Hedonic price analysis)方法调查信任分数对挂牌价格的影响。然后又开展额外实验进行参数敏感性分析,控制在线评价声誉分为常数或作为变量去考察个人照片产生的信任对房屋挂牌价格的影响
得到了什么?	(1)信任度更高的个人照片带来更高的房屋挂牌价格。在线评论得分变化较小时,服务声誉对挂牌价格没有影响,在线评论得分引入差异会增加服务声誉对挂牌价格的影响,但依然不会消除视觉信任带来的影响; (2)至少对于爱彼迎而言,视觉信任对消费者选择的影响比服务声誉大
意味着什么?	爱彼迎的客人会通过房源和房东信息作出购买决策,共享经济平台必须了解和重视消费者会从网站上的视觉信息中进行信任推断这一现象,因此应相应地设计网站,减少潜在的个人照片带来的偏见或增加其带来的信任度

从以上 3 个学科跨度非常大的案例剖析中,我们可以看出平行阅读法在不同学科上的应用并无显著差异,因此它可以较为广泛地适用于各个研究领域的论文精读。

7.4 提炼论文结构思路并评估论文质量

通过平行阅读法可以较为快速地掌握一篇论文的核心内容,这时候我们可以趁热打铁进一步精读内容,以加深对内容的深层次理解。同时,利用本文提供的质量评估方法深入了解论文质量,也为总结研究进展和提出研究缺口奠定基础。

7.4.1 提炼论文结构思路

由于我们已经掌握了文章的主体内容,对文章不再陌生,这时就可以依托文章的各部分子结构进行阅读并同步概括各部分内容。这就需要我们较为熟悉一篇高质量论文的文章结构。虽然学科之间有一定差异,但是正文的整体结构思路大同小异,如表 7.4 所示。关于论文的详细结构思路,可参考笔者的《国际高水平SCI 论文写作和发表指南》。

表7.4 高水平学术论文结构组成（通用）

引言	方法*	结果	讨论	结论
研究背景	材料/模型/对象/基础理论	研究对象和相关变量数据变化及方法实施效果等	概括关键发现	回顾研究目标/动机和方法
研究进展及缺口	研究过程（收集已有数据/开展实验/模拟分析/理论模型分析/调查分析/现场观察等）		解释关键原因/机理	展示确定性结论
研究目标	数据分析		同行对比凸显创新和合理性	
研究方法简介			研究价值	
研究价值简介			研究不足和未来意见	

*若研究方法较为复杂和丰富，可以在介绍材料/模型/对象前，先整体概括研究方法的思路。

根据以上通用结构思路，读者们就可以结合自己所在的学科领域进行调整改写，总结出适合自己学科领域的高水平论文结构思路。比如，笔者在这里总结了临床医学学科的高水平论文的常见结构思路，如表7.5所示。

表7.5 高水平学术论文结构组成（临床医学）

引言	方法	结果	讨论
研究背景	研究设计	参与者基本特征	回顾研究与概括关键发现
研究进展	参与者	主要暴露/结局变量	解释关键原因
研究缺口	研究过程	次要暴露/结局变量	同行对比凸显创新和一致性
研究目标	统计分析		研究价值
			研究不足和展望未来
			研究结论*

*研究结论也可以单独拎出来作为Conclusion部分。

熟悉论文的常规结构和思路之后，我们就可以去论文中寻找相应的内容了。需要注意的是，由于论文写作带有一定的灵活度，以上论文结构思路可能在顺序上和主次上有部分差别。我们以7.3.3节中的高分临床医学论文为例，概括其"引言"和"讨论"部分的主要内容。通过参考表7.5的结构，我们得到了表7.6和表7.7的结果。

表7.6　案例2论文的"引言"部分

研究背景	介绍关于治疗相关性髓系肿瘤的定义、发生率和差的预后情况等。
研究进展	病因分析：暴露于化疗；高剂量化疗加自体干细胞移植；铂暴露（对卵巢癌患者）
研究缺口	目前对患者自身相关的危险因素（是否造成治疗相关性髓系肿瘤）知之甚少。更高年龄被认为会增加与治疗相关性髓系肿瘤的风险；种系多态性已被报道与疾病风险相关，但尚未证实等。总之，目前尚无早期诊断治疗相关性髓系肿瘤的生物标记物。已有文献数据表明，治疗相关性髓系肿瘤起源于先前的克隆性造血，这些患者患治疗相关性髓系肿瘤的风险增加
研究目标	本文探究具有白血病前期克隆性造血疾病的原发性癌症患者发生治疗相关性髓系肿瘤的风险是否会增加

表7.7　案例2论文的"讨论"部分

回顾研究与概括关键发现	在这项研究中，在14名后来发展为"治疗相关性髓系肿瘤"的淋巴瘤患者中，有10名在原发性癌症诊断时检测到克隆性造血。该克隆性造血可作为临床生物标志物用于早期检测"治疗相关性髓系肿瘤"
研究价值	本文验证了前人提出的假设（克隆性造血可能有利于识别发展为"治疗相关性髓系肿瘤"的风险）
解释关键原因	克隆性造血造成"治疗相关性髓系肿瘤"主要受RUNX1和TP53基因突变及更高基因突变位点的等位基因频率（VAF）影响。这使得预测评估克隆性造血的发生风险显得异常重要
与同行对比检测克隆性造血的方法	本文检测克隆性造血的发生率显著高于同行是由于检测方法更加敏感
同行对比凸显创新1	前人表明年龄大的容易发生治疗相关性髓系肿瘤，但我们发现相比克隆性造血，年龄并不是风险因素，只不过克隆性造血在老年人中更常见
同行对比凸显创新2	我们的研究支持前人数据而且有所发展：该疾病主要由TP53基因突变引起，并不是由于化疗或放疗引起，这和前人主流认识不同
研究不足和展望未来	1）对照组和外部队列均由淋巴瘤患者组成，可能无法准确反映其他类型癌症的情况。2）对照组匹配设计没有正式的匹配程序。3）使用全骨髓抽吸物对治疗相关性髓系肿瘤样本进行基因测序。因此，由于正常细胞不可避免地受到污染，基因突变位点的等位基因频率（VAF）可能无法准确反映突变的实际克隆性。4）尽管在癌症患者中使用G-CSF是治疗相关性髓系肿瘤的重要危险因素，但在本研究中无法分析这种关联
研究结论	在接受癌症治疗的原发性肿瘤患者中，可检测到的克隆性造血显著增加了治疗相关性髓系肿瘤发生的风险。未来可开展前瞻性研究验证这种临床生物标志物

通过对论文正文各部分内容的整理归纳，我们极大加深了对论文内容的理解，真正提炼了文章核心内容的同时又全面掌握了关键信息。为了让其他学科的读者也能参考论文的结构思路，笔者还总结了理工科（以土木工程为例）和社会科学（以管理学为例）的高水平论文常见结构思路，分别如表7.8和7.9所示。从中可以看出，不同学科论文的写作结构极其相似，具有共通性。

表 7.8 高水平学术论文结构组成（理工科：土木工程）

引言	方法	结果	讨论	结论
研究背景	材料 / 模型 / 对象	自变量、响应变量的变化或方法模型的实施效果等	概括关键发现	概括研究目标 / 动机、方法
研究进展	开展实验 / 模拟分析 / 理论分析 / 现场观察		解释关键原因	概括确定性结论
研究缺口	数据分析		同行对比凸显创新和一致性	
研究目标和方法简介			理论意义或应用价值	
可能提及研究价值			研究不足和未来意见	

表 7.9 高水平学术论文结构组成（社会科学：管理学）

引言	方法	结果	讨论	结论
研究背景	（概念框架理论模型及解释）*	主要假设验证的结果及其他相关变量数据结果等	回顾研究内容和概括关键发现	概括研究目标或假设、动机、方法
研究进展	研究对象		解释关键原因和分析影响因素	概括确定性结论、研究价值、未来研究建议
研究缺口	研究过程（收集已有数据 / 开展实验 / 问卷调查等）		同行对比凸显创新和一致性	
研究目标或假设、方法简介和 / 或关键结果简介	数据分析		研究价值	

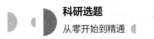
续表

引言	方法	结果	讨论	结论
			研究不足和未来意见	

* 若研究问题较为复杂，如涉及众多影响因素和概念，可在调查分析或实验之前提出概念框架理论模型。

7.4.2 评估论文质量的方法

在提炼完论文的结构思路并理解了关键内容后，我们就从中学习到了新的研究成果及其带来的新知识。但作为科研人员，我们不能仅满足于学习新知识，而且还要建立批判性思维去分析评价内容质量。只有这样，我们才能准确总结前人研究进展，剖析存在的不足或值得提升的地方。这些信息就为我们提炼创新课题方向和提出优质科研想法提供了关键素材。那么如何评估论文的质量呢？笔者建议从以下 5 个方面着手。

① 创新性和重要性；

② 结论的可预料性；

③ 研究方法质量；

④ 结果显著性和数据波动性；

⑤ 结论的可推广性。

第一项是任何论文都强调的基本要求：评价创新性和重要性，我们可以查阅前面总结出的论文核心内容并结合对全文的理解进行判断。基本思路是先看研究动机，即看作者是如何回答为什么要研究这个问题的，再看作者得到的研究结果和结论是否填补了这个缺口，最后分析取得的研究价值是否显著。

不同分区的学术期刊有不同的创新和重要性要求。高分期刊希望其发表的论文始终屹立于科学前沿的浪尖上，因此对创新和重要性要求也高。因此，我们在阅读论文时，就可以结合其所在期刊的分区和影响因子情况辅助判定创新性和重要程度。如果还是不太有把握，可以阅读本书第 8 章中提供的有关如何判断创新性和重要性大小的内容。

第二项是关于研究结论是否在预料之中。也就是说，和已有研究是否过于相似，而让同行得不到启发，只是回忆起已有知识罢了。如果一项研究的结论非常容易被我们猜测出来或推理出来，那么它一定没有解决了一个具有挑战性的课题。其对同行已建立起来的知识的推进就非常有限了，基本失去了研究贡献。例如，一篇论文研究表明环境温度高于 30 摄氏度后，人体开始感觉不舒服和烦躁。我们即便没有开展这项研究，凭借生活经验也知道这样的结论肯定是成立的。相反，如果一项研究能提供一个让我们意料之外的结论，或者验证了已有的猜想，不仅激发了我们深入阅读的兴趣，而且也建立了新知识，产生了巨大的贡献。

　　第三项是关于研究方法的质量。很多人做科研虽然有很强的创新意识，但往往忽略研究方法的重要性。从笔者对大量期刊的拒稿理由分析来看，如果论文进入送审阶段，往往是因为研究方法出现硬伤而被拒稿或者要求大修。考核研究方法质量的方面主要有研究手段强度等级、方案准确性、变量设计是否科学及排除混杂变量影响、偏倚控制、样本来源、样本量 / 样本量的检验效度、是否对比已有方法 / 材料、数据分析方法的使用、模型数据是否被验证等。针对这些方面，我们依次举例或展开说明。比如实验研究带来的证据强度等级往往强于数值模拟或回顾的已有数据，实验过程未控制其他变量而降低了方法的准确性，调研数据时未考虑年龄、性别、种族等带来的混杂影响，调查被访问者时设置的题目未考虑回忆偏倚，样本来源单一而失去代表性，未做最低样本量评估而采用了不充分的样本量或已有样本量的检验效度过低，未将开发的新算法和目前最经典或最先进的算法模型进行对比，数据分析方法过于简单而揭示不了数据背后的本质，数值仿真模型未被实验数据验证等。

　　第四项是关于评价论文的贡献程度。我们可以从结果结论的显著性和数据的波动性去分析。科研的目标是解决前人未解决的问题，解决程度有大有小。如果能彻底解决某个科研问题，这当然是每个科研人员梦寐以求的。因此，阅读同行论文时就可以从结果结论是否显著以及数据是否稳定的角度去评价一篇文章的贡献。假如一篇建筑材料方向的论文，它所研发的新材料只提升 5% 的材料性能，那明显就是结论的显著性偏低，因为实验误差可能都超过 5%，从而让结论失去了可靠性。而另一篇论文虽然提升了 200% 的材料性能，但是代表数据波动性的标准方差非常大（如误差棒的长度超过性能均值的一半）。这意味着论文的结论显著性虽然高，但是数据的稳定性太差，这也让结论失去了可靠性。

第五项是结论是否具有可推广性。比如可适用范围广，研究对象是基础材料而不是特定场景下的材料，分析的是社会普遍关注的疾病或新商业模式（如共享经济），调查对象来自于多国家、多地区或多单位（如病例来自多家医院）等。为什么我们要强调高质量论文具有可推广的研究结论呢？这背后是由研究的本质决定的。如果读者们熟悉科研数据的统计分析，就知道课题研究分析的是总体中的样本数据。基于实际、经济等成本考虑，我们不太可能调查总体中的所有个体。为了让样本数据更能反映总体的真实情况，基于样本数据的结论就应该适用于总体中的其他未采样分析的个体，这就意味着结论要有可推广性。而如果研究结论只能适用于特定场景、材料或人群，就变成了案例研究，影响力也就小了。正如医学顶级期刊 *The Lancet* 时任主编 Richard Horton（理查德·霍顿）在一次接受采访中提到，学者应选择真正与人类健康息息相关、影响到大规模人群的选题。

◎ 案例分析

下面笔者以临床医学顶刊论文 "Preleukaemic Clonal Haemopoiesis and Risk of Therapy-related Myeloid Neoplasms: A Case-Control Study" 为例开展文章核心内容的质量评估。

质量评估 1：是否有创新性和重要性？

从研究缺口中可以看出"治疗相关性髓系肿瘤"通常是致命的，目前尚无早期诊断它的生物标志物。虽然有证据表明具有克隆性造血疾病的个体发生血液系统恶性肿瘤的风险增加，但它是否可以作为预测标志物尚不清楚。该论文在统计学意义上首次证实克隆性造血可作为早期检测"治疗相关性髓系肿瘤"的潜在生物标志物，为开展临床早期诊断提供了重要思路，因此精准填补了研究缺口，显示出较大的创新和重要性。虽然称不上原始研究，但在当下强调循证医学证据的情况下，该研究满足了顶刊对较大创新性的要求。再者，在 2021 影响因子高达五十多分的权威期刊上发表的论文，其创新性和重要性也绝不会低。

质量评估 2：结论是否在预料之中？

我们从表 7.2 和表 7.6 的研究缺口部分可以看出，目前有一系列相关因素，如年龄、化疗和放疗引起基因突变等都可能造成"治疗相关性髓系肿瘤"，这使得我们不好判断背后的真正病因。而本文研究结论排除了其他因素，确认了在原发性癌症患者中存在的克隆性造血（在放化疗之前就已存在）显著增加了治疗相关性髓系肿瘤发生的风险，因此结论并不好预判。

质量评估 3：研究方法质量

从论文的研究方法来看，论文采用回顾性病例－对照研究，是一种循证医学等级强度中等的研究方案。然而，这样的研究手段匹配论文的研究主题，因为克隆性造血是一种癌前疾病，不能作为一种在前瞻性研究中可施加的干预措施，因此该论文只能采用回顾性研究，再考虑真实临床环境中的病例数较少，论文也就只能考虑病例－对照研究了。总之，虽然回顾性病例－对照研究循证医学等级强度不高，但是是研究课题最适合的研究手段。此外，论文采用先进的基因分子条码测序和靶向基因测序，能敏感地检测克隆性造血疾病和开展克隆性演进分析。最后，病例筛选自全美最大、全球知名的癌症中心的 1997 到 2015 年的病例库中，保证了病例的代表性。作者也计算了已有病例数量产生的 power 效度，满足统计学分析要求。

质量评估 4：结果显著性是否足够大和数据波动性是否足够小？

从研究结果中，我们可以看出有克隆性造血的患者在 5 年内"治疗相关性髓系肿瘤"的累积发病率（30%，95% 置信区间为 16%—51%）显著高于无克隆性造血的患者（7%，95% 置信区间为 2%—21%；p=0.016）。在外部队列中，相应的累积发病率分别为 29%（95% 置信区间为 8%—53%），也显著高于无克隆性造血患者 0%（0%—0%，p=0.0009）。由两组队列的累积发病率对比来看，研究结果显著性较大；从 95% 置信区间来看，大部分数据的稳定性也在可接受范围内。

质量评估 5：结论是否具有可推广性？

病例—对照队列中的病例是从得州大学安德森癌症中心所有的 4 万名病人中筛选出来的，使得数据具有较强的代表性。为了减少偏倚干扰，作者又从之前已完成的一个随机对照试验队列中额外选取了一个巢式病例－对照队列。两个队列研究结果一致，都指明具有克隆性造血疾病的癌症患者发生治疗相关性髓系肿瘤的风险在显著增加。此外，研究的疾病是治疗相关性髓系肿瘤，是原发性疾病

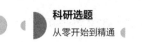
基础之上发生的二次恶性疾病总称，并不局限于单一肿瘤，因此代表的肿瘤类型较广，能影响到较大人群，使得该论文研究结论的可推广性较强。

7.5 构建文献知识体系

以上我们就完成了对一篇论文的快速阅读和深入总结。然而，这还只是一篇论文的精读和吸收，在实际文献调研中，我们绝不可能只阅读一篇文献。对于科研新手来说，为了了解研究方向和选题，阅读几十篇论文也是非常常见的。从内容理解角度看，阅读一篇文章只能窥探一个研究方向的冰山一角，犹如只接触到了表面的零散内容。

那么如何最大化利用好多篇论文的阅读成果呢？或者说，最大化吸收阅读成果以达成不同的文献阅读目的呢？这就是本节中笔者想传递给大家的，通过构建知识体系来总结不同文献的科研成果，更加全面、深入地了解课题方向。如果精读一篇文献只是窥探研究方向的冰山一角，那么总结出知识体系或许就能离水底的大千世界更近一些，更有可能得到新的发现，比如明确了同行研究进展，挖掘出了研究缺口，也就较为自然地提炼出优质科研想法。

7.5.1 构建文献知识体系的基本思路和操作步骤

在第 7.4 节中，我们已经介绍了如何提炼一篇论文的结构思路，也进行了案例展示。现在，我们就可以以它为基础素材构建知识体系了。我们的基本思路是以第一篇文章结构思路中的核心内容为出发点，不断叠加第二篇、第三篇文章的核心内容，直到形成充分知识内容以达成我们构建知识体系的目的，比如提炼课题想法。这应该是我们开展深入文献调研的最大目的了。

正如笔者在这章开头所强调的，阅读文献容易造成散乱。而有了总结了不同文献核心内容的知识体系后，我们在阅读时就形成了一条覆盖一项科研成果各方面核心内容的主干线，不断叠加新文献内容时就不容易失焦。如图 7.11 左边所示，如果是零散阅读，即便阅读再多的论文，吸收的知识点也不会累积增加，而右边所示的就是形成知识体系后去阅读论文并不断积累内容、深入理解内容。伴随着阅读的深入，我们也会越来越聚焦文章的某部分内容，比如刻意在论文"结果"部分中寻找某个干预变量对某个结局变量的影响数据。这样做,吸收内容的速度就会很快,也就更接近我们的阅读目标了。

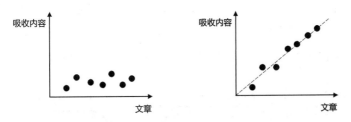

图 7.11　零散阅读与构建文献知识体系阅读的差别

鉴于知识体系类似于思维导图,笔者建议借助 XMind 等脑图分析工具来构建文献知识体系图,总共包含 8 个方面,如图 7.12 所示。其基本操作步骤是:

① 聚焦某个感兴趣的研究方向内一个待解决的科学问题,整理出围绕它的第一篇论文的关键内容,包含研究动机、研究目标、研究方法、研究结论、研究价值、局限性和未来研究想法。前五个方面的内容基本来自论文本身内容的凝练,后两个方面即局限性和未来研究想法则是在论文作者本身的总结上进行适当延伸和扩充。毕竟有些论文的局限性或不足并不止作者在论文中总结的部分,一些论文则可能未提及任何未来研究想法。这两部分内容的概括和扩充较为困难,不过随着文献阅读的深入,我们看待问题会更犀利,也会冒出更多未来研究想法。在总结完论文作者对未来研究的建议后,我们再综合考虑论文的局限性就可以拓展出属于自己的选题建议。

② 围绕同一个待解决的科学问题,再精读第二篇论文,同论文 1 一样概括出论文的关键内容整合到上述的知识体系图中。随着第二篇论文的加入,我们会积累更多更深入的知识,也就更容易概括出论文的局限性和提出未来研究想法。关于如何提炼优质科研想法,笔者将在本书第 8 章进行详细论述。阅读完两篇高度相关的高质量论文之后,我们再继续阅读更多的论文。这时候,由于较为熟悉相关的研究内容,我们就可以开展泛读以加快阅读速度。

需要注意的是,有些科学问题可能被作者完全解决了,这时候也就很难再提未来研究想法了。但即便如此,我们也学习到了很多知识,非常有利于我们去调研其他待解决的科学问题。大家可不要担心没有其他科学问题,只要善于运用发散性思维，在圈定的某个研究方向中，往往有多个值得解决的科学问题。此外，我们在调研完某个科学问题的相关解决方案和成果后，可能没有兴趣进一步研究或者不具备相应的条件去开展科研。这时，我们就得再总结第二个科学问题，并按照上述两个步骤再次进行文献阅读并总结知识体系，直到达成我们的阅读目的，比如找到适合自身研究的课题想法或适合解决某个问题的研究方案。

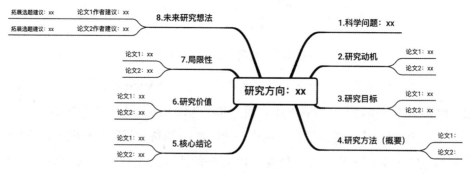

图 7.12 构建文献知识体系

正如 7.3 节中笔者强调高效阅读要有明确的阅读产出。通过构建阅读文献的知识体系，我们可以输出不同形式的科研报告，除了周报 PPT 只要总结出单篇论文的核心内容（主要包含科学问题、研究动机、研究目标、研究方法、研究结论、研究价值和局限性）外，其他报告如开题报告、研究计划、基金申请书、文献综述和论文都需要我们阅读并总结多篇论文的核心内容。例如，开题报告、研究计划和基金申请书都非常强调提炼优质的科研想法，设计科学的研究方法。这两部分内容可以分别从文献知识体系的第 8 项和第 4 项中获得素材或得到启发。对于撰写综述论文，则需要大量文献的阅读和总结。这时候，文献知识体系就会变得比较庞大，以方便我们系统总结过去、分析当下和预判未来。当撰写原创论文的各个部分时，也可以同样应用文献知识体系。比如撰写引言时，需要系统总结前人研究成果以便明确研究动机和确定研究目标；撰写方法部分时，则需要熟悉同行研究方法以便参考使用或进行优化创新。总之，文献知识体系在科研活动的不同阶段中，都扮演着提供内容素材或启发思路的重要角色。为了让读者更好地实操文献知识体系的构建方法，笔者下面进行案例分析。

7.5.2 案例分析

假设我们的研究方向是关于中药治疗降低痴呆风险的研究，聚焦于探究中药是否能降低不同人群痴呆风险的科学问题。在 Web of Science 核心合集数据库中，我们于 2022 年 7 月 2 日通过检索文献标题中含有关键词 "traditional Chinese medicine"（中药）和 "risk of dementia"（痴呆风险）共找到 3 篇 SCI 论文：论文 1，Association of Traditional Chinese Medicine Therapy and the Risk of Dementia in Patients with Hypertension: A Nationwide Population-Based Cohort Study（中药治疗与高血压患者痴呆风险的相关性：基于全国人群的队列研究）；论文 2，Decreased Risk of Dementia in Migraine Patients with Traditional Chinese Medicine Use: A Population-Based Cohort Study（中药治疗偏头痛患者导致其痴呆风险的降低：基于人群的队列研究）；论文 3，Association Between Traditional Chinese Medicine and a Lower Risk of Dementia in Patients with Major Depression: A Case-Control Study（中药与重度抑郁症患者痴呆风险降低的关系：病例—对照研究）。它们分别针对高血压患者、偏头痛患者和重度抑郁症患者。

通过平行阅读法阅读以上 3 篇论文，并通过提炼论文的结构思路，我们总结出了如图 7.13 所示的文献知识体系。可以看出三篇文献研究思路类似，分别展示中药对高血压患者、偏头痛患者和重度抑郁症患者的临床益处。结合 3 篇文章的局限性或作者提出的未来研究想法，我们得到了 3 点未来研究的启发，分别是：

① 选题建议 1：采用前瞻性研究（前瞻性队列和随机对照试验）探究中药是否能降低高血压患者痴呆风险（其他地区、不同人种、考虑更多影响因素）。

② 选题建议 2：采用前瞻性研究（前瞻性队列和随机对照试验）识别中药成分或中医疗法（针灸和推拿）对预防偏头痛患者患痴呆症的影响，考虑性别差异。

③ 选题建议 3：采用前瞻性研究（前瞻性队列和随机对照试验）分析中医对重度抑郁症患者的影响；调查散气活血药方降低重度抑郁症患者痴呆风险的作用机制。

由于本章聚焦于文献阅读方法的指导，以上只是笔者的初步意见。如何提炼课题想法及详细操作将在下一章节中详细展开。

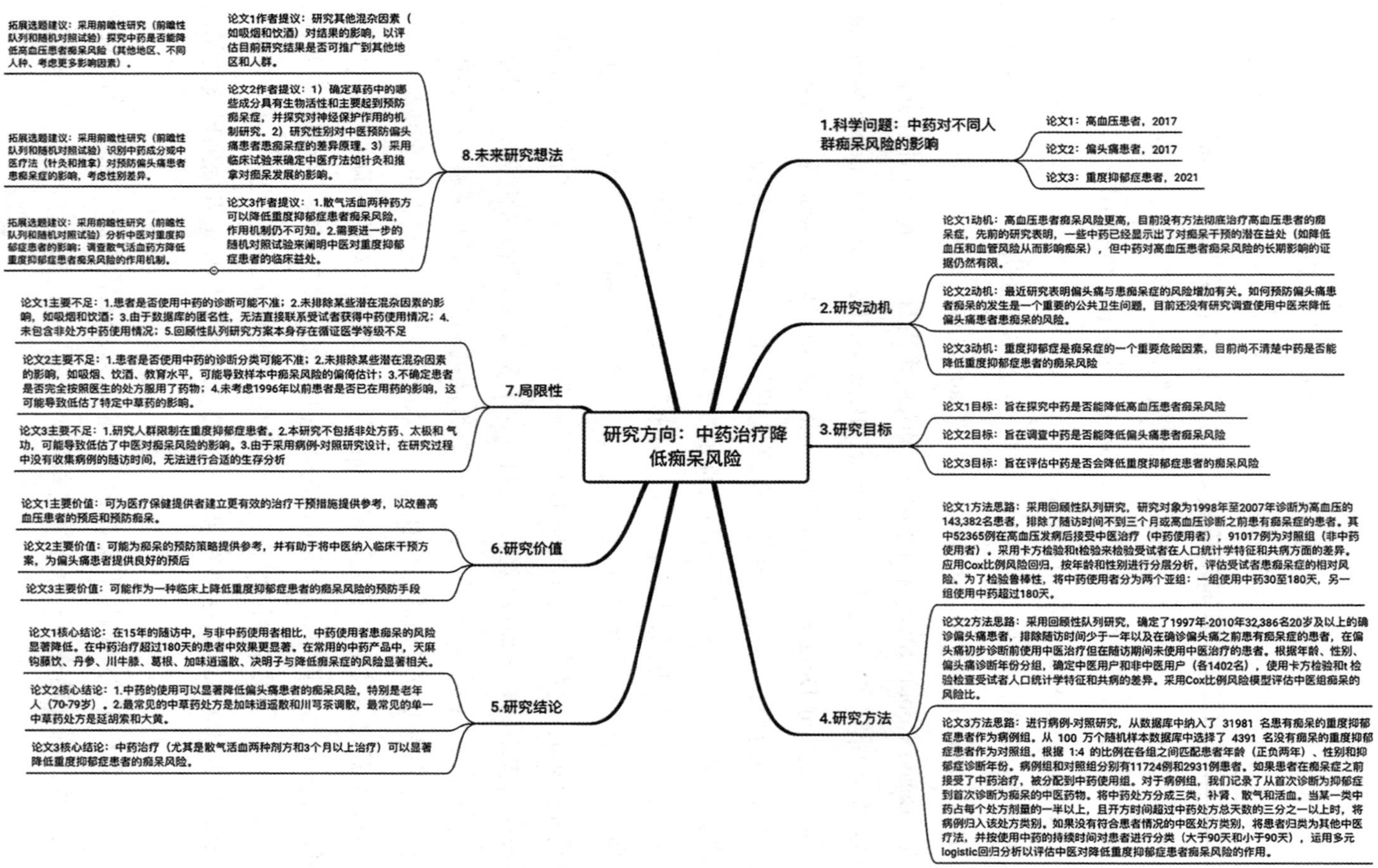

图 7.13 文献知识体系的应用案例

习 题

1. 阅读论文也要了解论文作者在写论文时的思考逻辑，以下底层逻辑中不恰当的是（ ）。

A. "通过论文表达思想"：一篇文章必有作者想重点传递的一个中心意思

B. "高分论文必定完美"：能发顶刊的高分论文一定是完美无瑕的，没有值得指正讨论的地方

C. "参天大树，始于树苗"：高质量论文具有丰富而深入浅出的内容，是作者从文章主干拓展枝叶内容而成

D. "天使战胜魔鬼"：尽管一篇论文有各种优点，但它也可能存在一些瑕疵。作者往往会更加强调文章优点而隐藏或弱化文章不足带来的影响。

2. 为什么绝大多数学术论文的摘要和正文都存在标准化的结构？以下分析不合理的是哪个？（ ）。

A. 易于读者阅读和理解，从而让读者专注在内容上，也让期刊主编一眼辨识规范化写作，迅速抓住文章要点

B. 科研过程一般始于观察现象，提出科学问题，制定假设，设计实验或其他方式收集数据验证假设直到通过为止，最后下结论作出判断是否解决了科学问题。标准化文章结构思路匹配以上科研过程，逻辑性强，更有说服力

C. 期刊为了照顾科研新手缓解阅读文献的困难，强制要求设置标准化结构

D. 让写作更加有条理，论文核心思路清晰可见，易于作者不断修改内容

3. 利用平行阅读法快速获取论文核心内容，等效于回答以下哪5个问题？（ ）。

A. 要研究什么？　　　　　　　　B. 为什么要研究？

C. 论文创新在哪里？　　　　　　D. 怎么做的研究？

E. 得到了什么？　　　　　　　　F. 意味着什么？

4. 评估一篇论文的核心内容的质量时，以下哪一项没有必要？（ ）。

A. 图片的漂亮程度　　　　　　　B. 研究方法质量

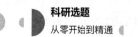

C. 结果显著性和数据波动性　　　　　D. 创新性和重要性

5. 关于构建文献知识体系的描述中，不合理的是哪项？（　　）。

A. 利用 XMind 脑图分析工具构建文献知识体系

B. 文献知识体系有利于从第一篇论文开始就叠加积累阅读成果，让阅读更有序和更有收获

C. 阅读更加聚焦，不容易思路分散

D. 增加了阅读工作量，还不如省下时间多读几篇论文

参考文献

第 7 章参考答案

[1]　CHEN K H, YEH M H, LIVNEH H, et al. Association of traditional Chinese medicine therapy and the risk of dementia in patients with hypertension: A nationwide population-based cohort study[J]. BMC Complementary and Alternative Medicine，2017, 17(1): 178.

[2]　ERT E, FLEISCHER A, MAGEN N. Trust and reputation in the sharing economy: The role of personal photos in Airbnb[J]. Tourism Management, 2016(55): 62-73.

[3]　LIU C T, WU B Y, Hung Y C, et al. Decreased risk of dementia in migraine patients with traditional Chinese medicine use: A population-based cohort study[J]. Oncotarget, 2017, 8(45): 79680-79692.

[4]　LIN S K, WANG P H, HUANG C H, et al. Association between traditional Chinese medicine and a lower risk of dementia in patients with major depression: A case-control study[J]. Journal of Ethnopharmacology, 2021, 278: 114291.

[5]　TAKAHASHI K, WANG F, KANTARJIAN H, et al. Preleukaemic clonal haemopoiesis and risk of therapy-related myeloid neoplasms: A case-control study[J]. The Lancet Oncology, 2017, 18(1): 100-111.

[6]　WU Z, WONG H S, BUENFELD N R. Influence of drying-induced microcracking and related size effects on mass transport properties of concrete[J]. Cement and Concrete Research, 2015, 68: 35-48.

如何高效提炼课题方向和科研想法

在当今中国，科技创新已成为国家发展的战略，支撑起国家的发展。作为科研人员的我们，一定能感受到这股强大的推动力。如果你还是一位富有科学精神并全身心投入科研的研究人员，一定迫不及待想开展伟大创新的课题项目。不过光有理想抱负还不行，我们还得有能力构想出行业前沿有科学意义的创新想法并付诸实践。

有了课题想法，我们就可以制定研究方案，然后开展数据收集和分析，最后整理成学术论文或研究报告。这是一个相对漫长的过程。在笔者看来，这个过程最关键的并不在于后期的数据分析和论文写作，而在于前期的选题和研究方案设计。本章聚焦的内容就是如何高效提炼优秀的科研想法（或者称为金点子）。经过前面章节的系统介绍，我们具备了检索和阅读文献的关键思维、知识和技能，为掌握本章讲解的如何确定课题方向和提炼科研想法奠定了坚实基础。

在本章中，笔者将首先介绍课题研究的顶层设计思路，并聚焦于提炼优秀科研想法的通用方法。但是，由于不同学科有不同的学科特色和认知规律，提炼想法的具体方式略有差异。考虑到本书读者来自各个不同的学科，笔者通过提炼方法本质和设置不同研究领域的案例进行讲解。本章所传授的提炼想法的方法经过笔者本人的验证，在构思博士课题的研究计划、设计论文想法、撰写基金申请书等多个实践环节中均得到了有效应用。笔者希望能给广大研究生和科研人员分别在研究生课题开题和撰写基金申请书或研究计划时一些启发。

8.1 课题研究和提炼科研想法的顶层设计思路

8.1.1 课题研究的顶层设计思路

在提炼具体的科研想法之前，需要建立起整体思路和流程以开展科研项目，从而在全局上把握课题方向，提高科研效率。要想研发出优质的科研成果，往往需要攻克有难度甚至挑战性极大的课题。而想做好整个课题，就得管理好整个流程，否则在关键环节出错都可能功亏一篑，得不到期望中的科研成果。

在工程项目设计和施工中，往往需要有顶层设计和全局思维，课题研究也是如此。图 8.1 给出了开展一项研究所必备的顶层设计思路。其始于确定研究大方向和关键研究问题，再深入分析已有国内外研究进展以挖掘出研究缺口，并深入问题本质去提炼科学问题，进而提出研究假设或目标，这完成了提炼一个优秀想法的顶层设计。有了具体课题想法之后，接下来就是设计研究方案和收集数据了。无论是开展实验、模拟还是观察分析，都需要明确操作步骤、材料或设备或参与者、数据测量记录和统计分析方法。利用收集到的数据，我们就可以开展数据分析，整理关键研究结果了。最后，我们要对结果进行深入讨论和分析，并作出明确的结论判断。我们来看两个案例。

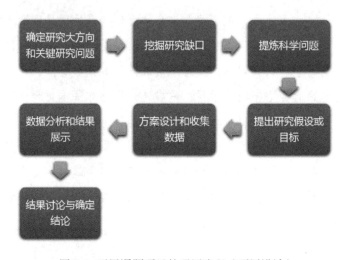

图 8.1 开展课题项目的通用流程（顶层设计）

◎ 案例1　临床医学

笔者在临床医学论文（《柳叶刀肿瘤》2017 年 18 卷第 1 期 100–111 页）中提炼出开展相应课题的关键步骤设计或结果内容，展示在表 8.1 中，以便让大家更好理解如何开展一项研究的顶层设计。

表 8.1　某临床医学课题的顶层设计步骤和相关内容

关键步骤	设计或结果内容
确定研究大方向和关键研究问题	血液肿瘤中的"治疗相关性髓系肿瘤"及其病因
挖掘研究缺口	目前，有各种猜测因素造成"治疗相关性髓系肿瘤"，但无可靠性强的证据或生物标志物
提炼科学问题	原发性淋巴瘤患者发生"治疗相关性髓系肿瘤"的病因或风险因素有哪些
提出研究假设或目标	克隆性造血疾病是淋巴瘤患者发生"治疗相关性髓系肿瘤"的风险因素
方案设计和收集数据	开展病例—对照研究，分别统计淋巴瘤患者又得"治疗相关性髓系肿瘤"的病人和淋巴瘤患者未得"治疗相关性髓系肿瘤"的病人其治疗前有克隆性造血疾病的人数，计算比值比 OR 值
数据分析和结果展示	采用卡方检验和 Mann-Whitney U 检验评估差异，Fine-Gray 比例风险模型分析"治疗相关性髓系肿瘤"与其他变量之间的关系。得到结果：（1）克隆性造血患者发生"治疗相关性髓系肿瘤"的风险显著高于无克隆性造血患者；（2）克隆性造血的存在显著增加了"治疗相关性髓系肿瘤"发生的风险
结果讨论与确定结论	克隆性造血疾病可能是淋巴瘤患者发生"治疗相关性髓系肿瘤"的生物标志物

◎ 案例2　岩土工程

该案例展示的是某工科岩土工程课题的关键步骤内容（参考自《隧道和地下空间技术》2022 年 122 卷 104398 页），展示在表 8.2 中。

表 8.2　岩土工程课题的顶层设计步骤和相关内容

关键步骤	设计或结果内容
确定研究大方向和关键研究问题	深隧道开挖的岩爆特征分析和预警方法的开发

续表

关键步骤	设计或结果内容
挖掘研究缺口	在软硬交替地层的深隧道中,岩爆的发育规律和机制尚不清楚,因而极难预测岩爆的发生
提炼科学问题	如何基于在软硬交替地层上建造的深隧道中发生的微震特征做岩爆预警
提出研究假设或目标	以 Neelum-Jhelum(NJ) 水电工程为例,研究在软硬交替地层上建造的深隧道中发生的微震特征,并利用这些数据来预警岩爆的发生
方案设计和收集数据	使用微震 (MS) 监测技术监测 NJ 水电工程中的微震活动,提取不同时间的 MS 参数,并将其关联到岩爆事件
数据分析和结果展示	分析了 6 个常见的 MS 参数:累积 MS 事件数、累积 MS 能量、累积 MS 表观体积、日内 MS 事件数、日内 MS 能量和日内 MS 表观成交量。得到结果例如(1)在不同岩性中发生的 MS 事件的数量及其能量随所涉及的岩性发生显著变化;(2)使用与所涉及的岩性相对应的 6 个 MS 参数的正确阈值,实现正确的岩爆预警
结果讨论与确定结论	(1)随着岩爆在隧道中的发展,观察到了特征性的微震变化;(2)不断变化的岩性(在软硬地层之间交替)影响不同 MS 参数随时间演变的方式,从而影响岩爆发展所涉及的压裂机制;(3)研究了 6 个 MS 参数的阈值,这些阈值和参数可用于创建砂岩和粉砂岩中是否会发生岩爆及不同强度岩爆的预警系统

8.1.2　提炼科研想法的顶层设计思路

提炼科研想法是本章的重点,因此我们再进一步分析下它的顶层设计思路。可以说,科研想法在整个科研项目中,起到金字塔塔基的作用,只有确定了它,才能奠定研究方案设计的基础,乃至后续顺利开展实验操作和数据分析。科研想法又像是海上灯塔,为设计研究方案指明了方向并确定了关键要素(如研究对象)。有了明确的科研想法和研究方向,后续的实验操作、调查分析、数据分析等关键科研过程就有章可循(具备相对固定的操作流程),难度也就大大下降。

科学家已经发现大脑皮层的额叶和顶叶区域的功能连接模式与人类的创新能力有关,其功能连接强度越高,创新力就越强。然而大脑功能连接网络极其复杂,我们目前难以直接通过对它的分析来指导大脑高效诞生科研想法。另一方面,尽管全球每天都有大量学术论文产生,我们却不能通过阅读它们了解作者得到奇思妙想的渠道,大多数情况下,论文作者只是呈现成熟的想法以及背后的研究动机,他们不会告诉我们这个奇妙的想法来自学术会议上同行的直接告知,或是某个现象的启发，抑或是从其他渠道偷听而来。总之，提炼科研想法并不是一个简单直接的过程，而是一个高度发挥创新力的复杂过程。

科研想法的提炼不能一蹴而就，很多想法在诞生之初并不成熟，只有一个粗糙的思路，最后可能由于各自原因和限制无法落地而成为课题想法。这就需要我们不断发展和完善这些初步的想法，直至形成一个成熟的高质量科研想法。图8.1 的前 4 个步骤就是提炼课题想法的四大关键环节。为了得到一个具有可执行性、能落地的优秀想法，我们需要不断打磨这 4 个步骤。宁愿前期在它们身上多花些时间去精雕细琢，也不要在将来撰写论文或基金放榜时，因为结果不符合预期抱头痛哭当初的选题怎么这么糟糕。

我们来看一个具体案例。某研究人员聚焦于研究共享经济中的视觉信息方向（研究大方向和关键研究问题），在深入观察和调研文献后发现，虽然爱彼迎等"共享经济"平台上出现大量卖家个人照片，但是它们对顾客购买决策的影响及影响机制尚不清楚（研究缺口）。于是，该研究者提出了科学问题：个人照片是否是影响消费者购买决策的重要影响因素？并给出了研究假设：爱彼迎上卖家的个人照片会带来信任度从而影响消费者的购买决策。

8.1.3　研究生选题直接来自导师或独立选题分析

对于某些研究生来说，他们的导师会直接指定研究课题，这时候就省去了自我提炼想法和与导师多次商定的繁琐工作。同时，由于导师比较确定课题想法的价值和可行性，学生就能迅速开始具体的科研工作，也就比较容易在短期内出成果。这些课题想法一般来自导师的基金项目或之前研究成果的延伸拓展，想法质量得到保证。

然而，以笔者多年科研经验来看，开展自我文献调研和提炼想法不仅有利于自己深入了解课题背景、研究进展等细节信息，而且有利于掌握必要的科研技能和思维以成长为一名独立的科研人员。有人说，我只是想尽早毕业参加工作，并不打算以后继续从事科研工作，那还有必要花这么大精力去修炼独立科研能力吗？其实世界上很多事物都是相通的，科研与工作也是。在提炼课题想法的过程中，我们能习得诸多技能，练就多项能力，比如快速且深入的信息检索技巧、英文材料阅读总结、创新点的提炼、逻辑思辨、报告撰写与汇报。这些都可以为你

未来参加工作后脱颖而出和升职加薪提供重要保障。当下正处于数字智能时代，越来越多的工种正在被或者将被机器人替代。许多工种也成为了创意类工作，比如咨询顾问、产品设计等。如果我们有独立调研和提炼想法的能力，这些工作就会变得更加简单，甚至让你游刃有余。笔者自身就是一个很好的例子。在掌握了本专业方向的科研思维和技能后，笔者将其拓展优化，最终应用在多学科的科研指导工作中。

此外，即便导师指定了具体的研究课题，也不一定完全明确了研究的各个子目标。他可能只告诉一个总的研究目标，需要你自己去提炼具体的创新想法以达成总目标（一般来说，一项博士课题包含一个总目标和 3-5 个子目标）。总的来说，在科研活动中，养成独立科研的工作习惯和形成独立开展选题的能力至关重要。

8.2 确定研究大方向和关键研究问题

这里所说的研究大方向是指所在专业方向上的某个研究领域，比如工学（一级学科）中的电气工程专业（二级学科）的电机与电器（三级学科）方向的某个研究领域，或是医学（一级学科）中的临床医学专业（二级学科）的肿瘤学（三级学科）方向的某个研究领域。由于这样的研究领域还是比较宽泛，还不确定要具体解决哪个关键研究问题，也就不能直接作为某项研究课题，因此笔者将其定义为研究大方向。所谓确定研究大方向和关键研究问题，就是在具体提炼创新想法前，先大致圈定研究范围，确定整体科研方向。

对于刚入门科研的新手来说，其导师可能不会给出研究大方向，而是让他们自己去找出研究方向、确定关键研究问题，并在此基础上开展选题。而如果足够幸运的话，导师会给出一个研究大方向，顺着这个方向再去缩小选题范围，就容易多了。如果你是博士刚毕业，开始博后或讲师工作前，很可能需要自己确定研究方向，而这个方向可能和自己博士研究方向不一致。对于已经有一定科研成果的科研人员来说，虽然在自己研究方向上有所建树，但为了拓宽研究方向或抓住发展机遇，可能也需要重新选择研究大方向或交叉方向。

8.2.1　基于科研价值赛道的选题模型

在选题时，我们肯定非常关心课题的研究价值，毕竟一个科研想法只有体现出价值，才有研究的必要性。研究价值主要取决于主题/方向的重要性和想法的创新性。若研究方向不被国内外同行认可，即便再创新的想法也很难带来影响力。基于此考虑，笔者提出了一个用于选题的科研价值赛道概念模型用于选题，如图 8.2 所示。

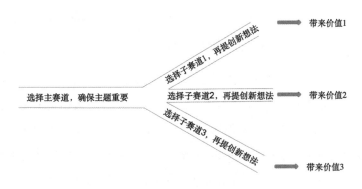

图 8.2　基于科研价值赛道的选题概念模型

在该概念模型中，首先选择自己的研究大方向，即主赛道，然后再确定细分子赛道（关键研究问题），最后提炼具体的科研想法。走通主次赛道后，如果研究方案执行得好，就大体决定了研究结论带来的价值。

图 8.3 展示了一个模型案例。假如我们选择"非酒精性脂肪肝的中药治疗"为研究主赛道，并选择赛道 2：作用机理为细分赛道构成研究主题：非酒精性脂肪肝的中药治疗的作用机理。由于该研究方向偏向于机理研究，因此带来的未来研究价值主要体现在理论认知层面，即揭示某个临床现象的本质，加深理解理论层面的科学知识，为解决疾病提供新理论支撑。如果国内外同行迫切想了解中药治疗非酒精性脂肪肝的内在机理，那么这种新知识的价值就比较凸显出来了。除了赛道 2，我们还可以根据自己情况选择其他赛道，比如中药治疗效果（赛道 1，主要带来临床应用价值），治疗的预后分析（赛道 3，主要带来临床应用价值）以及药物研发及改进（赛道 4，主要带来方法/材料改进的价值）。

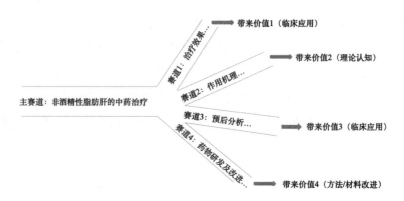

图 8.3　研究主题的价值赛道概念模型案例

　　每个子赛道方向也可能同时包含理论认知、实际应用等研究价值。比如来自世界名校加拿大麦吉尔大学和美国莱斯大学的高被引综述论文就总结出当下"基于机器学习的地震工程研究"主赛道包含了 4 个子赛道研究方向，分别是① 地震危险性分析（seismic hazard analysis）；② 系统识别和损伤检测（system identification and damage detection）；③ 地震易损性评估（seismic fragility assessment）；④ 结构减震控制（structural control for earthquake mitigation）。这些方向对加深理解地震危险性、作用机制和发展背后的抗震减震设计方法都有重要的价值。

　　在介绍完主次赛道的概念模型后，相信大家已经迫不及待想知道如何确定研究主题的主次赛道？或者说想知道研究课题方向的来源渠道有哪些？这主要有以下 3 种途径：

8.2.2　来源 1——文献分析

　　上述关于"非酒精性脂肪肝"的选题其实来自于对文献的大数据分析，这就是笔者推荐的第一种用于获取研究大方向的方法。

　　该方法利用 CiteSpace 软件开展对大量文献数据的聚类分析，以此获得相似研究主题的频次分布，排在前面的主题就是热点主题。其具体操作流程可参考本书第 9 章第 9.6 节：文献分析工具 CiteSpace 的安装及使用流程。上述"非酒精性脂肪肝"研究大方向就是利用 CiteSpace 对 *Clinical Medicine Journal*（《临床医学期刊》）近 3 年所有论文的题目和摘要信息进行文本分析后，得到的数个研究热点之一。通过在知网中检索，我们也发现"非酒精性脂肪肝"的相关论文在2019年开始迅猛增加。

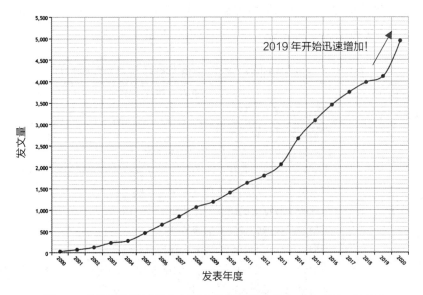

图 8.4　非酒精性脂肪肝在知网文献数据库中的分布（2000—2020）

至于上述选题为什么结合中药进行研究，主要是因为中药是国家战略方向，如国务院在2016年2月发布了《中医药发展战略规划纲要（2016—2030年）》，中药研究迎来了发展的春天。因此，主赛道的选择可考虑国家战略或行业发展方向，这可以从"十四五"规划和2035年远景目标纲要、中国科学院和科睿唯安每年联合发布的《研究前沿》、中国工程院每年发布的《全球工程前沿》、中国科协的"十大前沿科学问题"、国家或省自然基金指南、国内外权威会议征文、知名大学战略发展规划等国家或行业政策文件或研究报告中了解到各大领域中的前沿研究方向。例如，我们从"十四五"规划和2035年远景目标纲要中了解到低碳工业/建筑/交通等低碳转型研究、高端芯片和智慧医疗等数字技术关键领域都是目前炙手可热的科研主赛道方向。笔者通过查阅资料发现，帝国理工大学工程学部2019—2023年五年战略规划"Faculty of Engineering Five Year Strategic Plan: October 2019"中，就列举了四大战略研究方向和研究机会。比如第一项是"向可持续零污染经济过渡"，建议的研究机会：用于生物过程建模和强化的机器学习、水—食物—能源关联关系的综合研究、采用工程生物学的稳健、高性能生物系统、适合零污染经济的创新技术或商业模式。大家可以多查阅自己领域内知名大学的最新发展战略规划，总结即可得到一些研究机会。表 8.3 展示了《2021 研究前沿》报告中提供的各学科领域的重点、热点、前沿。

表 8.3　各学科领域的重点、热点、前沿（来自《2021 研究前沿》）

学科领域	重点、热点、前沿
农业科学、植物学和动物学	植物泛基因组研究
	动植物碱基编辑器研究
生态与环境科学	昆虫衰退现状、灭绝危机与驱动因素
	全氟利和多氟烷基化合物的分布、暴露、毒理与污染控制技术
地球科学	基于多个卫星数据的全球火灾排放评估
	全球降水数据集的研制与评估
临床医学	新型冠状病毒肺炎病例临床特征
	新型冠状病毒肺炎孕妇临床表现与母婴结局
生物科学	新型冠状病毒肺炎病原鉴定、病毒全基因组序列分析和 ACE2 受体识别
	新型冠状病毒刺突糖蛋白的结构、功能和抗原性
化学与材料科学	非共价相互作用（卤键、硫键等）
	化学动力学疗法
物理学	高压下富氢化合物的高温超导电性研究
	反铁磁自旋电子学
天文学与天体物理学	原初黑洞观测及其与暗物质的关系
数学	高维非线性偏微分方程的求解方法
	非线性时间序列的复杂网络分析
信息科学	面向视频动作识别的深度神经网络研究
	面向无人机的无线通信技术
心理学、经济学及其他社会科学	新型冠状病毒肺炎大流行的心理健康影响研究
	机器人在旅游、营销、服务等方面的应用及新冠疫情对其的促进作用

有了上述的主赛道方向后，我们就可以继续选择子赛道了。对于子赛道的选择，我们可以从分析研究主题的不同角度或研究手段入手，去调研和概括已有的相关研究进展，就像 Xie 等人在 2020 年发表的综述中概括的"基于机器学习的地震工程研究"主赛道的 4 个子赛道研究方向（除非以上内容能从最新的综述论文中找到）。

我们以表 8.3 中列举的临床医学 2021 年热点前沿 "新型冠状病毒肺炎病例临床特征" 为例，说明如何选择研究子赛道。假设某临床医师经费有限，为保证项目可行性，拟采用研究成本较低的病例—对照研究手段开展研究新型冠状病毒肺炎病例临床特征的相关课题。注：病例—对照研究方案是临床医学回顾性研究的一种，具有省时、经济的特点。那么有哪些子赛道可供选择呢？

由于是关于临床问题的研究，我们基本上可以从病因、诊断、治疗和预后四个临床核心问题去研究某个疾病。然而，为具体了解该研究方向的当前研究热度，我们还需要进行文献调研，以明确针对特定的选题当前国内外同行采用的真实研究角度。该医师于是在 SCI 论文数据库 Web of Science 中筛选论文标题中含有 "case control"（病例—对照）字样，并限定检索结果为 COVID-19 相关的高被引论文，时间限制为近 3 年。在 2022 年 7 月 6 日检索后，他共找出了 47 篇 SCI 论文。通过阅读题目和摘要，该医师总结得到了主赛道 "新型冠状病毒肺炎病例临床特征" 相关的 4 个热点研究角度，包括：① 新冠感染患者与正常人相比会产生的不良结局（症状或其他疾病），如某论文研究新冠感染患者的肺栓塞的患病率及临床特征；② 内、外在因素对新冠感染发生率及临床严重程度的影响，如某论文研究非酒精性脂肪肝对新冠感染临床特征的影响；③ 新冠感染的治疗手段和治疗效果，如某论文研究表面活性剂治疗降低新冠急性呼吸窘迫综合征患者的死亡率；④ 新冠疫苗的效果和不良反应，如某论文研究接种新冠疫苗后感染新冠病毒的危险因素。

为了选择适合自己的子赛道，该医师结合自己的研究基础和兴趣（自己本身做的是心理疾病的研究），对子赛道 1 和 2 进行了深入的文献阅读（参考本书第 7 章）。最终，他基于子赛道 1 确定了自己的研究方向，即有关新冠感染疾病对痴呆症患者的心理影响。

同样地，其他专业学科领域的次赛道选题也是相似的。总结起来，主要操作步骤如下：

① 确定主赛道主题后，提炼关键词，可考虑在研究主赛道主题的不同角度或采用的研究方案上，添加关键词以缩小检索范围，如临床研究方案类型（随机对照试验、队列研究、病例—对照等），工学研究手段（实验 / 数值模拟 / 理论分

析等），技术手段（深度学习、有限元模型、X 射线影像等）及研究尺度（宏观性能、内在机理）等。

② 进入 SCI 论文数据库 Web of Science 和中文论文数据库知网或万方，输入关键词进行检索，筛选得到高被引论文（英文）或北大 / 南大核心收录的中文论文。

③ 阅读上述论文的题目和摘要，概括汇总主赛道主题包含的研究主题。如果论文较多，并不需要阅读完所有论文，只要能概括出所在的分类主题即可。

④ 结合自身研究兴趣、导师或合作者兴趣、研究基础等选定子赛道主题。

除了以上案例中所用的确定子赛道的方法（即文献调研近 3 年高被引论文或核心期刊论文并总结研究主题）外，我们还可以从行业内知名的最新的国内或国际会议论文集中总结出常见的研究方向，毕竟会议论文反映某个大研究方向的最新研究成果。权威国际会议一般会出版论文集且会被收录到 Web of Science 核心合集中的 CPCI-S（科学会议集引文索引）或 CPCI-SSH 收录（社会科学和人文会议集引文索引）。

假如我们的研究方向是土壤动力学，在 Web of Science 核心合集中的 CPCI-S 数据库进行检索 "soil dynamics"（土壤动力学）可以找到最近（2022 年 3 月 20—23 日）在美国北卡罗来纳州的夏洛特举办的岩土工程国际会议 Geo-Congress 2022: Geophysical and Earthquake Engineering and Soil Dynamics 的论文集。该会议聚焦于土壤动力学和地震工程，分成 3 个大的研究方向：Geophysical Engineering（地质工程），Earthquake Engineering and Soil Dynamics（地震工程和土壤动力学），Seismic Issues in the Central and Eastern US（美国中东部的地震问题）。我们就可以通过阅读 "Earthquake Engineering and Soil Dynamics" 分类中论文题目和摘要，总结热点研究角度，进而找出初步的子赛道选题。然后，我们再多总结几个最近的相关国际会议论文集内容，即可汇聚成多个选题供我们选择。

8.2.3 来源 2——实践工作

虽然文献分析可以让我们获得研究方向，但是花费精力较大，时间也较长。某些特定群体不一定有那么多阅读文献的时间，比如临床医师、现场工程师和课题组负责人都有着繁忙的日常工作。那么这类人就可以考虑第二种选题渠道，即日常实践工作，这种研究被称为 Practice-based Research（基于实践的研究）。这种选题始于实践工作，先提出实际工作中存在的问题或值得研究的课题方向，然后通过阅读文献将研究问题提炼成科学问题从而确定课题想法。例如，某护士查房时发现某些老年患者不断伸手去拿掉他们的气管插管，于是就很好奇是什么因素导致他们自我拔管。这个临床问题就可以转化成研究方向，即关于老年人的自我拔管现象频发及背后原因的分析。又比如，某工程师在某工程现场发现混凝土路面积水严重影响施工的正常开展，于是好奇是否可以研发出透水混凝土材料，既可以保证一定的强度要求，又可以快速透水排水。该工程实际问题最终被转化成课题方向，即研发一种强度和透水性均满足要求的透水混凝土材料。

这里的实践工作也包含平时开展的实验等科研具体工作。很多人在文献调研之后在具体研究期间可能不会或很少再阅读文献，这时候基于实践过程启发创新想法就显得尤为重要了。笔者感受颇深的是在博士研究生期间发表的学术论文后产生的想法，主要就是受到平时实验工作的启发，再结合系统的文献调研完善而成的。

（1）实际问题是否值得进一步分析

从以上举例来看，基于实践工作的选题非常依赖于能否提出实际问题。有了具体的问题，就可以较为容易地转化成研究方向。然而，这里需要注意的是，并不是在实践工作中发现的问题都值得研究，我们要首先判断该问题是否已经有答案或者容易被解决。如果通过咨询同行或查阅资料就找出了答案或者发现解决问题的难度较低，那么我们应该放弃该问题，不再继续研究下去。而如果该问题不容易被解决，暂时没有答案，我们还需要进一步判断该问题是否重要（可通过文献调研、咨询专家等方式）。如果不重要，该问题便不值得投入经费和精力去研究，但是可以尝试部分解决该问题以缓解存在的问题，优化已有操作、管理等实践措施；如果重要，解决该问题之后可以产生新的重要知识，则可将其确定为研究问题开展研究。比如某突发疾病的发病率较高，那就值得深入分析病因；某新材料的应用，可能大幅度提高工程造价性价比。

（2）收集实践问题的方法

要想在实践工作中敏锐地发现待解决的问题，首先要善于思考，不放过异常/新奇的现象，增加抓住偶然发现的概率。好记性不如烂笔头，我们平时可以随身携带便利贴或小记事本，及时用文字记录想法，也可以拿手机拍摄现场情况。例如，对于临床医师而言，他们就可以在小记事本上随时记录临床上的新不良反应、已有药物的新适应征、疑难病、罕见病、新发现等。在工程施工现场，工程师们发现在浇筑钢筋混凝土时，钢筋由于被搅拌新鲜混凝土压重而弯曲影响浇筑质量，于是及时进行了拍照并根据影像特征进行分析存在的问题。此外，多和我们身边有经验的资深工程师或同事交流，进行头脑风暴，也会得到一些启发。比如笔者咨询某资深工程师得知目前水库除险加固项目中存在渗漏水难解决的问题，主要是因为难以准确找到坝体内渗漏点位。如开展多人的头脑风暴会，建议设置主持人把控全场讨论流程，积极引导每位成员参与讨论和贡献想法，事先明确讨论的提纲，让讨论围绕主题展开。同时讨论时间不宜太长，尽量控制在一个小时之内。讨论会结束当天，记录员就可以整理并共享会议纪要。

（3）从实践工作中找问题的方法和途径

有了收集实践问题的方法，还需要知道如何才能敏锐地发现实践问题。这可以从以下 7 个方面去思考。

① 挑战日常的实践方法，分析是否是最好的。

在平时的工作或科研中经常使用的方法不一定是最优的，或者说随着社会和科技的发展存在改进的空间，我们可以朝着优化迭代的方向进行思考。由于长时间习惯于使用某种方法，我们可能会失去发现问题的敏感性。为了克服这种"迟钝"的习惯，我们需要时常刷新大脑知识容量，保持常阅读最新文献和了解最新研究成果的习惯，也可以多参加会议与同行深入交流。

案例1：某工程师在深埋岩体中开挖任意形状的开口计算其周围产生的应力和位移很有挑战性。采用已有的基于理论的计算方法很复杂，这时候就需要琢磨能否开发一种简单实用的方法做评估。

案例2：某药剂师发现口服黄连素（berberine）的生物利用度不高，限制其良好的药理作用和临床应用。有同事提醒可尝试制备无定形固体分散体，使得药物粒径减小，相对表面积增大，药物溶解度和药物生物利用度也就相应提高。于是提问：通过制备无定形固体分散体是否可以提高黄连素的生物利用度？

其实这种提问思考是基于批判性思维中追求更好、更强的思维体现。关于在文献调研中如何运用批判性思维的详细介绍，可参考本书第 2 章。

② 剖析日常实践工作中存在的问题，思考如何解决。

尽管某方法或某理论已经在实践中得到了应用，但受限于某些因素还可能存在一定的问题，比如精确度不够、经济成本过高、定位效果不佳。这时候，我们不应该抱着无所谓的态度，而应该积极思考如何解决存在的问题。

案例 1：某城市规划设计师越发感觉所居住城市夏天越来越热，这一现象并不特殊，多地出现类似的城市热岛问题，于是想探究有什么方法可以通过优化的城市规划设计缓解热岛问题？

案例 2：某临床医师发现血常规及血生化检查的血液样本即刻送检往往存在困难。少则数小时，多则几天的延迟标本在临床检验工作中并不少见。于是提问：从这些标本中得到的结果是否准确可信？血液样本的储存时间及储存条件会对其检测结果产生什么影响？

③ 分析异常数据或新规律 / 新现象，思考原因或开展应用。

一旦在工作中遇到异常数据或新规律 / 新现象，是件幸运的事，因为其中可能诞生新的科研想法和重大突破。我们首先需要分析确认这是否是由于工作失误带来的，比如测量工具操作错误。如果不是，则继续收集更多数据，确保异常数据或新现象可重复，在此基础上再去分析背后的原因以及摸索是否有应用的机会。切不可对它们视而不见，抱有既来之则安之的态度。

案例：某岩土工程师团队在利用盾构机开挖某深而坚硬的岩石隧道时发生多次岩爆造成较大的损失，大家一起讨论认为岩爆的发展规律和机制尚不明确，因此很难做预警。由于团队完整测量和记录了整个开挖过程的微震动数据，初步分析数据发现在岩爆发生前呈现一定的规律特征（微震事件频率逐步增加），于是提出：是否在开挖过程中利用微震动数据及其规律来做岩爆预警？

历史上有很多在科学实验中出现反常或异常现象开展深入分析后作出了创新科研成果的案例。笔者 2019 年发表的一篇 SCI 论文中的想法就是来自于之前实验中出现的异常现象。这当然比不上历史上那些伟大的科研成果，比如英国知名的微生物学家 Alexander Fleming（亚历山大·弗莱明）发明青霉素的过程。他发现青霉素其实比较偶然，在一次度假完回到实验室工作时，弗莱明发现遗忘在窗台上的培养皿中，有霉菌生长的地方细菌消失了。他抓住这个异常现象并提出假设，进行了一系列的研究，寻找杀死细菌的物质，最终在霉菌中发现了青霉素。笔者读博期间所在的斯肯普顿楼（Skempton Building）就位于以亚历山大·弗莱明爵士命名的亚历山大·弗莱明爵士楼（Sir Alexander Fleming Building）的对面，因此笔者讲述"校友"的他发现青霉素的经历时倍感亲切。

有些读者可能会觉得自己对异常现象不够敏感。其实哪有天生就敏感的人，这都是基于过往大量的相关工作经验之上积极思考的结果，或者说机会永远垂青于有准备的人。比如弗莱明早在提出这个想法之前，就已经做了大量的探索实验，去探究如何消灭细菌。据说他在实验室里用柠檬水滴到实验技术人员的眼睛上，然后把眼泪滴到培养皿上看细菌有没有消失进而发现溶酶菌。一系列的研究积累使得当他一看到细菌消失这种反常现象时，他的神经立马被触动，他马上意识到该现象的重要性，并开展了进一步的研究。因此，在观察到异常现象时，我们需要具备广阔的知识面，积累丰富的经验才更有可能看清现象背后的关键因素从而促进优质问题的提出。同时，我们也要广泛涉猎跨学科知识，交叉领域的知识非常有助于我们识别那些别人习以为常或毫无感觉的现象，保持高度敏感性，从中发现异象，提出反驳与假设。

④ 独特到一般，通用化思考。

其实各个学科都会有一些初步的独特研究的案例报道，而任何一项研究都是从初步尝试开始直到最后研究透彻。从回顾历史资料到开展实验的前瞻性研究，我们在早期阶段就存在很大的机会去做深入研究，让独特研究结果成为一般规律和知识。

案例 1：某临床医师在工作中听说最近同行发表了一篇病例报告，首次报道了亚低温治疗技术治愈了一名新冠病毒引起的严重急性呼吸窘迫综合征患者。于是思考是否可以开展一般化研究，提出研究问题：亚低温治疗是否可辅助治疗新冠病毒引起的严重急性呼吸窘迫综合征？

案例 2：当下猴痘已成为国际关注的全球突发公共卫生事件，临床医师在临床工作之余很容易注意到相关研究成果。比如 2022 年 5 月 24 日，*The Lancet*

子刊 *Lancet Infectious Diseases*（《柳叶刀感染疾病》）就报道了一项来自英国的 Hugh Adler（休·阿德勒）等人的回顾性观察研究，表明特考韦瑞（Tecovirimat）对于猴痘患者的治疗有一定效果。但是只有 7 名猴痘患者参与研究，因此很需要证据等级更高、样本量更充分的前瞻性临床研究数据的支持，以确认特考韦瑞的治疗效果。

其实，每个时代都会不断涌现新技术或新理论，比如 2016 年左右开始火起来的人工智能技术在图像识别等领域率先得到成功应用。如果我们当年就发现了这种现象并且具备独特到一般化思维，我们就可以较早地开展相关研究，将其应用到更多领域中。事实上，当下人工智能相关技术已经广泛应用于生命医学、工程、交通规划等大领域中，成为社会发展的底层通用技术。一般来说，切入一个新领域最快捷的方式就是咨询有经验的同行和阅读综述。如果没有相关的综述，则可以考虑撰写一篇热门技术应用于自己领域的综述论文。即便最后发表不了，也可以作为博士学位论文或是基金申请书等研究计划书的背景前言部分。

⑤一般到特殊，极端 / 特殊思考。

如图 8.5 所示，自然界中很多现象就像某个班级里同学的身高分布一样，大多数都是集中于中间部分，少部分处于极端情况，即符合正态分布。这就意味着很多工作中遇到的事情、使用的方法、采用的理论可能都适用于"一般情况"，而不适用于极端情况下。于是，我们就可以拓展思考，从极端或特殊思考角度去分析特殊情况，进而提出相应的研究问题。

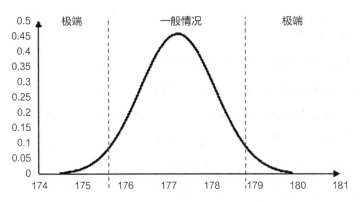

图 8.5　某班级同学的身高数据符合正态分布（单位：cm）

案例 1：某临床医师在观看 2020 年欧洲杯比赛时，对丹麦足球运动员埃里克森在比赛途中因心脏骤停不支倒地感到震惊，于是开动脑筋分析是否有值得研究的话题。他思考着常规的体育运动能带来健康益处，比如有利于防止慢性病，但是如果是有生命风险的接触性运动呢？于是，他调查属于此类运动的橄榄球和足球是否会造成损伤，尤其是对运动员的大脑。果不其然，他发现这类运动会造成神经退化性疾病的现象，于是深入开展了类似足球等接触性运动是否更容易造成退役运动员神经退行性疾病的课题。

案例 2：作为建筑材料之一的天然石材（如大理石、花岗岩等）在常规条件下得到了大量应用，但某工程师观察到天然石材遇到火灾时，其性能会发生较大变化。于是，他想探究在极端条件下（如火灾），天然石材的性能是否会退化甚至遭到破坏，背后的退化机理又是什么。

案例 3：新冠疫情暴发以来，2020 年旅游目的地游客人数比 2019 年减少了至少 1 亿人，旅游业遭受了前所未有的重大损失，原有的一些旅游业研究成果由于受到疫情防控的巨大影响而不再适用。例如原先不存在的常态化疫情防控现已成为影响分析旅游业市场供需关系的重要因素；又比如旅行偏好发生了较大转变，自驾游、国内和近距离旅行成为了新的旅游增长点。可见，当我们观察到前人研究结论需要在一定条件下成立时，就可以分析结论是否同样适用于其他特殊条件。

⑥ 组合已有方法提升实践效果。

提出一个新的方法可能挑战性较高，但组合已有的两种或多种方法去提升效果，难度就大大降低。

案例：某临床医师在临床上熟悉药物利拉鲁肽治疗可以促进长期体重减轻维持，于是思考是否有组合的方法更好促进体重减轻维持。有同事在聚餐闲聊时建议是否可以联合体育运动起到协同效应，并且建议不能是轻度运动，不然起不到效果。于是，该医生初步确定了研究问题：中等及以上强度的运动组合利拉鲁肽是否会产生协同效应以较好地维持体重减轻。

上述这种"组合式"创新方式看似简单但却容易陷入创新程度过低的局面。这正如 SCI 期刊 *Matter*（《物质》）主编 Steven Cranford（斯蒂文·克兰福德）和编辑 Stacey Chin（斯泰西·秦）所比喻的，将两个热狗叠加在一起构成"双热狗"比起单个热狗不能算作一个新菜。这是因为组合后的食物没有发生本质上的改变，也没有增进我们对热狗制作原理的理解，只是简单拼凑。因此，如果组合后的新材料／新模型／新方法的背后作用机制没有因为组合而改变，那么这种组合就是简单叠加，并无放大或改变的协同效果（1+1>2）。

⑦ 宏观到微观，外在到内在，跨尺度。

一个完善深入的课题成果往往都是由全球多个科研团队共同完成的，这个过程往往是由浅入深、由点到面的，因此我们在实践工作中可以思考如何从宏观表象成果深入到微观、机理的内在研究，从肉眼可见的毫米尺度深入到微米级甚至纳米级。

案例：某临床医师通过记录和分析院内病例数据发现氟哌啶醇治疗精神分裂症的个体治疗结果差异明显，有一定的副作用。在一次课题讨论会上，另外一位医师推荐了一篇论文表明人工牛黄和氟哌啶醇联合治疗精神分裂症显著减少了氟哌啶醇的剂量，副作用也有所减少，但背后的协同机理不清楚。于是他们在会议上定下来想研究人工牛黄和氟哌啶醇联合治疗精神分裂症的作用机理。

8.2.4 来源3——会议交流或社会及行业新闻

除了查阅文献和实践工作中可以获得较大的启发，还有其他方式可以获得研究方向的灵感，比如参加国内外学术会议时同行交流选题方向，分析社会及行业热点政策或突发事件。由于学术会议报告者，特别是知名学者，在自己研究方向上有所建树，他们往往见识更广、更有眼光，我们就可以多向他们请教关于选题方向上的疑惑。而且分析学术会议的主题分布，也可以帮助启发我们最新的研究热点方向或那些在国内暂时不受重视的灰姑娘主题。为了增加实操性，下面笔者进行展开说明。

（1）如何在学术会议的问答环节交流选题方向

在会议期间，最好的提问时机是报告人做完报告之后的问答环节。在提问时，要保持自信、口齿清晰、简洁明了，一般来说有3个步骤。

① "谢谢您的精彩报告"，或"您的报告对我很有启发"等赞美肯定词。

② 简短自我介绍（我是来自浙江大学农学院的王小敏）。

③ 开始提问，联系报告内容并请教选题根据。如"您的报告结论启发我们认识到人工智能技术在建筑工程的健康监测中有很大的潜在作用，不知道您当初选择这个课题方向时是如何考虑课题意义的？另外，能否谈下人工智能在建筑工程的其他哪些领域值得我们去研究？

（2）收集灰姑娘主题或热门主题做交叉研究

"灰姑娘"主题就是那些不太显眼，但有重要价值的研究主题，它们可能在某些国家或地区已经开始流行起来。这种差异背后可能是由于社会发展阶段的不同以及国家相关政策的不同。热门主题是指最近三年受到国内外同行广泛关注的研究方向，比如当下的低碳经济、大数据技术等。它们都可以成为我们选题库的重要一员，可以考虑结合自己的已有研究基础开展交叉研究。

案例1：笔者曾在西方学习工作8年多的时间，感受非常深的就是西方人非常热衷于运动，即使在冰冷的雪地里，他们也照常骑自行车和跑步。可能由于这种普遍的运动习惯，笔者发现关于"运动医学"领域的论文主要集中在美国、澳大利亚、英国和加拿大等西方国家。相较而言，中国研究运动医学相关的论文就比较少了。笔者在2021年以sports medicine（运动医学）为关键词在PubMed里搜索文献，检索字段为"题目和摘要"，其中中国作者发表的相关论文数每年只有个位数或最多两位数，而西方是我们的10倍甚至上百倍的数量。这可能是由于中国人普遍锻炼较少，且较缺乏运动健康的意识，所以运动医学这一研究主题就经常被医学研究者忽略。类似这种，由于各个国家经济发展程度、生活习惯的不同而易被忽略的重要主题，我国科研人员也可以重视起来，不要让好选题被雪藏。

案例2：深度学习、大数据技术等智能算法作为一项基础技术已广泛应用于多个学科领域。比如它们可以以高精度快速分析食品的高光谱图像，实现稳健的食品分类，也可以自动识别和量化混凝土材料剥落体积，甚至用于抗菌药物的设计。

至于如何收集灰姑娘主题或热门主题，我们可以通过多参与一些国内外学术会议或阅读会议论文集以及关注社会及行业热点政策等途径获得启发。

（3）如何联系热点突发事件到自己研究中

社会热点新闻往往是大众关心的突出事件，比如新冠或猴痘疫情、2022年4月29日湖南长沙楼房坍塌事故导致53人遇难。由于我们希望科研成果尽可能覆盖更广的人群，所以联系社会热点突发事件开展研究就符合这点需求。新冠疫情暴发初期，相关研究论文就如雨后春笋一样冒出，至今已经影响到了社会的方方面面。2021年，全球知名的 *Nature* 杂志收录了16篇超过500次高质量论文引用（JIF citations）的论文，其中12篇都与COVID-19相关，可见其受到的巨大关注度。对于热点事件的分析，我们可以提炼出背后的关键要素和科学问题开展科研。

8.2.5 确定研究方向的考量要素

尽管通过以上各种方式可以获取感兴趣的多个研究方向，但我们在一个时间段内最终只能选择一个方向进行深入研究。那些符合国家战略发展方向又具有重大研究价值的研究问题自然颇具吸引力，但我们也要考虑可行性（难易程度），不然课题挑战性太大会让我们陷入困境甚至落入失败的泥潭。那么如何根据自身的情况进行合理选择呢？

著名的系统生物学家 Uri Alon（乌里·艾隆）在2009年提出了选择课题方向的二维图，横轴是难易程度，纵轴是获得的知识程度或研究价值。笔者在其基础之上发展成适合中国科研人员的三维图用于选择研究方向和研究问题（见图8.6）。新增的第三个维度是"发文潜力"，即发论文的潜力。不可否认，有些方向虽然价值大一些，但却不容易发论文（注：笔者鼓励多发表高质量论文而不是低质量论文，为人类科技和人文进步做实质性贡献）。一般来说，对于本科生而言，只要选择简单好做的课题作为毕业论文选题即可（A1点），并不需要考虑发文潜力和研究价值；而硕士研究生则需要选择一个价值高一些，有一定挑战的研究方向，但不易过难，同时需要考虑一定的发文潜力以便达到导师期望和通过毕业答辩（B2）；对于博士研究生来说，则要选择具有明显价值、有挑战性、有较大发文潜力的研究方向（C2）才有希望通过博士学位论文的严格盲审，顺利毕业；那些从业经验丰富的科研人员如课题组负责人，则需要聚焦于国内外研究前沿且具有重要价值的课题。这种课题不随大流、挑战大、有一定的前瞻性，且一般也要考虑发文潜力（D2）。

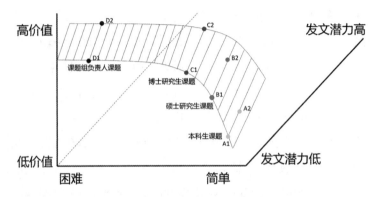

图 8.6 选择研究方向的三个要素：研究价值、难易程度和发文潜力

如何快速判断发文潜力呢？可以假设已经取得了理想结果，我们需要凝练研究核心内容的关键词然后到文献数据库中（如 Web of Science）进行检索，分析最近 3～5 年发文数量和变化情况，同时查看论文所在的期刊情况。如果最近几年论文快速增长且大多发表于行业内权威期刊，那么这样的研究方向往往是发文潜力较大。

8.3 挖掘研究缺口

通过应用研究主题的价值赛道模型，我们可以初步圈定研究大方向和研究问题，接下来就是针对研究主题进行深入的文献调研以挖掘出研究缺口了（图 8.1 中的第 2 步）。这主要通过文献检索、筛选、阅读、总结和剖析等步骤完成。关于文献检索、管理、阅读和总结的详细介绍可参考本书前面的第 3—7 章内容。笔者在这里重点分析如何挖掘出文献中的研究缺口。

8.3.1 什么是研究缺口？

研究缺口（rsearch gap）是指尚未解决或回答的问题（简称空白问题，犹如拼图中缺失的那一块），或是有研究争议 / 不一致结果的问题（简称争议问题，犹如双方辩手针对某个观点发生争辩），抑或是可被更好解决的问题（简称潜力问题，犹如一颗小种子在阳光雨露的滋润下正蓬勃生长）。解决这些问题，还能产生新知识，而不仅仅是完成一项课题和研究价值。我们通过案例让大家更好理解它们。

◎ 案例1　尚未解决或回答的问题

2021 年，Di Domenico（迪·多梅尼科）等人在综述论文中指出已有研究聚焦于分析网络"假新闻"对政治传播和政治辩论的影响，却很少关注其对营销和消费者的影响，进而提出疑惑：基于消费者视角，假新闻在社交媒体上会造成何种影响？显然理解这种因果关系对于市场营销活动有指导意义。

◎ 案例2　有研究争议／不一致结果的问题

2015 年，笔者从各种规范章程中总结出目前实验室测试混凝土材料的水气传输性能所采用的样本和其中的关键成分骨料大小都很不一致。然而从测试机理看，这种不一致可能影响到测试结果的准确性和一致性。进一步调研文献证实了测试结果随着样本和骨料大小的变化会出现完全相反的规律。去探究这种不一致出现的原因和提出采用合适样本大小的建议对于在实验室开展标准化测试就很关键了。

◎ 案例3　可被更好解决的问题

大学招生部门在预测大学新生入学数量时，采用的传统方法包括打电话咨询准大学生的就读意愿和查询学费付费状态以确认注册情况。由于学生不一定如实告知择校情况，也不一定提前支付学费，一些学校直接根据往年入学情况进行预估，导致较低的准确度。如何提高预测新生入学人数的准确度成为了大学管理部门的燃眉之急，毕竟预测结果直接影响到新生管理相关的一些决策过程。为了提高预估入学人数的准确度，机器学习技术被应用于预测入学人数，从而到达 60% 的准确度（Lei Yang et al., 2021）。

8.3.2　如何获取研究缺口？

那么如何获取以上研究缺口呢？笔者建议采取以下 3 种方式。

（1）通过邮件、参会、面谈等形式直接咨询导师、同行、合作者

对于那些已经有多年研究经验的科研人员来说，已经较为熟悉领域中存在的主要问题。我们可以通过邮件、参加会议、当面请教等形式咨询他们。在咨询时，不能直接就问当前某领域存在的主要问题是什么（对方很可能不愿意透露），而应该有所铺垫并做一定的准备工作。比如在交流时先强调自己通过文献调研初

步总结出目前某领域主要存在 3 个方面的问题，但是自己拿不定主意哪个才是当下最值得研究的问题，因此特地来请教。另外，还可以先阅读对方的论文，然后请教他 / 她能否展开说明关于在论文中提到的当前研究缺口的看法。

如果足够幸运的话，从以上咨询中获得的研究缺口可能的确存在。但是，笔者强烈建议大家深入查阅文献进行确认对相关内容有所深入和拓展，毕竟如果真实存在，对方可能也已经在开展类似研究而且很可能已经拿到研究数据了。我们总不希望重复人家的研究，在内容上还是要有所区别。如果确实通过咨询获得了研究缺口并顺利开展了研究，那么在未来研究成果中应该致谢对方。

（2）阅读综述，从作者视角总结研究缺口

综述论文是对过去的总结概括，对研究现状的评价判断以及对未来研究方向的宝贵建议。如果说综述作者在文中已经直接有对研究现状的判断，以及概括目前哪些研究还不够，或是存在有争议和缺陷的地方，我们就可以直接总结成研究缺口。需要强调的是，这些内容毕竟是综述作者的调研结果，带有个人的主观想法甚至是研究倾向（比如有些人特别重视微观机理的分析），我们还需要再阅读更多文献或结合自己的研究基础进行批判性思考，以总结出更加严谨准确的研究缺口。

◎ 案例 1　工科论文

2019 年，Ueli Angst（乌里·昂斯特）等人的综述论文主要系统分析钢—混凝土界面对混凝土氯离子腐蚀的影响。在其论文中，作者总结出研究存在的主要问题是：显著影响混凝土中钢筋锈蚀敏感性的因素有钢筋材料属性（如存在氧化皮或锈层及表面粗糙度等）和钢—混凝土界面的含水状态，但却很少有人关注并且研究它们。在腐蚀问题的研究中充分考虑这些因素必将有利于理解和预测混凝土中的钢筋锈蚀起始的发生。

◎ 案例 2　临床医学

2017 年，Matthew Fields（马修·菲尔兹）等人的综述论文主要分析经胸超声心动图是否可以辅助诊断肺动脉栓塞。他们系统梳理了 22 篇相关的高质量论文后发现，通过经胸超声心动图的体征去诊断肺动脉栓塞的特异性，真阴性率较高，达到83%，也就是说本来没有肺动脉栓塞的研究对象，用这种方法检查出他们的准确率达到83%。而本来是阳性的，即已经患了肺动脉栓塞的，诊断出来的准确率却只有53%，可见敏感性较低。那么这么低的敏感性是否足够了呢？由于大部分肺动脉栓塞患者会被送入急诊治疗，因此就对诊断的准确性提出了更高要求。由此可见，将经胸超声心动图用于辅助诊断肺动脉栓塞的准确度不够理想。

（3）阅读多篇原创论文，构建知识体系，总结研究缺口

然而实际文献调研往往没有那么幸运让我们恰好找到所在研究方向最新发表的综述论文，这时候就得我们自己阅读原创论文，总结国内外研究进展并挖掘出研究缺口。这就类似于自己针对某个具体研究问题开展系统性综述。

根据第7章的内容，我们可以通过精读论文，全面总结同一主题的多篇论文存在的局限性，汇总到文献知识体系图谱中。光有局限性还不足以成为研究缺口，我们还需要确保解决局限性的相关问题后能带来价值和意义。

有些人可能觉得总结研究缺口并不难，因为很多论文的讨论部分会直接指出文章存在的局限性或不足。然而，笔者审阅了大量论文之后，发现可能存在两个问题：① 文章作者只呈现表面问题或细节小问题，缺乏针对关键问题的剖析，隐藏真实的内在研究不足，美其名曰"小毛小病，无伤大雅"。比如某研究开发人工智能模型做疾病预后预测分析，仅指出研究样本量不够大而不去分析在样本量有限的前提下模型可靠性不高的其他关键原因（如单个样本变量数据不完整，即存在某些自变量数据缺失，并且在模型训练前不进行插补等缺失处理导致模型参数陷入局部优化问题；② 过于宽泛，对提出下一步研究目标的参考性较低或难以执行，有种为了提研究不足而勉强写出来的感觉。比如从事证据强度等级较低的研究（如采用工科中的数值模拟或临床医学中的回顾性研究），就提本文研究手段证据强度不高尚且需要实验验证。可想而知，开展实验研究的条件较高（如果不高，作者自己就去做了），让同行有种可望而不可即的感受。

鉴于此，笔者提出了自己分析和总结研究缺口的方法。根据研究缺口的3种内容类型，在总结论文研究缺口时，可以从以下5个角度分析。

① 支撑论文结论的实证数据是否充分？

研究人员在得到某个创新想法后，往往会着急通过发表论文率先推出研究成

果（比如通过案例分析、数值仿真、概念模型分析、定性分析观察等）。然而要彻底解决某个科学问题一般都需要多位研究人员多年持续不断的共同努力，因此在已有的一些文献中，特别是某个新方向的最近几年发表的论文中，我们会发现某些结论并没有充分的实验数据支撑。这主要体现在收集数据的频率不高、收集时间不长、收集的变量过于单一、研究环境单一和代表性差及依赖于定性经验数据等，导致证据强度并不高。这时候，我们就可以将研究缺口总结成结论缺乏充分的实证数据。

比如 Rose Prentice（罗斯·普伦蒂斯）等人在他们 2006 年发表的论文中就指出低脂肪饮食模式可以降低乳腺癌风险的假设已经存在了几十年，但从未在随机对照干预试验中得到验证。注：随机对照试验是临床医学提供数据证据强度等级最高的研究手段。又比如，在 2015 年，Jaemun Byun（杰文·卞）和 SooCheong Jang（苏庆·张）通过文献调研发现旅游景点通常使用折扣促销（discount promotion），但很少有实证证据证明其有效性。于是提出研究"会员费的折扣促销"对消费者态度和行为意图的影响，和奖励促销（bonus promotion）对比。这篇发表在著名学术期刊 *Tourism Management* 的论文启发我们，生活中到处可见的打折促销，从是否有充分数据验证的角度去开展研究也是一种创新思路。

有些读者会疑惑，即便我们补充更多实证数据，那研究想法也和已发表论文相似，论文创新性就很低了，还有研究的必要性吗？虽然这样的课题创新性不大（属于补充式创新），但是通过补充充分的实证数据不仅能确认研究结论，也能得到更全面、更深入的理解，对同行颇有启发，也是受到国际期刊认可的。上面举例的 Prentice 等人的论文就发表在临床医学四大顶级期刊之一的 *JAMA*（《美国医学会杂志》）上面。这也是为什么在阅读文献时，我们经常会看到类似这样的表达：某模型/假设/观点在文献中多次被提到/引用等，但缺乏实验数据的验证/检验。基于这样研究动机的论文就是看重了该模型/假设/想法的价值且希望提供强有力的实证数据而开展研究。

② 是否有深入的机理研究？

研究工作往往都是由浅入深、由表及里的，如果我们能及时发现某个研究方向正处于表层的现象学研究，那么就可以概括出缺乏深入的机理研究这一缺口，从而找到探究内在机理研究的新天地。

对于挑战性较小的课题，研究人员可能一次性开展系统工作从而解决了一个科学问题的大部分内容。然而，自然界或社会中存在着非常多的具有挑战性的课题。例如在第7章的"构建文献知识体系"的案例分析中，我们分析了中药治疗降低痴呆风险的研究，发现案例论文集中于现象学研究。由于中药成分的复杂性，论文中尚且缺乏深入的药效机理分析。

机理研究往往是深入到事物的内部进行分析，研究尺度一般更小，如微米和纳米级；也可能是深入到上下游中，比如追溯医学信号通路的上下游。这些知识有利于启发寻找有关机理研究的缺口。

③是否存在争议或不一致的研究结论？

对于复杂科学问题的解决，往往难以让国内外同行在短时间内取得一致的结果和理解，那么就会存在研究结论不一致甚至完全相反的情况，读者也就不能认清该问题的真实面貌，开展基于该课题的后续研究。原则上，在特定条件下的研究结论是唯一的，意味着其中有些人的结论是错误的。因此，我们就可以在文献知识体系中总结不同论文的研究结论，分析是否存在争议。

◎ 案例1　阿司匹林的首选剂量存在争议

目前关于动脉粥样硬化性心血管疾病患者服用阿司匹林的首选剂量存在争议，没有充分的数据佐证，美国心脏病学会也没有提供阿司匹林剂量的明确建议。于是，Schuyler Jones（斯凯勒·琼斯）等人就设计了一个随机对照试验，对比低剂量（81毫克/日）与高剂量（325毫克/日）降低动脉粥样硬化性心血管疾病患者因任何原因死亡、心肌梗死住院或中风住院的风险，最终发表在著名学术期刊《新英格兰医学杂志》上，其论文包含了充分可靠的研究数据。

◎ 案例2　测试样本的围压差异大

在建筑材料混凝土样本的气体渗透或扩散性能测试实验中，样本侧边需要承受一定的围压以便不让气体泄露到样本侧边而只通过样本内部。然而，笔者调研发现，文献中所采用的这个围压值却很不一致，范围从0.7MPa到5.4MPa。围压过小会引起潜在的泄露风险，围压过大可能会损伤样本内部微观结构，混凝土样本内部也可能存在裂缝而在围压作用下发生闭合。考虑以上种种因素，在实验室中开展的气体渗透或扩散测试时，就有必要弄清楚围压对测试结果的影响以便确定合适的围压值和建立正确的实验测试流程。

需要注意的是，我们要确保论文的研究方法是正确的，否则对比那些不一致的错误或不科学的结论就没有意义了。因此，不能光看结论表面，要深入分析得出研究结论的材料方法的科学性和严谨性。这也体现出在文献阅读的实操过程中选择高质量文献的重要性。

此外，如果针对同一研究问题的文献较多，且文献质量相对可靠，我们还可以进行 Meta（荟萃）分析以对同一科学问题研究结果进行汇总和统计分析，从而得到具有较高统计效能的研究结论。这样做有利于明确研究缺口和提出新的研究问题。生命科学一般常常利用 Meta 分析开展文献分析。

④ 新的研究环境或条件是否影响已有研究结论？

任何一项研究成果都有一定程度的可外推性，这种性质可大可小，即基于一定样本的研究成果推广到其他样本上时，可能发生不适用的情况，比如 A 化肥能使洛川苹果变得更甜，但不一定能使其他品种的苹果也变得更甜。这就意味着当外部研究环境或条件发生变化时，已有研究结果可能不再成立而需要重新研究。

◎ **案例　新药试验**

Daridorexant（一种新型双重食欲素受体拮抗剂）是一种治疗失眠的新药，但在肝硬化患者中此药的药代动力学、代谢和耐受性的影响未进行研究（截止到 2021 年 4 月）。由于睡眠障碍在肝硬化人群中很常见，因此研究必要性较大。这不仅有利于理解肝硬化对该药的药代动力学、代谢和耐受性的影响，而且可给不同肝硬化患者提供用药建议（Benjamin Berger et al., 2021）。

需要注意的是，并不是研究对象或条件不同就能带来研究缺口，而是要确保在不同情况下决定研究结论的内因有本质区别。例如，当材料的服役荷载过大时，材料由弹性变形发展成塑性变形，材料本构关系发生了质的改变，原有在弹性变化空间内的结论也就不再适用了。

⑤ 已有研究结论是否有较大提升空间？

受限于技术水平、实验条件、理论知识等因素，某些课题研究成果可能并没有达到最优状态。比如通过实验分析，截止到 2021 年 5 月，超过 10 万个蛋白质的结构被表征出来，不过还是有大量的蛋白质三维结构没有被确认。这里面存在的巨大提升空间就被赫赫有名的 DeepMind 团队通过人工智能模型 AlphaFold 给解决了，其已预测出几乎所有已知蛋白质的结构。另外，已有研究方法或技术可能存在一定的缺点或不足，但仍然在实践过程中继续应用，行业内希望改进它们。这些方法或技术水平也就值得进行提升。

随着基因测序、人工智能等新技术或新理论的不断提出，已有很多问题都可能被推翻重构或解决效率和质量得到前所未有的提升，甚至发展成为新的科研范式。因此，笔者建议大家平时多涉猎一些新技术知识的关键原理并了解其在其他领域的应用效果，这可以给自己在总结论文可被提升的空间时提供帮助。

8.3.3　挖掘研究缺口的常见问题

如果在选题阶段没有做好挖掘研究缺口的工作，不仅课题立项会受到严重影响，而且在论文写作投稿时也会被期刊主编和审稿人严厉批评。因此，我们十分有必要了解下常见问题以便针对性避免它们，少走弯路节约时间。笔者通过分析研淳团队审阅的真实论文案例，总结出以下几个常见的问题。

（1）未明确指出缺口和背后的根据

某论文引言在分析研究进展时列举出了目前常见的早期筛查肺癌的方法包括低剂量 CT、肺癌标志物检测等，并总结认为这些检测方法都有着各自的优缺点（但并未具体指出），然后强调目前临床迫切需要一种简单有效的筛查方法来检测肺癌。这种写法看似指出了同行研究中存在的缺点，并强调了改进的必要性，但是却未明确告诉读者具体的方法缺点和不同方法之间的进展关系，过于抽象，缺乏必要信息。同时，说服力也较差，毕竟很多人可能会问："我怎么才能确定这些缺点真实存在呢？"以及"为什么需要发展一种简单有效的筛查方法呢？是因为已有方法过于复杂和效率低吗？"我们可以清晰地看出由于缺乏必要信息和根据，不仅让读者难以厘清背后研究问题的发展情况，也难以说服他们接受需要发展简单有效筛查方法的必要性。总之，我们需要旗帜鲜明地在引言中指出具体的研究缺

口，并且提供必要的关键信息增强说服力，让读者产生如何解决该缺口的好奇心。

（2）跳跃式提缺口，缺乏逻辑和说服力

可能由于中国人的抽象思维，很多人总结进展和挖掘研究缺口时存在信息跳跃的情况。我们来看一个挖掘研究缺口的对比案例。

表述一：某论文概括了已有研究集中于分析如何提高污水中微塑料的去除效率，然后立马指出微塑料会发生老化进而可能会影响对微塑料的去除效率，但是这种影响尚不清楚。

表述二：某论文首先概括了已有研究集中于分析如何提高污水中微塑料的去除效率，分析了这种效率值得具体提升的情况以及背后依赖的关键技术和考虑因素，接着指出在实际过程中微塑料会发生老化，但并未被包含在已有研究的考虑因素中，最后强调微塑料老化对去除效率的影响尚不清楚。

对比表述一和二，我们能明显感觉到表述一的信息传递过于跳跃，中间缺乏必要的过渡。相反，表述二不仅指出了过去聚焦于微塑料去除效率的研究，而且分析了这种效率的提升进展情况和背后得以发展的关键技术和考虑因素。由于微塑料的老化不在已有研究的考虑范围之内，作者于是自然而然地概括出了目前研究缺乏微塑料老化对去除效率的影响研究。这种表述方式的逻辑更加自然，也让读者更加确定此处存在的研究缺口。

（3）文献调研不够全面、深入和国际化

部分科研人员在发表了多篇中文论文后尝试写作和发表英文 SCI 论文（有些会先写中文论文再翻译成英文），在引言中分析研究缺口时常常将视野限制在国内，导致文献调研不够深入和全面。可想而知，如果国际同行看到自己的成果未被认可，一定会质疑作者的研究深度和所属课题的研究意义。例如，笔者审阅过一篇论文，该论文作者在概括了中文论文的进展后，总结道："尚未见到关于 Q460、Q690 高强型钢应用至型钢混凝土组合结构更系统的研究报道"。然而，笔者检索了英文文献数据库后发现已经有相关成果发表于英文论文中，比如这篇 SCI 论文 "Experimental and Numerical Studies on Seismic Behavior of Q460 High Strength Steel Reinforced Concrete Column"（Q460 高强度钢筋混凝土柱地震行为的实验与数值研究）。

除了以上主要问题，笔者还发现一些有些人会非常直白和浅显地提出研究缺口，比如先总结已有研究做了什么，然后指出没有做什么，或者已经在某些研究环境中进行研究，未在某个特定研究环境中开展研究，就认为这些就是研究缺口。笔者在本节第一部分中强调过，只有填补研究空白能产生较大价值，才算是真正的研究缺口，而不能是那些没人觉得重要的空白研究。此外，部分科研人员过于繁琐地介绍研究背景，在研究问题和进展的分析上"惜墨如金"，使得提炼研究缺口的过程笔墨较少，有头重脚轻、主次颠倒的感觉。

8.4 提炼科学问题和研究假设或目标

在梳理出研究问题中存在的研究缺口后，接下来就是针对它们去提炼科学问题和研究假设或目标了，也就达成了提炼课题想法的最终目的。

8.4.1 科学问题的定义

尽管笔者在本章前面部分已经列举过几个科学问题的实例，比如表 8.1 和 8.2，但是很多人还是容易混淆实践问题（如临床问题、工程问题）、研究问题和科学问题的概念。因此，在介绍如何提炼科学问题之前，笔者首先来系统分析什么样的问题才算是科学问题。

我们设想在某个场景下出现了这样一个实践问题：暴雨倾盆，道路路面积水太多影响通勤，怎么办才好？为了解决该实践问题，我们提议开展研究，不仅要解决它，而且要分析背后的原因。于是，我们得到研究问题：极端降雨条件下道路路面积水的自动排除。而要彻底解决该研究问题，关键是能否开发既容易渗水又满足强度要求的路面混凝土材料。经过分析发现，强度上很容易被满足，因此我们聚焦于渗透问题。通过文献调研，我们发现材料渗透性主要受到混凝土材料的曲折度（tortuosity）和孔隙率（porosity）的影响，于是我们得到科学问题：如何开发一种低曲折度和高孔隙率且满足强度要求的渗透混凝土路面材料？该科学问题还可以继续细化，比如"在特定孔隙率下如何降低渗透材料内部渗透路径的曲折度？"

从以上场景分析中，我们可以看出实践问题直接来源于实践工作中的现象观察或思考，往往是解决了该实践问题能让事情变得更好。研究问题则是深入一步，是我们的课题研究方向，受到实践问题的激发而产生，为开展科学研究圈定范围和主要内容。而要开展具体的研究，我们还需要更进一步分析背后的关键因素或解决研究问题的关键技术，基于它们开展深层次的内核研究，从而获得具有科学意义的研究结论，为实践问题的解决提供科学根据和有效思路。因此，科学问题是从事物内在本质入手提炼的关键问题，解决该问题可获得新的、更好的科学理解，以强有力的科学根据指导解决实践问题。由此可见，三类问题层层递进，从表象不断深入问题的本质，只有解决了科学问题，才能解决研究问题的部分或全部。这也就搭建了解决实践问题的关键基础。三者之间的关系如图 8.7 所示。

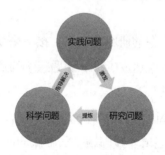

图 8.7 实践问题、研究问题和科学问题三者之间的关系

8.4.2 科学问题的凝练

从科学问题的定义中我们可以看出要想基于研究问题和研究缺口形成科学问题，首先要细化研究对象和明确关键研究内容，进而分析背后要研究的关键研究变量，层层递进到事物的内因和本质最终凝练出科学问题。可以看出，科学问题是科研想法的内核，其重要性不言而喻。表 8.4 模拟了上述分析的道路路面积水自动排除课题想法的发展过程。

表 8.4 案例分析：从研究问题和研究缺口凝练出科学问题

分析步骤	内容举例
1. 确定研究问题	极端降雨条件下道路路面积水的自动排除
2. 挖掘研究缺口	已有道路路面材料设计是为了满足常规情况下的使用要求，保障长期耐久性，材料渗透性就较低，目前暂无渗透高、适合自动排水的道路路面材料

分析步骤	内容举例
3. 凝练科学问题	
3.1 细化研究对象	道路路面材料细化成路面混凝土材料
3.2 明确关键研究内容	开发渗透性良好且强度满足使用要求的路面混凝土材料
3.3 提炼关键研究变量	影响混凝土材料渗透性的关键参数：曲折度和孔隙率
3.4 形成科学问题	（1）如何开发一种低曲折度和高孔隙率且满足强度要求的渗透混凝土路面材料？ （2）影响渗透材料内部渗透路径曲折度的因素有哪些？ （3）在特定孔隙率下如何降低渗透材料内部渗透路径的曲折度？

　　需要注意的是，科学问题中的研究对象一定要细化，如上述案例中的道路路面材料细化成道路路面混凝土材料。其他例子包括岩质斜坡细化成顺层岩质斜坡，肿瘤患者细化成原发性淋巴瘤患者等等。可想而知，如果研究对象包含范围过大，就会导致研究内容过于庞大而难以实现具体的研究目标。此外，在凝练关键研究变量时，要通过事物表象深入到内因，由外在现象反推到内在决定因素，比如上述工科案例：拟开发容易渗水的混凝土材料—要求材料渗透性高—渗透性主要受曲折度和孔隙率的影响—确定曲折度和孔隙率为关键研究变量。我们再看一个生命科学的例子：拟解决肿瘤转移的难题—需要理解肿瘤转移过程中肿瘤细胞间如何协调发展，如何分泌和传递信号——一种新型细胞器迁移体在其中发挥重要作用—拟深入研究迁移体在肿瘤转移过程中的时空分布、生物学功能和工作机制。

　　一般来说，科学问题可以分为两大类：理解类和应用类。前者主要探究问题背后的影响因素或影响程度、发生风险、微观特征、机理等，科学问题常以"有哪些""有什么影响""是什么"等结尾，比如：

　　① 原发性淋巴瘤患者发生"治疗相关性髓系肿瘤"疾病的发病风险有哪些？

　　② 微观裂缝对混凝土材料渗透性能有什么影响？

　　③ 岩石材料内部裂纹的三维空间结构是什么？

　　如果想进一步研究，还可以在理解问题之后分析背后的相关机制，那么以上3个科学问题就可以拓展成为：① 原发性淋巴瘤患者发生"治疗相关性髓系肿瘤"疾病的发病风险有哪些及发病机制是什么？② 微观裂缝对混凝土材料渗透性能有什么影响及影响机制是什么？③ 岩石材料内部裂纹的三维空间结构和裂纹扩

展机制是什么？

而对于应用类科学问题，如开发新方法、新模型、新方案、新材料，常用"如何"开头进行提问：

① 如何基于在软硬交替地层上建造的深隧道中发生的微震特征做岩爆预警？

② 如何利用造纸污泥灰开发一种具有高性价比的超疏水混凝土材料？

③ 如何发展出一套燃煤发电系统多层次自学习协同最优控制方案？

除了通过自己分析得出科学问题，综述论文作者也可能给出未来研究的建议。我们可以将其发展成科学问题。例如，在 Ueli Angst 等人 2019 年的综述论文中，他们在论文的结论部分直接给出了未来研究的建议，比如推荐研究在钢—混凝土界面处的水分条件、界面孔隙率等参数对钢筋腐蚀带来的影响。同时，他们也对某些参数（如水灰比、传统水泥类型）对钢筋腐蚀敏感性的影响不做最高级推荐，这意味着此处的研究重要性不高。这就给我们构思科学问题和提炼科研想法提供了重要参考。然而，我们需要注意研究建议的及时性和对研究基础的要求，毕竟综述论文不一定是最新发表出来的，而且未来研究的建议融合了作者自己的过往研究基础和主观判断。

如果期望申请国家自然科学基金，那么还需要理解基金委关于科学问题属性的分类和内涵。从创新性、匹配实际需求、交叉研究角度，科学问题属性被基金委分为 4 类（2019—2023），同时国自然系统也给出了科学问题属性的参考案例和评审意见。笔者基于它们分别对 4 类科学问题属性进行解读和举例分析：

① "鼓励探索，突出原创"。在该类型中，强调从 0 到 1 的原创，开辟新方向，提出新思想、新理论、新方法、新技术等。例如首次研究迁移体（一种新型细胞器）在肿瘤转移中的机制研究，为肿瘤转移和防治研究带来全新视角。不过既然是从无到有的突破性研究，难度自然是巨大的，因此要综合考虑自己的学术背景和制定的研究方案，判断是否有开展该原创研究的可行性。

② "聚焦前沿，另辟蹊径"。相比类型一，它的创新性要低一些，是聚焦于某个新热点方向上做的具有独特思路的创新研究。这好比原来以骑马方式从 A 跑到 B，现在你乘坐新开发的空中飞行器从 A 飞到了 B，大大缩短了旅行时间。

该类型强调在已有研究方向上"另辟蹊径",采用巧妙独特的解决方案,体现出较大的创新。在电化学脱嵌法从盐湖卤水中分离锂的某基金重点项目中,申请者将锂离子电池的工作原理反过来应用于从盐湖卤水选择性提取锂,"反其道而行之"提出了"电化学脱嵌法盐湖提锂"新方法。其完全不同于传统的镁锂分离方法,具有鲜明的独特性。

③"需求牵引,突破瓶颈"。随着我国经济的发展、科学研究的进步和国际竞争的白热化,国家必然会出现一些亟待满足的重大需求。如果能及时精准识别它们,并且挖掘出背后的科学问题,那可能就是一项突破技术瓶颈的创新研究。此类研究以重大需求、问题或目标为明确导向,以服务应用战场为目的。例如,在国家大力推进煤炭清洁高效利用的背景下,某基金课题针对燃煤发电控制系统存在发电系统建模不精确、锅炉运行效率低等燃煤发电核心问题,明确了开发新的燃煤发电控制系统的实际需求,提出一套燃煤发电系统多层次自学习协同最优控制方案,具有重大实际意义。

④"共性导向,交叉融通"。随着各学科领域的不断往前发展,某些研究问题越发聚合、复杂和深入,包含更多的跨学科知识点。这时候就需要我们融通各学科知识点开展交叉研究,解决共性难题,实现科学突破,对研究团队的知识面和研究基础提出了巨大的挑战。例如,如何实现 CO_2 在深度咸水层的高效储存需要探究富 CO_2 流体混合物注入深部咸水层的溶解度和体积变化等问题,要求具备物理化学热力学知识、计算机编程技能和深部地球地质学知识等,涉及计算机科学、化学、物理学和地质学的交叉和融会贯通。

8.4.3 研究假设或目标的形成

有了科学问题之后,接下来就是要匹配具体的研究假设或目标,这时候就得开动脑筋提供具体的课题想法以解决科学问题。因此,研究假设或目标包含的信息要更具体和深入,比如明确具体的研究对象、技术手段、干预措施、对照材料或方法、研究角度、研究变量、研究环境和机理分析等。下面进行举例说明:

◎ 案例1

科学问题:影响渗透材料内部渗透路径曲折度的因素有哪些?

研究目标：基于三维数值仿真技术优化水泥基材料内部渗透路径的曲折度。

解读：在该想法中（见图8.8），具体的研究对象是水泥基材料，研究变量为该对象内部渗透路径的曲折度。由于实际测量渗透路径曲折度具有非常大的挑战性，比起实验研究，它更适合用数值模拟技术开展研究。由于渗透路径曲折度天然就具有三维属性，因此这里需要采用三维数值模拟技术。同时，既然要分析影响曲折度的因素，那就往前拓展研究再做优化分析，即分析影响曲折度的因素和开发设计最优曲折度的方法，这就是课题的研究角度。不过如果是硕士研究生毕业课题，那并不需要进行拓展，而如果作为博士研究生毕业课题和青年教师们的基金课题，那肯定是要拓展到优化设计了。

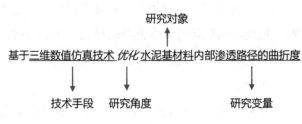

图 8.8　案例 1 课题想法的要素拆解

◎ 案例 2

科学问题：原发性淋巴瘤患者发生"治疗相关性髓系肿瘤"的病因或风险因素有哪些？

研究假设：克隆性造血疾病是原发性淋巴瘤患者发生"治疗相关性髓系肿瘤"的风险因素。

解读：由于该科学问题是开放性问题，包含的研究内容非常多，对大多数人而言失去了研究可行性，因此需要缩小研究范围。根据临床初步观察，原发性淋巴瘤患者若患有克隆性造血疾病，其发生"治疗相关性髓系肿瘤"的风险更高。因此，将研究对象设定为原发性淋巴瘤患者，并将研究假设聚焦于特定的风险因素：克隆性造血疾病。在该课题中，自变量或暴露因子是克隆性造血，应变量或响应变量是治疗相关性髓系肿瘤的患病风险（见图8.9）。注：该选题来自于 Koichi Takahashi（高桥幸）等人于2017年发表的论文的研究主旨。

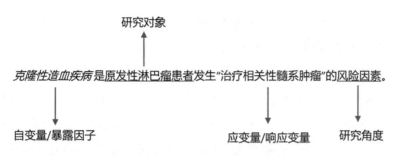

图 8.9　案例 2 课题想法的要素拆解

◎ 案例 3

科学问题：身体接触性运动是否会增加因神经退行性疾病造成的死亡比例的增加？

研究目标：基于回顾性队列研究分析从事接触性运动的退役足球运动员和正常人相比因神经退行性疾病死亡比例的差异。

解读：为了明确研究要素，我们将研究目标进行了具体化（见图 8.10）。首先是明确研究对象为有过身体接触性运动的退役足球运动员。其中身体接触性运动是干预措施，并设置了对照对象为非职业足球运动员的正常人，这样的对比就可以分析出干预措施是否会增加所研究的结局变量（因神经退行性疾病造成的死亡比例）。所采用的技术手段也进行了明确，即为适合该研究内容的回顾性队列研究。注：该选题来自 Daniel Mackay（丹尼斯·麦凯）等人于 2019 年已发表论文的研究主旨。

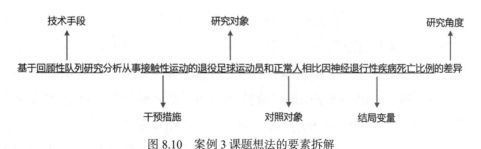

图 8.10　案例 3 课题想法的要素拆解

8.4.4　筛选和优化科研想法

截止到这里，我们就初步提炼出了科研想法。为了提高想法的质量，接下来笔者将介绍如何检验想法质量并筛选和优化出好点子，以最终完成提炼优质课题想法。首先我们来看如何筛选科研想法。

我们可以通过一些所谓的"金标准"来检验是否是好的科研想法，检验后觉得可行了，再将这些潜在的好点子筛选出来作进一步的优化，最终根据它制定出一个合理可行的研究方案，以确保该科研想法得以顺利实施并产出丰硕成果。那么什么叫好的科研想法呢？一般来说，它需要满足四大要素，分别是符合伦理道德，潜在的研究贡献较大（含创新和重要性），可行和有趣。图 8.11 展示了筛选科研想法的主要步骤，接下来笔者就具体介绍这些步骤。

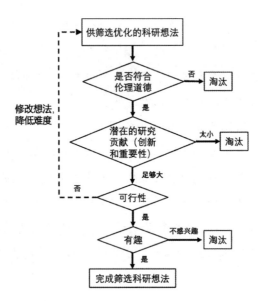

图 8.11　筛选科研想法的执行步骤

（1）符合伦理道德

历史上曾发生了一起臭名昭著的违背伦理道德的科研事件。2016 年 1 月，一位意大利医生 Paolo Macchiarini（保罗·马基亚里尼）被瑞典电视台指控在未进行动物实验的情况下采取欺骗手段诱使病人同意实施人造气管植入手术，结果造成了多名患者死亡的悲剧。这位医生最终被停职和谴责，其发表在著名期刊 *The Lancet* 上的论文也因篡改数据和夸大手术效果而被撤回。这就是为什么在生命科学领域涉及到人或动物的研究时，科研人员非常重视避开伦理道德问题，毕竟一旦有差错，后果将危及生命安全。目前大部分生命科学领域的国际学术期刊已要求在投稿中提供参与者的知情同意书和伦理委员会的伦理审批。

其他学科如人文社科也面临伦理道德问题，比如可能侵犯罪犯、服刑人员等特殊群体的基本权利，在研究敏感问题时可能忽视弱势群体的知情权和隐私权等。涉及到环境破坏或危及可持续发展的研究也存在违背伦理道德的问题。

在提炼创新想法时，我们还要时刻注意尊重前人研究成果，不能占为己有而不给予认可、感谢和引用，避免剽窃他人成果或恶意打压他人原创贡献的行为，应秉承合作共赢，共同走向科研成功的理念。

凡是某个课题想法违背伦理道德或者存在一定违背风险的，应该首先被淘汰。如果确定它符合伦理道德，那就接下去判断其潜在的研究贡献的步骤。

（2）潜在的研究贡献（创新性和重要性）

何为一项科研成果？它应该是对前人研究有所推进并产生了新知识，对所在研究方向做出了贡献。一项有较大潜在研究贡献的课题应包括较大创新性和重要性。它不仅能产生出新的信息，而且要对研究同行有吸引力，能产生新的认知或潜在的应用价值，否则就会出现这样的审稿意见："Although enough data were provided in the paper, it does not provide sufficient novelty and significance."（尽管论文中包含大量数据，但却没有提供充足的创新性和重要价值）。该审稿意见来自SCI 期刊 *Journal of Environmental Sciences*（《环境科学杂志》）。

如果认真严谨地执行本章提供的提炼科研想法的顶层设计方法步骤，那么想法的创新性和重要性还是有一定保障的。为了让读者更深入理解想法的潜在贡献，笔者接下来分析那些迷惑大家的"伪创新"以及如何避开它们实现真正的创新研究。基于大量投稿的稿件特征，国际 SCI 期刊 *Matter* 主编 Chin 和 Cranford 总结出了 4 类容易被拒稿的"伪创新"，笔者在此基础上进行案例解读。

① 替换式。在煎鸡蛋饼时，将鸡蛋替换成鸭蛋，其他都保持不变，这样所谓"新的鸭蛋饼"由于没有改变制作工艺或改变菜肴的本质，算不上真正的创新。因此，如果只是替换或修改系统中某一组分或变量，研究对象的性能又无明显改善，这样的课题想法也就失去了研究的新意和价值。而如果修改系统组分后系统的功能机制发生较大改变，这样的课题就有一定的创新性。

案例1：可溶性血栓调节蛋白作为一种生物标志物，已用于评估2型糖尿病、系统性红斑狼疮患者的内皮损伤状态，某研究人员于是想到利用可溶性血栓调节蛋白来评估肾脏病患者的内皮损伤状态。由于只是替换了疾病类型，且标志物作用机制没有发生本质改变，因此，该研究缺乏创新。

案例2：在混凝土材料成分设计中，通过增大常规混凝土材料中的粗骨料含量以及降低细骨料含量，我们可显著改变混凝土材料的渗透路径并增大其透水性，使之成为透水混凝土。这样的课题由于改变了材料的透水机制和显著改变材料性能，因此具备一定的创新性和应用价值。

案例3：在化学领域研究中，如果一种化学处理方法已被证实可有效降解某废水污染物，那么采用同样的处理方法降解另外一种相似化合物则属于替换研究对象，只是为同行增添了数据去验证该化学处理方法的有效性。

② 添加式。在一个鸡蛋饼上叠加另外一个小号的鸡蛋饼构成"新的鸡蛋饼"。由于没有改变原有鸡蛋饼任何内在或外在性能，这样简单的物理组合不算创新。因此，如果只是添加某成分或延伸拓展已有系统，最后产生的性能/效果差别不大，往往仅靠先验知识就可以推测研究结论，这样的研究没有创新性和重要价值。而如果添加某成分或延伸拓展已有系统后，形成了新的材料、模型或系统，其性能或效果得到显著改善，这样的研究就具有了创新性。

案例1：在能源领域，通过添加中间层、掺杂剂或增加孔隙率来提高电池效率往往没有从根本上改变电池工作机制，容易造成低创新。在计算机算法模型发展领域，通过增加几个变量参数来提高模型预测的准确度往往难以创新，因为原有模型原理并未发生根本性改变。

案例2：在自然光下，利用普通单反摄像机拍摄类似水泥基等孔隙材料的吸水过程往往难以清晰识别水分边界线，而在自来水中加入少量如1%的荧光粉，并且在荧光灯照射下利用普通单反摄像机拍摄吸水过程，边界线的清晰程度则得到大幅度改善。虽然是少量荧光粉的加入，但由于显色方式的改变使得拍摄效果发生巨大变化，这样的研究方式就具备了创新性和实用价值。

③ 组合式。我们在盛热水的杯子下方放一个杯托，可以防止接触热水杯时烫伤皮肤，增加了实用性，但是这种组合，是简单的物理叠加，并没有产生协同

效应，因此缺乏创新性。那么什么是协同呢？比如加了塑料杯托如果能让杯子传热机理发生变化，使之传热速率变慢，那就是一种协同创新。总之，组合式的研究，要看是否起到协同作用，产生 1+1>2 的效果，否则就是实用性研究，几乎没有创新。因此组合两种物质/模型成新系统，要确保新系统的性能或效果得到显著提升。

案例：Julie Lundgren 等人通过组合运动和利拉鲁肽药物使得肥胖患者在低热量饮食减肥之后的体重维持效果大大提升，远远好于只运动或只服用利拉鲁肽药物发挥的作用。该创新成果发表于医学四大顶级期刊之一的 *The New England Journal of Medicine*。

④ 专精式。如果研究对象非常特殊或研究条件罕见，往往难以激发大部分研究同行的兴趣，这样的研究就是过于专精于非常细分领域的创新，潜在读者很少，研究价值就很低。

案例：有研究想尝试环境温度对过敏性鼻炎的影响，但是发现在常见室温范围内（如 35 摄氏度）已经有较多研究，于是选择高温范围进行研究，设置 40 到 45 摄氏度。如此高的温度范围就是过于专精于极其特殊的情况而失去了研究的代表性，大大减少了研究价值。

从以上 4 个伪创新方式的分析来看，课题想法的创新性和重要性紧密结合在一起，密不可分。我们既要保证科研想法有一定的创新性，又要让其有吸引同行的价值亮点。笔者这里提供一个简便方法去快速判断想法的价值，那就是回答以下两个问题：

问题一：Who cares？谁关心你的科研项目？从同行角度来说，能不能从你的想法中得到启发从而提出下一阶段的科研想法？如果能，那么你的科研想法成为奠定同行未来研究的基础。越是原创的想法，可拓展延伸的空间越多。它就像一棵树苗一样可以不断成长为分支众多的参天大树。从不同研究分支来说，应用型研究课题能否启发做基础的研究人员？反之亦然。从不同地域或研究环境来说，你选择的本土化的研究对象（材料、结构、疾病患者等）能否推广适用于国际上？单一的研究环境能否推广到其他研究环境？从读者范围来看，同行人群基数是否足够大？交叉领域的潜在读者甚至是普罗大众是否有关联？总之，越多人与我们的研究课题相关，课题就越有普适规律，就越能发挥课题的价值贡献。

问题二：So what？假设我们能顺利做完课题，实现研究目标，那么是不是就够了呢？在笔者看来，这还远远不够，我们还要深入思考达成目标后能带来哪些益处或启发。笔者把它称为"隐秘目标"。比如，增加对某个知识点的理解，澄清前人研究中困惑的某个知识点，创造新知识和改写教材。假如研究结论成立，基于它能对实验方法、调查研究、实践指南、工程或临床等实践方法有哪些借鉴意义，是否可以解决国民经济发展过程中的关键技术挑战等。

除了以上基于想法内涵去判断科研想法的创新性和重要性之外，笔者再提供一种基于文献检索方法的快速判断的方法，如图 8.12 所示。首先提炼出科研想法中的关键词，如研究对象、研究变量等，然后去谷歌学术进行初步检索获得文献是否多的印象，然后再去 Web of Science 进行"主题"检索（即通过题目摘要检索文献）。如果发现相似文献只有少数几篇，那么再点击引文报告查看主题发展趋势。如果增长明显，说明同行较为关注，使得该想法具备潜在的创新性和重要性。另外一方面，如果发现相似文献较多，则要从文献题目中判断出创新点差异程度是否足够大。如果没差异，那么该想法创新性就可能很低而不得不被淘汰；如果差异大，那么再去查看引文报告，分析主题发展趋势。需要注意的是，该方法仅仅用于初步判断，真正要核实想法的创新性和重要性还得依据上述分析的基于想法的内涵的判断方法。

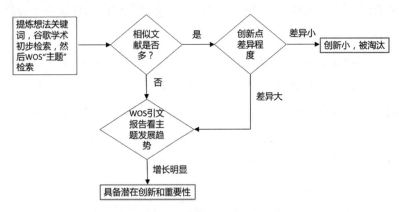

图 8.12　基于文献检索快速判断想法的创新性和重要性

注：WOS 是指 Web of Science 数据库。

（4）想法可行

很多科研新手会野心勃勃地提出令人耳目一新的研究想法，强调具有潜在的巨大研究贡献，然而容易忽略执行想法的可行性。一个无法落地的美妙想法就像是空中楼阁。图 8.13 汇总了考察可行性的 5 个方面。

图 8.13　检验想法可行性的 5 个方面

首先是要聚焦，即范围可控，课题范围不要太大，考察的研究变量要明确。一般的课题项目包含一个重点变量，可设置多个次要研究变量；重点或大项目需要设置多个重点变量。

第二个方面是要存在解决方法，一个想法虽然美妙无比，但无法通过有效方式解决或落地，那就失去了意义。比如想通过量化老年人的胸片特征关联新冠疾病的严重程度，由于老年新冠患者肺部变化不仅是受新冠的影响。也可能会受其他共病的影响，例如已存在长期肺炎，导致难以剥离出新冠的影响程度。又比如，孔隙材料在高温干燥作用下既会蒸发水分增加孔隙率，也有可能会开裂，孔隙率和裂缝的增多都会引起材料渗透性的增加。如果仅仅是考察裂缝对渗透性的影响，那么如何分割它们两者的影响就是一大挑战。

第三个方面是研究对象要充足。科学研究主要是基于样本的分析去推断总体的真实情况。如果样本量不够，这种推断就失去了准确性。比如临床研究中，招募参与试验的志愿者难度如果太大，就会招不到足够的研究对象。或者每周收集的病例太少，比如只有 1—2 个，而课题又需要上百个病例，想要收集完整的病例所要花费的时间实在太长。又比如，研究材料获取难度太大或成本太高，也会

造成材料数量短缺的问题。

第四个方面是有技术能力，一个完整的科研过程不仅包括提炼想法，而且包括后续进行的方案设计、方案执行、数据收集整理、数据分析、论文写作、选刊投稿以及算法编程、同行合作交流等，只有具备这些工作相应的技能，才能较为顺利地开展课题研究。同时，也要分析是否有相关的研究基础，否则需要花大量时间去学习新知识，难度就会陡增。

最后一个方面是要配备资源、经费和时间。完成一项科研项目涉及很多需要经费的地方，例如购买设备、试剂、材料，开展问卷调查激励及参加会议等，因此一般课题都是有基金项目的资助。若是没有足够的经费支持，即便是写综述，也需要投入大量的时间精力。总的来说，资源、经费和时间是科研中必不可少的。

基于以上五大方面的考察，如果判断出可行性较低，笔者建议修改想法，降低难度，直到达到可行性的要求。

（5）有趣

只有具备好的自驱力驱动科研才能做得出色。为了增加这种自驱力，课题想法肯定要吸引研究者，使之保持强烈兴趣，甚至让其"沉迷其中、不能自拔"，否则他就会因为觉得无聊而很难长期坚持下去。在想法筛选阶段，我们首先要明白，初期提炼的科研想法，大部分可能都是平淡无奇的，只有少部分比如20%才能激发自己的兴趣。因此，不要不舍得抛弃想法，重要的是我们能挑选出有趣有料的值得长期投入的想法。此外，想法是否有趣也可能取决于个人视野和看待问题的角度。事物是复杂多面的，从不同的角度去观察和研究，常规问题也可以成为让大家感兴趣的一个点。某些在国内同行看来是普通的想法，可能对于国际同行来说，就是很有兴趣的想法。但也有可能，自我感觉很好的想法，在他人眼中就很普通，没啥兴趣。毕竟个人的认知能力是有限的，对事物的认知容易受思维定式的影响，所以一定要跳出思维圈找同行朋友一起讨论分析课题想法的吸引力。

通过以上步骤筛选出有潜力价值的科研想法之后，我们还可以再检查下想法的每个关键要素是否有可提升的空间，以便进一步优化想法，从而为下一步设计研究方案提供明确方向。

在本节中，笔者分析了一个科研想法所具备的基本要素，如研究对象、技术手段、研究变量等。一个科研想法能被称为高质量，一定是全部或部分的想法要素是高质量的。基于此考虑，笔者建议通过检索文献，分析优化各基本要素，从而使得整个想法质量得到提升。

◎ 案例

假设我们有一个原始想法，想探究水泥基材料内部渗透路径的曲折度（tortuosity）和孔隙率（porosity）的影响因素。笔者对其进行模拟分析和优化。

该原始想法的研究变量为曲折度和孔隙率，笔者进行文献检索后发现后者已经有较多研究成果而前者很少有相关研究，因此不值得开展孔隙率研究。同时考虑到需要集中精力研究一个主要研究变量，因此笔者将研究变量限定为曲折度。

其次，当前研究角度是想找出背后的影响因素。假设我们已经完成该项研究，再往前一步的研究就是做优化。考虑到我们拟开展较大的课题（如博士生课题），需要较为丰富的研究内容，于是我们直接将研究角度定为做优化分析。

最后，当前想法并未指明具体的研究手段，这让后续开展研究方案设计增加了未知数。通过调研已有文献，我们发现类似水泥基等孔隙材料的渗透路径具有天然的三维属性，再考虑实验研究的巨大挑战，我们将研究手段确定为三维数值仿真技术。

从以上优化分析过程来看，只要我们分拆出想法的各个独立要素，然后分别进行调研分析，就可以完成优化要素和完善整个课题想法的过程。

此外，就像我们在日常工作中拟定目标，科研想法也要具备一个优秀工作目标的基本特征。比如在绩效考核中广为应用的 SMART 原则，S 代表 specific 目标具体，M 代表 measurable 结果可衡量，A 代表 achievable 目标可实现，挑战不能太大，R 代表 relevant 与过往研究基础和专业知识相关，T 代表 timely 在明确时间范围内可完成课题。大家也可以对照着以上原则优化自己的课题想法。

本章内容就要结束了，最后笔者分享给大家美国诗人 Robert Frost（罗伯特·弗罗斯特）的一句诗：I took the one less traveled by, and that has made all the difference（我选择一条路，这个路别人很少走过，而这让一切如此不同），与君共勉，科研想法也是要寻找一条与众不同的路，尽管很少人涉足，但继续走下去可能意义非凡，影响深远。

习 题

1. 在提炼科研想法时有必要开展顶层设计吗？（　　）。

A. 没有必要，是一种浪费时间的做法，直接检索和阅读文献即可

B. 没有必要，自己能力有限，顶层设计大佬才能做

C. 有必要，可以在全局上把握课题方向，不至于走错方向而白忙活

D. 有必要，提炼想法是个系统工程，遵循顶层设计思路，工作有序且高效

2. 以下哪种方式不属于常见的研究课题方向的来源渠道？（　　）。

A. 文献分析　　　　　　　　　　B. 冥想

C. 日常实践工作　　　　　　　　D. 会议交流或社会及行业新闻

3. 从实际角度分析，选择研究方向时需要考虑各种因素，以下分析不合理的是哪一项？（　　）。

A. 只要导师喜欢就行，自己喜不喜欢无所谓

B. 自身科研阶段是否匹配？如硕士研究生选择的方向不应该太难

C. 对已有研究的贡献程度是否足够？课题组负责人应选择高价值的课题方向

D. 发文潜力是否高？力求发表高质量的学术论文，提升在同行中的学术影响力

4. 实验过程中，发现某小鼠的基因表达量异常，请问你接下来怎么做属于不合理做法？（　　）。

A. 检查实验过程是否出错

B. 忽视它，不记录该数据

C. 重复实验，排除随机结果，验证异常现象的确存在

D. 无实验错误情况下，初步分析原因后发现有一定的合理性，制定研究假设开展进一步分析

5. 以下哪种方式有利于挖掘出研究缺口？（　　　）。

A. 完全采用论文中分析局限性（limitations）的内容

B. 在参会时，直接咨询同行当前领域有哪些研究不足

C. 剖析综述论文作者概括的当前研究不足

D. 寻找同行尚未研究的内容，就是研究缺口

6. 以下属于科学问题的是？（　　　）

A. 如何才能在减肥之后维持住体重？

B. 为什么直播带货这么火热？

C. 在特定孔隙率下如何降低渗透材料内部渗透路径的曲折度？

D. 暴雨倾盆，道路路面积水太多影响通勤，怎么办才好？

7. 筛选科研想法时要考虑的要素有什么？（　　　）。

A. 是否符合伦理道德

B. 想法的创新性和重要性

C. 可行性

D. 是否有兴趣

8. 以下研究想法从可行性的聚焦属性上分析，聚焦程度最高的是哪一项？（　　　）

A. 人们在感冒治疗上能做什么？

B. 抗生素能治疗普通感冒吗？

C. 头孢拉定治疗细菌感染引起的感冒的疗效如何？

D. 比较头孢拉定和罗红霉素治疗 60 岁以上老人由于细菌感染引起的感冒的疗效差异？

9. 创新性明显偏低的想法是哪些？（　　　）。

A. 某一吸附剂已被证明能有效去除水溶液中的某种染料分子，在新的课题中，利用该吸附剂去除另一种非常类似的染料分子

B. 肥胖患者在减肥后，再通过运动和利拉鲁肽药物的联合作用，体重维持效果远远好于只运动或只服用利拉鲁肽药物发挥的作用

C. 组合两种成熟的算法形成新的算法模型，预测某结构性能变化的准确度被提升了 1%

D. 鉴于燃煤发电控制系统存在发电系统建模不精确、锅炉运行效率低等核心问题，提出一套燃煤发电系统多层次自学习协同最优控制方案

10. 如何针对提出的创新想法判断未来大致能发几分的 SCI 论文？（　　）。

A. 原创性想法显著高于补充性想法

B. 创新想法覆盖的研究范围、人群大小越大，越受顶刊欢迎

C. 研究方案的证据强度，实验类研究高于观察类研究

D. 提炼想法的关键词，检索和统计已有的 SCI 论文所在的期刊分数

11. 当发现自己的想法已经有类似的文章了，这时候该怎么办呢？（　　）。

A. 直接放弃，换选题

B. 查看已有文章的证据强度和方法的严谨程度，可采用更全面、更严谨和强度等级更高的研究方案

C. 分析已有文章结论是否一致

D. 基于当前想法往前拓展，比如将变量之间的影响研究拓展到优化分析

参考文献

第 8 章参考答案

[1]　ADLER H, GOULD S, HINE P, et al. Clinical features and management of human monkeypox: A retrospective observational study in the UK[J]. The Lancet Infectious Diseases, 2022, 22(8): 1153-1162.

[2]　ALON U. How to choose a good scientific problem[J]. Molecular Cell, 2009, 35(6): 726-728.

[3]　ANGST U M, GEIKER M R, ALONSO M C, et al. The effect of the steel-concrete interface on chloride-induced corrosion initiation in concrete: A critical review by RILEM TC 262-SCI[J]. Materials and Structures, 2019, 52(4): 1-25.

[4]　BEATY R E, KENETT Y N, CHRISTENSEN A P, et al. Robust prediction of individual creative ability from brain functional connectivity[J]. Biological Sciences，2018, 115(5):

1087-1092.

[5] BERGER B, DINGEMANSE J, SABATTINI G, et al. Effect of liver cirrhosis on the pharmacokinetics, metabolism, and tolerability of daridorexant, a novel dual orexin receptor antagonist[J]. Clinical Pharmacokinetics, 2021, 60(10): 1349-1360.

[6] BYUN J, Jang S S. Effective promotions for membership subscriptions and renewals to tourist attractions: Discount vs. bonus[J]. Tourism Management, 2015, 50: 194-203.

[7] CHIN S M, CRANFORD S W. 4 archetype reasons for editorial rejection[J]. Matter, 2020, 2(1): 4-6.

[8] DI DOMENICO G, SIT J, ISHIZAKA A, et al. Fake news, social media and marketing: A systematic review[J]. Journal of Business Research, 2021, 124: 329-341.

[9] FENG G L, CHEN B R, XIAO Y X, et al. Microseismic characteristics of rockburst development in deep TBM tunnels with alternating soft-hard strata and application to rockburst warning: A case study of the Neelum-Jhelum hydropower project[J]. Tunnelling and Underground Space Technology, 2022, 122: 104398.

[10] FIELDS J M, DAVIS J, GIRSON L, et al. Transthoracic echocardiography for diagnosing pulmonary embolism: A systematic review and meta-analysis[J]. Journal of the American Society of Echocardiography, 2017, 30(7): 714-723.

[11] JONES W S, MULDER H, WRUCK L M, et al. Comparative effectiveness of aspirin dosing in cardiovascular disease[J]. The New England Journal of Medicine, 2021, 384(21): 1981-1990.

[12] JUMPER J, EVANS R, PRITZEL A, et al. Highly accurate protein structure prediction with AlphaFold[J]. Nature, 2021, 596(7873): 583-589.

[13] LUNDGREN J R, JANUS C, JENSEN S B K, et al. Healthy weight loss maintenance with exercise, liraglutide, or both combined[J]. The New England Journal of Medicine, 2021, 384(18): 1719-1730.

[14] MACKAY D F, RUSSELL E R, STEWART K, et al. Neurodegenerative disease mortality among former professional soccer players[J]. The New England Journal of

Medicine, 2019, 381(19): 1801-1808.

[15] PRENTICE R L, CAAN B, CHLEBOWSKI R T, et al. Low-fat dietary pattern and risk of invasive breast cancer: the Women's Health Initiative Randomized Controlled Dietary Modification Trial[J]. JAMA, 2006, 295(6): 629-642.

[16] TAKAHASHI K, WANG F, KANTARJIAN H, et al. Preleukaemic clonal haemopoiesis and risk of therapy-related myeloid neoplasms: A case-control study[J]. The Lancet Oncology, 2017, 18(1): 100-111.

[17] 唐权. 人文社会科学研究过程中研究伦理的风险防控 [J]. 重庆大学学报 (社会科学版)，2020, 26(5): 121-129.

[18] WU Z, WONG H S, BUENFELD N R. Effect of confining pressure and microcracks on mass transport properties of concrete[J]. Advances in Applied Ceramics, 2014, 113(8): 485-495.

[19] WU Z, WONG H S, BUENFELD N R. Influence of drying-induced microcracking and related size effects on mass transport properties of concrete[J]. Cement and Concrete Research, 2015, 68: 35-48.

[20] WU Z, WONG H S, CHEN C, et al. Anomalous water absorption in cement-based materials caused by drying shrinkage induced microcracks[J]. Cement and Concrete Research, 2019, 115: 90-104.

[21] XIE Y, EBAD SICHANI M, PADGETT J E, et al. The promise of implementing machine learning in earthquake engineering: A state-of-the-art review[J]. Earthquake Spectra, 2020, 36(4): 1769-1801.

[22] YANG L, FENG L, ZHANG L, et al. Predicting freshmen enrollment based on machine learning[J]. The Journal of Supercomputing, 2021, 77(10): 11853-11865.

第 9 章

文献调研的 10 个锦囊

文献调研是科研人员开启一项科研项目的基础，也是整个科研过程中极其重要的关键环节，笔者在本书的前八章分别从认识文献、建立文献调研思维、文献检索、文献管理、文献阅读和提炼科研想法等方面，详细地介绍了文献调研各个环节的思路和实操方法。通过阅读和掌握它们，笔者相信大家一定能在实战中提升文献调研的效率和质量，不至于被文献信息淹没而失去调研方向，产生焦虑。本章是全书的最后一章，笔者还将介绍 10 个文献调研的常用技能作为锦囊献给大家，以方便读者在平常的文献调研工作中时常查阅使用。

9.1 如何安装插件访问谷歌学术

相比于百度学术，谷歌学术能快捷地检索到丰富的英文文献，因此笔者更加推荐使用谷歌学术进行初步的文献检索。感兴趣的读者可阅读本书第 3 章以详细了解谷歌学术。同时，谷歌搜索也常被用于检索英文网页信息以学习专业知识。然而，由于现实原因，国内用户需要借助一些插件才能顺利访问谷歌学术和谷歌搜索。在此，笔者介绍两种安装谷歌学术插件的方式。

首先，笔者推荐大家安装 "iGG 谷歌访问助手"，大家可以在微软 Edge 和火狐浏览器的插件库中直接检索到。如图 9.1 所示，打开电脑的 Edge 浏览器，点击界面右上角的三个点，选择 "扩展"，在搜索框里输入要安装的插件名称 "iGG 谷歌访问助手"（见图 9.2），点击安装即可。完成安装后，我们直接打开按钮就能访问谷歌学术和谷歌搜索了。

图 9.1 在扩展程序中搜索插件

图 9.2 iGG 谷歌访问助手

笔者推荐的另一款插件是谷歌上网助手 Ghelper。具体的下载安装步骤如下，首先在官网下载插件（http://googlehelper.net），然后点击浏览器右上角的三个点打开扩展程序界面，笔者使用的是 Chrome 浏览器，如图 9.3 所示。点击"加载已解压的扩展程序"，选择之前下载好的 Ghelper 插件，解压文件中的"ghelper-source"文件夹，就完成了插件的安装。点击插件图标注册账号和完成付费后，就能使用插件访问谷歌学术和谷歌搜索了。

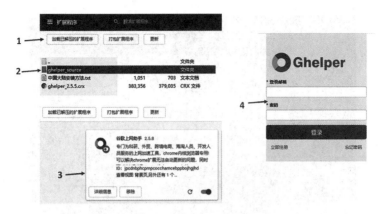

图 9.3　安装插件的流程

9.2　如何查询 SCI 期刊影响因子

查询期刊影响因子的渠道有很多，最官方的途径就是直接在 Web of Science 的数据库中查询。我们可以直接检索期刊查找其影响因子，或是在 JCR 期刊引证报告界面（https://jcr.clarivate.com/jcr/browse-journals）查询更详细的期刊影响因子等指标数据。如图 9.4 和 9.5 所示的是 2021 年版本的 JCR 期刊引证报告查询界面及其设置查询条件的筛选框。

Journal name	ISSN	eISSN	Category	Total Citations	2020 JIF	JIF Quartile	2020 JCI	% of OA Gold
CA-A CANCER JOURNAL FOR CLINICIANS	0007-9235	1542-4863	ONCOLOGY - SCIE	55,868	508.702	Q1	77.64	100.00 %
NATURE REVIEWS MOLECULAR CELL BIOLOGY	1471-0072	1471-0080	CELL BIOLOGY - SCIE	58,477	94.444	Q1	7.01	1.40 %
NEW ENGLAND JOURNAL OF MEDICINE	0028-4793	1533-4406	MEDICINE, GENERAL & INTERNAL - SCIE	464,376	91.253	Q1	26.14	0.00 %
NATURE REVIEWS DRUG DISCOVERY	1474-1776	1474-1784	Multiple	41,993	84.694	Q1	10.86	0.88 %
LANCET	0140-6736	1474-547X	MEDICINE, GENERAL & INTERNAL - SCIE	369,614	79.323	Q1	20.05	22.81 %
Nature Reviews Clinical Oncology	1759-4774	1759-4782	ONCOLOGY - SCIE	17,973	66.675	Q1	7.72	4.38 %
Nature Reviews Materials	2058-8437	2058-8437	Multiple	19,887	66.308	Q1	4.06	1.91 %
Nature Energy	2058-7546	2058-7546	Multiple	28,166	60.858	Q1	8.15	0.32 %

图 9.4　JCR 期刊引证报告查询主界面（2021 版，查询时间 2022 年 3 月 1 日）

图 9.5　JCR 期刊引证报告查询的条件筛选框（2021 版）

由于部分科研单位未购买 Web of Science 数据库的使用权限，大家也可以在研淳 Papergoing 的官网免费查询 SCI 期刊的影响因子等数据。具体步骤如下：在官网首页的"科研工具"中点击"SCI 期刊查询"进入查询界面，直接搜索期刊名称或学科名称，并可设置 JCR 分区范围检索目标期刊。如图 9.6 所示，笔者选择"康复医学"领域，即可查询到该领域内的所有 SCI 期刊及其影响因子、分区等基本数据。

| 期刊名称： | 期刊全称或简称 | | ISSN： | ISSN | | JCR研究学科： | 学科方向 | | |

JCR分区： 请输入数字 ~ 请输入数字　搜索　　我的期刊

ISSN	期刊名全称	简称	JCR研究学科	收录情况	影响因子 ▼	JCR分区	期刊预警（中科院）	记忆
1836-9553	Journal Of Physiotherapy	J PHYSIOTHER	ORTHOPEDICS,整形外科	SCIE	7	Q1	未预警	收藏
			REHABILITATION,康复医学	SSCI		Q1		
0014-4029	Exceptional Children	EXCEPT CHILDREN	EDUCATION, SPECIAL,特殊教育	SSCI	5.042	Q1	未预警	收藏
			REHABILITATION,康复医学	SSCI		Q1		
1877-0657	Annals Of Physical And Rehabilitation Medicine	ANN PHYS REHABIL MED	REHABILITATION,康复医学	SSCI	4.919	Q1	未预警	收藏
0190-6011	Journal Of Orthopaedic & Sports Physical Therapy	J ORTHOP SPORT PHYS	ORTHOPEDICS,整形外科	SCIE	4.751	Q1	未预警	收藏
			REHABILITATION,康复医学	SSCI		Q1		
			SPORT SCIENCES,运动科学	SCIE		Q1		

图 9.6　在研淳 Papergoing 官网查询期刊影响因子

9.3　安装 PubMed 插件快速识别期刊信息

期刊论文的影响因子、分区、被引频次等信息是科研人员判断一篇论文质量高低的重要标准，但在生命科学领域常用的数据库 PubMed 中，这些信息通常是不显示的，需要读者自行查找。为了方便生物医学科研人员快速了解这些重要信息，笔者向大家推荐一款 PubMed 插件——Scholarscope。有了它，就可以在PubMed 的检索页面上直接查看论文所在的期刊名称、JCR / 中国科学院分区、被引频次、影响因子等信息。注：该插件于 2021 年 12 月份开始收费。

具体的安装过程如下：首先在浏览器中搜索 Scholarscope 进入官网（https://www.scholarscope.cn/），点击"立即下载"，可以看到不同浏览器如火狐、微软Edge、谷歌、360 以及 QQ 浏览器的安装教程，选择自己常用的浏览器安装即可。安装之后在浏览器右上角直接点击插件，设置插件显示的功能，如图 9.7 所示，可以选择显示文献的被引用数、所在领域排名、文献二维码等信息。

图 9.7　设置插件功能

设置好插件功能后，笔者在检索框中输入关键词"lung cancer"，检索肺癌相关的文献，如图 9.8 所示。每篇文献的标题下方，都显示了期刊名称、影响因子、JCR 分区、发表时间、文献类型以及被引频次等信息。

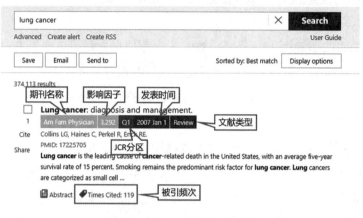

图 9.8　显示文献信息

　　另外，如果想了解该论文的中国科学院分区，可以点击插件的"全局设置"，如图 9.9 所示。打开"中国科学院分区"按钮，就能显示论文所在期刊的中国科学院分区。原有的 JCR 分区就会被中国科学院分区所覆盖而只显示中国科学院分区。除此之外，市面上还有另外一款具有类似 Scholarscope 功能的插件：SangerboxNote。截至 2023 年 12 月，该插件仍然可以免费使用。

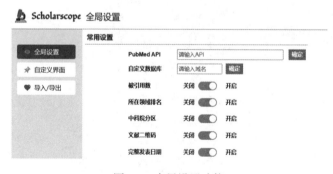

图 9.9　全局设置功能

9.4　快速查找所在领域的中文核心期刊

　　近年来，国内学术界着力改变"SCI 至上"的局面，日益重视中文学术论文的发表，科研人员们也要将目光从只盯着 SCI 期刊部分转向国内高质量的中文期刊，尤其是核心期刊。除了直接查找北大核心、南大核心、中国科学引文数据库来源期刊索引（CSCD）等来源期刊目录，我们也可以在中国科研人员最常用的中文文献检索平台知网和万方上进行线上快速检索。

以知网为例。首先，我们可以直接通过首页的"出版物检索"查询核心期刊。登录知网首页，选择检索框右侧的"出版物检索"，如图 9.10 所示。点击"期刊导航"，即可显示知网收录的学术期刊。在左侧"学科导航"中按学科大类定位具体学科领域中的期刊，勾选"核心期刊"，就能将期刊范围缩小至核心期刊中（知网的核心期刊指的是北大核心）。之后，我们再将期刊按复合影响因子排序，就能筛选出领域内高质量的核心期刊。

图 9.10　在知网中定位核心期刊

查询学科领域内的北大核心期刊，还可以通过点击界面左侧"核心期刊导航"实现。这部分期刊目前默认皆为北大核心期刊，按学科大类划分为七编，如图 9.11 所示。我们可以在大类中选择更细致的学科领域，定位自己所在领域的北大核心期刊。除了北大核心期刊外，我们也可以点击"数据库刊源导航"，筛选 CSCD、中文社会科学引文索引（CSSCI）、SCI、EI 等来源期刊。

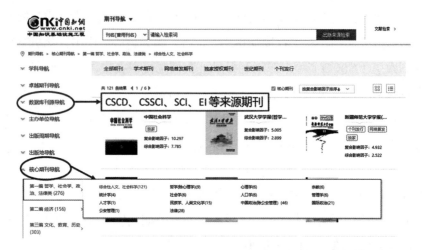

图 9.11　筛选核心期刊

　　除了专门搜索领域内的中文核心期刊，我们在检索文献的时候也可以将检索结果限定在核心期刊中，以筛选高质量的论文。例如，笔者在检索框中输入关键词"人工智能"，选择文献类型为学术期刊，如图 9.12 所示。在界面左侧点击"期刊"，会显示包含该关键词的论文所在的具体期刊。同时，我们也可以限定"来源类别"，按检索需求勾选来源于核心期刊（北大核心）、中文社会科学引文索引（CSSCI）、SCI、EI 等来源期刊的论文。

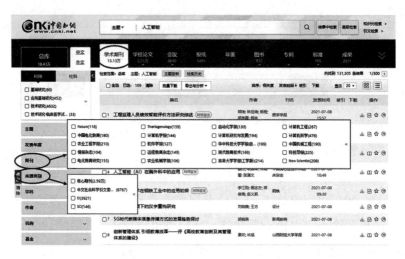

图 9.12　筛选核心期刊论文

　　我们也可以通过高级检索功能定位核心期刊，但是仍然需要将文献类型限定在"学术期刊"中。在检索框中输入关键词后，可以筛选来源类别，将检索结果定位在 SCI、EI、北大核心、CSSCI、CSCD 等核心来源期刊内。如图 9.13 所示，笔者在高级检索界面中输入"人工智能"作为检索关键词，并限定检索的期刊范围为北大核心和 CSCD 来源期刊，点击检索键就能将文献定位在其中了。

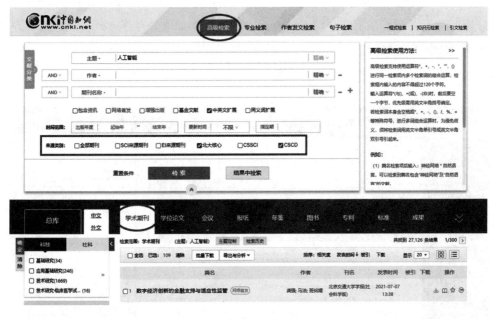

图 9.13　知网筛选核心期刊

　　如果想在万方数据平台上检索期刊，则可点击首页的数字图书馆中的学术期刊进入"万方智搜"页面查询核心期刊。我们可以在页面左侧选择具体学科并通过限定核心收录类型（北大核心、EI 等）来查看所在学科的核心期刊，也可以在搜索框中输入关键词来搜期刊，并可以设定核心收录类型来选择核心期刊。由于操作简便，笔者不再赘述。

9.5 EndNote 文献管理软件的操作流程

EndNote 是科睿唯安公司开发的一款文献管理软件，可以帮助科研人员将海量的学术文献管理得井井有条，极大方便后续的文献阅读与写作。图 9.14 所示的是 EndNote20 英文版本的使用界面和笔者给出的各部分注释。由于界面简洁、好理解，笔者侧重在下文介绍 EndNote20 的主要功能以及操作方式。不同版本界面和功能较为相似，只是功能选项位置略有不同而已，因此在掌握 EndNote20 版本的操作流程后，操作其他中英文版本也轻而易举。

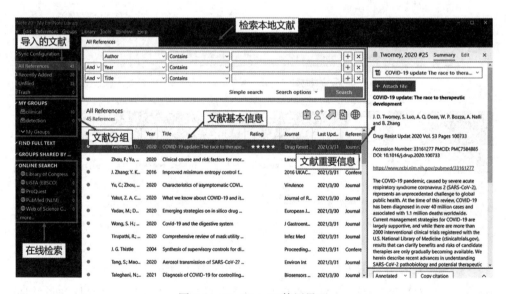

图 9.14　EndNote20 使用界面

EndNote 的操作流程主要分为 4 步，分别是创建个人图书馆、导入文献、管理文献和输出文献到 Word 中。

（1）创建个人图书馆

使用 EndNote 的第一步是要建立个人图书馆，它是之后用来存放文献的地方。打开 EndNote 后，点击菜单栏 File—New，就可以根据需求设置个人图书馆名称和存储位置（图 9.15）。个人图书馆文件名的后缀为 enl。创建个人图书馆是为了根据不同的研究课题分门别类地管理文献。例如新冠感染课题相关的文献和糖尿病课题相关的文献，可以分别创建两个不同的图书馆来进行管理。如果想在异地操作同一个 EndNote 的个人图书馆文件（比如在办公室和家里 / 寝室开展异地办公或共享给合作者），则需要复制 xx.enl 文件和 xx.Data 文件夹到新的电脑上实现资料同步或共享。xx 代表个人图书馆文件名。

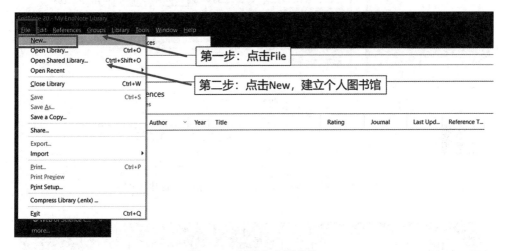

图 9.15　创建个人图书馆

（2）导入文献

创建好个人图书馆后，就可以将文献存放进去了。使用 EndNote 导入文献主要有以下 3 种方式。

① 从文献数据库导入。EndNote 可以直接连接谷歌学术、Web of Science、PubMed、ProQuest、百度学术等上千个数据库，用户在数据库中检索文献后可以直接将文献导入进库。其基本操作流程是：选定要导入 EndNote 中的文献；保存成 EndNote 可识别的文件类型；双击该文件或手动将其导入到 EndNote 中即可完成文献导入。

如图 9.16 和图 9.17 所示，笔者首先以 Web of Science 为例，以关键词组合：COVID-19 AND "clinical characteristics" AND detection 检索文献，选择被引量排名前 5 的文献，点击 EXPORT 导出，选择 EndNote 桌面版，就可以将文献导入到 EndNote 中了。

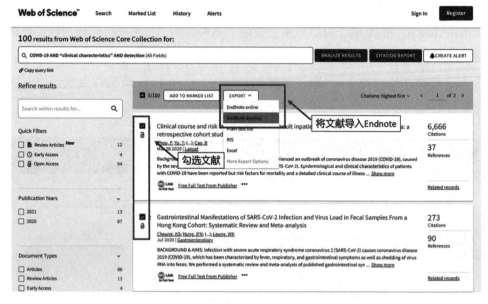

图 9.16 把文献从 Web of Science 导入 EndNote 中（网页）

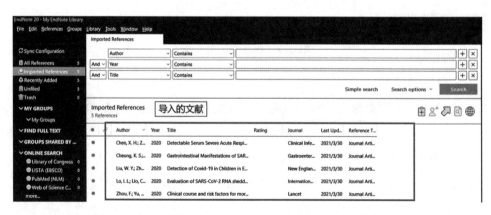

图 9.17 把文献从 Web of Science 导入 EndNote 中（软件内）

从其他直接连接的数据库导入文献到 EndNote 中的做法大致类似。比如 PubMed 中找到文献后点击 Send to 中的 Citation manager 再点击存储文件（文件格式为 nbib），便可在打开 EndNote 前提下双击文件自动导入文献到 EndNote 中。

而像 ScienceDirect、IEEE 等并未与 EndNote 建立直接连接的数据库，导出文献的方式就有所不同了。例如，在 ScienceDirect 中选择要导出的文献，点击 Export 后选择 Export citation to RIS（图 9.18），会自动生成选中文献的主要信息的 RIS 格式文件，打开该 RIS 文件即可更新 EndNote 文献列表，完成文献的导入。

图 9.18　从 ScienceDirect 中导出文献

　　而从中文文献数据库导入文献到 EndNote 的情况又有所不同。图 9.19 所示的步骤是笔者在知网中检索并筛选出文献后，先勾选目标文献，然后点击"导出与分析"，选择导出文献的路径为 EndNote，即可生成知网导出的文献目录 txt 格式文件。然后，在 EndNote 中点击菜单栏的 File—Import（导入）—File，选择导入知网导出文献目录 txt 文件。注意在 Import Option（导入选项）选择 EndNote Import，这样就能导入知网选择的文献。

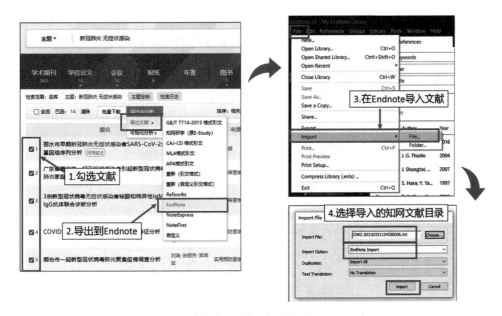

图 9.19　导入知网文献

②在线检索文献。我们还可以在 EndNote 中直接检索文献，EndNote 与上千个数据库直接连接，点击左侧的 Online Search 在线搜索（见图 9.20），或在菜单栏中点击 Tools--Online Search 选择特定的某个文献数据库（见图 9.21），开展文献检索，检索方式与在数据库中检索类似，即输入检索关键词选择检索字段，设置运算逻辑，就能检索到该数据库内的相关文献。

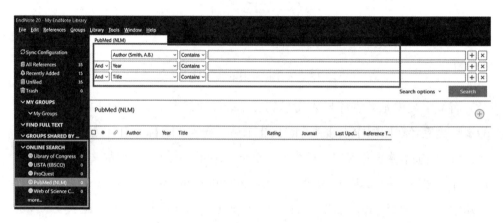

图 9.20　在线检索

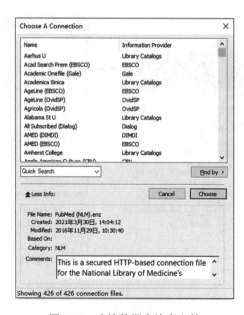

图 9.21　连接数据库检索文献

在线检索得到的文献可以直接添加到 EndNote 中，非常方便。但要注意的是，在 EndNote 中连接数据库在线检索可能会不稳定，检索出的文献结果也不像在数据库中可以按不同的筛选指标来排序筛选文献，难以快速检索出最合适的文献。

③ 导入本地 PDF 文件。第三种导入文献的方式是导入已下载到本地文件夹的 PDF 文件，为了方便后续的文献阅读，我们有时会将筛选好的文献下载存储在本地。这时，我们也可以在 EndNote 中导入本地文献，这样在管理文献时就可以在 EndNote 中阅读文献。导入本地 PDF 文献的方法是点击 File—Import—File 导入单篇 PDF，File—Import—Folder 导入整个文件夹（见图 9.22）。另外，导入单篇文献还可以直接把 PDF 拖入 EndNote 中。

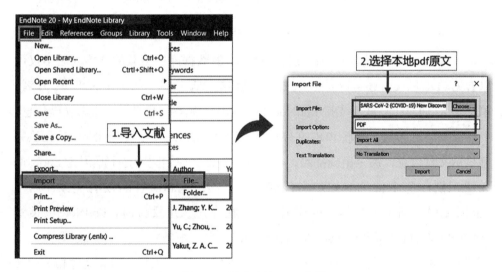

图 9.22　导入本地 PDF 文献

如图 9.23 所示，选中导入的本地文献，在右侧文献 Summary（概要）部分可看到导入的 PDF，打开后即可阅读原文，同时还能在 PDF 上添加笔记标注，加深阅读记忆。当然，我们也可以打印出来开展纸质版阅读。

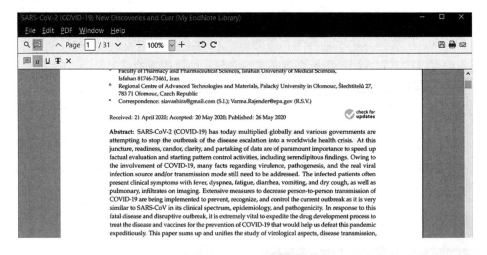

图 9.23　打开 PDF 文献

　　导入的 PDF 文献如果是在支持 EndNote 的数据库中下载的，导入后不仅可以看见 PDF 原文，还可以看见该文献较具体的文献信息（如所在的期刊、作者、单位等），而对于一些不支持 EndNote 的数据库，则需要单独导入参考文献信息。

　　需要注意的是，某些 PDF 文件特别是中文 PDF 论文导入 EndNote 后无法完整显示文献信息，甚至出现乱码，这背后又是什么原因呢？是不是因为 EndNote 无法识别一些不常见的 PDF 文件名呢？其实，这和文件名没有关系，而与 EndNote 识别 PDF 文件信息的规则有关。在导入 PDF 文件时，EndNote 会搜索文件中的 digital object unique identifier（DOI）号，根据它再去 Crossref 数据库中下载相关的文献信息。因此，如果 PDF 文件中没有 DOI 号，则该文件相关的文献信息就无法被完整显示出来。DOI 号是指数字对象唯一标识符，用来标识该文献的代码，就像我们个人的身份证号码一样。据王维朗等人在 2017 年调查，虽然有 80% 的中文核心期刊注册了 DOI 号，但是这些期刊中只有 42% 赋予 DOI 号给其中发表的论文！这就意味着至少 2/3 的中文论文导入到 Endnote 后，无法被识别出参考信息。

　　（3）管理文献

　　① 文献分组功能。为了方便后续查找和阅读文献，我们可以对导入的文献进行分类管理。点击菜单栏的 Groups--Create Group，或右键点击左侧界面的 MY

GROUPS（我的分组），即可创建分组。我们还能根据需求自定义分组的名称，方便查阅其中的文献（见图9.24）。例如可以将肺炎的诊断、检测、传播、临床特征、药物与疫苗各建立一个分组，将符合条件的文献分别加入到不同的组别中，不过EndNote只能建立单级分组，无法显示层级关系。右键点击选中的文献再点击"Add References to"（添加文献到）即可添加文献到具体的分组中。

另外，EndNote还有一个非常棒的分组功能，它可以创建智能分组（Smart Groups），在智能分组中设置条件，例如设置期刊名称、作者名称等，只要符合条件的就会被收录进来，之后导入的文献中有符合条件的会自动加入组。

图9.24 在EndNote中创建分组

② 本地搜索和排序。在EndNote建立的个人图书馆类似于一个小型的文献数据库，若导入的文献数量很多，查找起来也并不方便。这时，我们可以利用本地检索功能找到目标文献，方式类似于在数据库中检索文献，如图9.25所示。我们可以通过关键词、标题、作者等条件检索，同时还支持高级检索功能，可按不同检索字段精准检索。对查找出来的文献，我们还可以点击文献显示栏上方的Author/作者、Year/年份、Title/标题、Rating/评级、Journal/期刊等不同类别

进行文献排序。

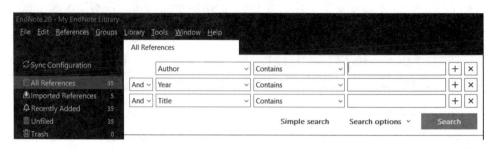

图 9.25　检索 EndNote 本地文献

③ 文献标记。为了方便我们在后续的文献阅读中，有侧重点地阅读一些关键文献，我们可以在 EndNote 中添加一些备注和标记。选中某篇文献，右侧编辑 edit，我们可以在 Research Notes 编辑并随时修改对论文的想法感悟，同时检索本地文献时选择 Any Field+PDF with Notes，即可搜索笔记和对应的文献（见图 9.26）。

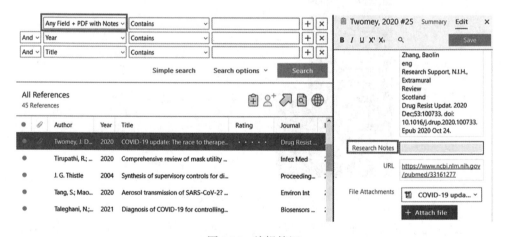

图 9.26　编辑笔记

此外，我们还可以根据文献的重要程度给文献评星级，水平较高且对自己研究帮助较大的论文可以细致研读。这样，我们在文献阅读环节就能有所侧重，合理安排时间。左侧方框的小勾表示"已读"，已经阅读过的文献可以勾选已读，防止之后搞混已读和未读的文献，导致时间的浪费（见图 9.27）。

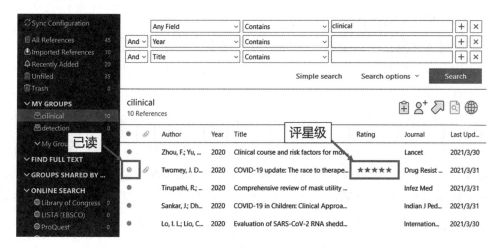

图 9.27 标记已读和给文献评级

经过日积月累，EndNote 管理的文献会越来越多，可能会出现重复导入同一篇文献的情况。如果重复情况过多，就会出现文献管理混乱的糟糕局面。这时，我们可以点击菜单栏中的"References/ 文献"找到"Find Duplicates/ 查找重复文献"，保留重复文献中的一篇即可实现文献去重。

④ 文献自动下载。导入参考文献信息后，我们还可以直接在 EndNote 中下载文献，可通过以下两种方式获得文献。

a）通过 EndNote 自带的下载功能。在 EndNote 中选中需要下载全文的文献，右键点击它（可多选），选择 Find Full Text（寻找全文），系统会自动找到该文献对应的下载地址并进行下载。不过通过这种方式，只能下载少部分免费文献。

b）通过 EndNote 一键连接 Sci-Hub 实现下载。首先，我们需要在 EndNote 中新建一个参考文献样式（点击 Edit/ 编辑—Output Styles / 输出样式—New Style / 新建样式）并设置样式名称为"下载论文"（可随意设置任何名字）。在该样式页面中点击"Bibliography / 参考文献"的 Templates / 模板，然后在 Reference Types / 参考文献类型中输入 www.sci-hub.ren/DOI 并保存。回到 EndNote 主页面，在参考文献样式选择中切换成新样式"下载论文"，然后在文献信息显示窗口中点击某个具体的参考文献，即可在右方的信息预览窗口 preview 中看到一个 Sci-Hub 网址，点击该网址即可跳转到浏览器去下载该文献了。

（4）输出文献信息到 Word

在导入文献并在 EndNote 中开展分类、下载文献等管理后，就可以输出文献信息到 Word 中开展论文写作了。笔者接下来介绍常用的操作，包括自动插入参考文献、增减文献、更换文献等。

① 自动插入参考文献。多数科研人员在写论文时可能都遇到过这种情况：参考文献的数量太多，一篇篇地插入非常麻烦，而且不同期刊有不同的参考文献格式要求，一不小心就会搞错格式。如果是撰写综述论文或毕业论文，那么可能会有上百篇参考文献需要编辑，手动撰写参考文献信息着实费劲，而且手动更换格式更是费时。EndNote 将插入引用功能嵌入到 Word 编辑器中实现自动插入参考文献，解放双手，轻松完成参考文献的引用。

如图 9.28 所示，打开 Word 编辑器后，将光标放在需要插入参考文献的位置，点击菜单栏的 EndNote 插件，然后点击 Insert Citation，输入文献关键词找到要插入的文献，选择特定的参考文献 Style / 样式，即可自动插入如图 9.29 所示的参考文献。我们也可以在将光标放在需要插入参考文献的位置后，切换到 EndNote 程序中，选中要引用的参考文献，点击工具条上的双引号⏹️，即可将选定的单篇或多篇文献插入到该指定位置。

EndNote20 支持 7000 多种参考文献样式，还可以个性化添加目标期刊所要求的特定参考文献样式。我们可点击菜单栏的 Style 选择或更换不同的参考文献格式，更改后会自动更新全文参考文献引用格式，不需要手动调整。

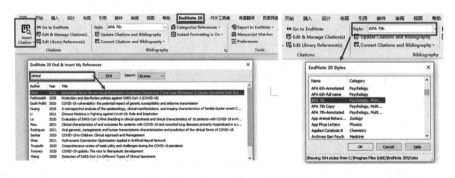

图 9.28　在 word 插入参考文献

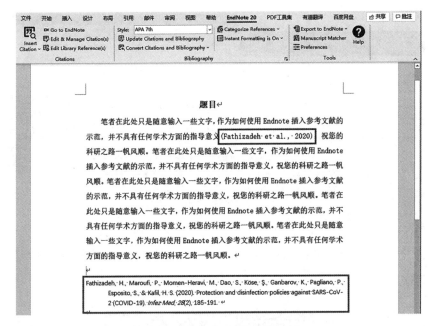

图 9.29　自动生成参考文献格式

　　若发现插入的个别参考文献显示内容有误，如作者名字写错（特别是中国人的姓和名容易搞反），可选中有问题的参考文献，点击"Edit library Reference(s)，会直接跳转到有问题的参考文献，在 EndNote 中手动编辑正确的格式。修改后保存再退出，然后点击"Update Citations and Bibliography"即可更正错误。

　　②创建新的参考文献格式。尽管 EndNote 中提供了上千种参考文献格式，但还是有可能满足不了上万本学术期刊的参考文献格式要求。如果在 EndNote 中找不到要投稿的期刊所要求的参考文献格式，就需要手动创建新的参考文献格式。如图 9.30 所示，点击 EndNote 菜单栏中的 Tools–Output Styles，点击 Open Style Manager 再选择"Get More on the Web"，在弹出的 EndNote 的 Output Styles 网页中选择期刊要求的参考文献格式并下载。也可以直接点击 Help 选择 EndNote Output Styles 打开 Output Styles 网页。该网页中提供了多达 7000 多种参考文献格式。笔者以 SCI 期刊 Web Ecology 为例，在网页中通过搜索找到它后下载 Web Ecology 格式，并将下载好的 ens 格式文件保存到电脑中 EndNote 安装目录的 styles 文件夹里（通常在 C 盘 Program Files（x86）—EndNote20—Styles）。

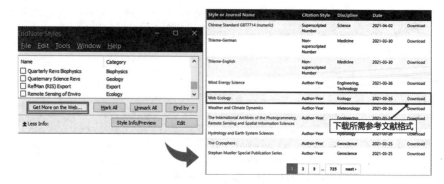

图 9.30　下载参考文献格式

再次打开 EndNote 中的 Style Manager 就可以在其中找到刚下载的期刊 Web Ecology 格式了，同时 Word 中也同时关联导入了新的 Web Ecology 格式（见图 9.31 和图 9.32）。

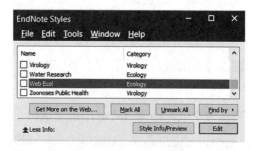

图 9.31　EndNote 中已导入 Web Ecology 格式

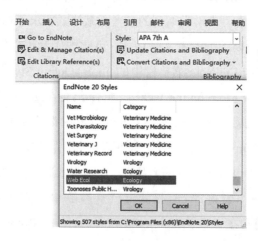

图 9.32　Word 中已导入 Web Ecology 格式

如果 EndNote 中确实没有该期刊规定的参考文献格式，我们也可以直接添加自定义格式，在 EndNote 中打开 Tools—Output Styles—New Style，新建一个参考文献格式，按该期刊的要求设置格式。但笔者更为推荐的做法是找到一个相似期刊的参考文献格式，在其基础之上进行修改得到一个新的格式。这样创建新格式的效率更高，也不容易出错。笔者以创建 SCI 期刊 *JAMA Surgery* 的参考文献格式为例。

首先在 EndNote 中没有找到期刊 *JAMA Surgery* 的格式，再到官网的 Output Styles 网页中也没有搜索到它的格式文件。考虑有些期刊主页上会提供参考文献格式文件供下载，于是笔者再去 *JAMA Surgery* 主页上查找，最终也没有发现相关的参考文献格式文件。为了高效创建它的参考文献格式，笔者首先查看期刊官网对参考文献的基本要求（见图 9.33），发现在文中引用时使用文献数字，而参考文献列表中则是按文中出现的顺序排列，并非按首字母顺序排列，具体形式遵从 AMA 格式。这与 JAMA 旗下的其他期刊的格式要求一致或类似。于是，笔者在 EndNote 官网的 Output Styles 网页中检索 *JAMA*，发现有 *JAMA* 旗下的另外一个叫 *JAMA Oncology*（《美国医学会杂志：肿瘤学》）的期刊的格式文件可供下载。于是，笔者当即下载它，保存到电脑中 EndNote 安装目录的 styles 文件夹中。

References

Authors are responsible for the accuracy and completeness of their references and for correct text citation. Number references in the order they appear in the text; do not alphabetize. In text, tables, and legends, identify references with superscript arabic numerals. When listing references, follow AMA style and abbreviate names of journals according to the journals list in PubMed. List all authors and/or editors up to 6; if more than 6, list the first 3 followed by "et al." Note: Journal references should include the issue number in parentheses after the volume number.

Examples of reference style:

1. Youngster I, Russell GH, Pindar C, Ziv-Baran T, Sauk J, Hohmann EL. Oral, capsulized, frozen fecal microbiota transplantation for relapsing Clostridium difficileinfection. *JAMA.* 2014;312(17):1772-1778.
2. Murray CJL. Maximizing antiretroviral therapy in developing countries: the dual challenge of efficiency and quality [published online December 1, 2014]. *JAMA.* doi:10.1001/jama.2014.16376
3. Centers for Medicare & Medicaid Services. CMS proposals to implement certain disclosure provisions of the Affordable Care Act. http://www.cms.gov/apps/media/press/factsheet.asp?Counter=4221. Accessed January 30, 2012.
4. McPhee SJ, Winker MA, Rabow MW, Pantilat SZ, Markowitz AJ, eds. *Care at the Close of Life: Evidence and Experience.* New York, NY: McGraw Hill Medical; 2011.

For more examples of electronic references, click here.

图 9.33 *JAMA Surgery* 官网中显示的对参考文献格式的要求

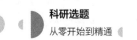

在 EndNote 的 Style Manager 中，我们可以找到 *JAMA Oncology* 的格式（见图 9.34），双击它即可查看它的格式详情。由于格式完全符合 *JAMA Surgery* 的要求，因此只要点击 File—Save as 即可保存成 *JAMA Surgery* 的格式。这样创建适合期刊 *JAMA Surgery* 的参考文献格式就完成了。

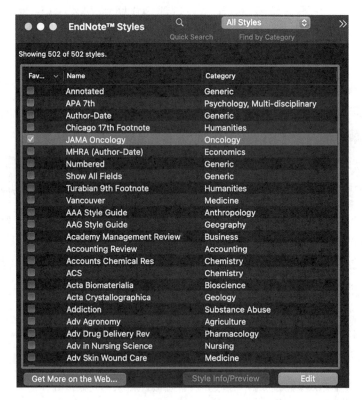

图 9.34　EndNote 中的 Style Manager 出现 *JAMA Oncology* 的参考文献格式

而如果两者格式有不同之处，则在保存成 *JAMA Surgery* 格式后在格式详情页进行修改即可，主要包括修改文中引用格式（图 9.35 中的 Citations）和参考文献撰写格式（见图 9.35 中的 Bibliography）。例如，在参考文献 Bibliography 中的 Templates 即可看到引用各类文献的格式，第一个便是引用期刊论文的格式：Author. Title. Journal. Year|;Volume|(Issue)|:Pages|。可以看出，当前格式要求写全卷号、期号及页码。如果不要期号，则可以修改成 Author. Title. Journal. Year|;Volume|:Pages|。

图 9.35　JAMA Surgery 的参考文献格式详情

③ 增减文献。我们在修改论文时，可能会发现某处引用的参考文献不合适，需要增加或删减文献。很多读者可能遇到过这种情况，增加或移动文献时EndNote 会自动更新参考文献而不出错，但删减文中参考文献引用时却无法自动将参考文献删除（即使已经删除，更新之后又重新出现在文档中），这时就需要重设参考文献配置了。如图 9.36 和 9.37 所示，将菜单栏的 Instant Formatting状态修改为 Turn Instant Formatting On 再删除文中参考文献引用并点击 Update Citations and Bibliography 进行更新即可。或者点击 Edit & Manage Citation(s) 删除文中特定的文献，此后全文参考文献引用会自动更新。需要注意的是如果要替换文中某个文献引用，需要先按上述方法删除后再新增文献。

图 9.36　删减文献

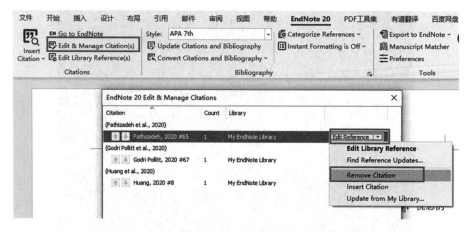

图 9.37　增减文献

④ 分章节插入参考文献。学位论文或书籍等可能要求在不同的章节分别插入参考文献，而不是统一在文末插入，这时就需要采用分节插入的方式。首先，我们需要对文章进行分节，在 Word 的菜单栏中选择"布局"，点击"分隔符"将文章分节。完成分节后，回到 EndNote 中，点击 Tools—Output Style—Edit"×××（参考文献格式）"，编辑引文格式，如图 9.38 所示，选择"Sections"，并勾选"Create a bibliography for each section"。如果不同章节的参考文献需要连续编号，则需要继续勾选下面的小方框，每一节的参考文献单独编号则不需勾选。

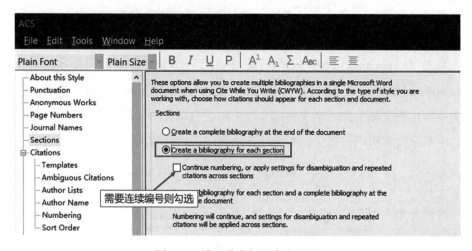

图 9.38　设置分节插入参考文献

⑤定稿后移除 EndNote 域代码。撰写完论文后，如果需要分享给合作者审阅修改，而对方又不使用 EndNote，那么在对方修改论文中可能会出现乱码的现象，这时就可以去除 EndNote 域代码而变成纯文本。在投稿某些期刊时，如果提交的是 Word 版本，也有可能要求去除 EndNote 域代码。点击 Tools 找到 Convert to Plain Text 按钮，即可将文章转化成纯文本。由于此操作不可逆，因此一定要做好备份。

以上就是 EndNote 的主要功能和工作流程。但如果想精通 EndNote 的使用，笔者建议读者结合自己的科研工作经常使用它。除了参考本书给出的使用指南，大家还可以点击 Help 检索更多的帮助文档，也可以在谷歌或百度等搜索引擎中寻求帮助。

9.6　文献分析工具 CiteSpace 的安装及使用流程

CiteSpace 是当前被使用较多的文献分析工具，具有强大的文献分析功能，并能以可视化的形式呈现文献分析结果，甚至基于 CiteSpace 还可以发表综述论文。笔者在此节将详细介绍 CiteSpace 的安装及使用流程。

9.6.1　下载和安装

首先我们需要在官网（http://cluster.ischool.drexel.edu/~cchen/citespace/download）下载安装 CiteSpace 软件。该软件必须要在 Java 环境下才能正常运行，如果没有安装 Java 也可以在 CiteSpace 官网下载安装。

打开官网，点击图 9.39 中绿色按钮即可下载 CiteSpace 安装包。此外，我们还需要下载 Java 安装包，点击框出部分的链接下载 jre（Java Runtime Environment）文件，即 Java 运行环境安装包文件。

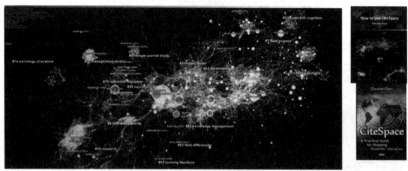

CiteSpace: Visualizing Patterns and Trends in Scientific Literature

Chaomei Chen

Download Now
SourceForge - Trusted for Open Source

下载CiteSpace安装包

downloads 1.1M

Requirements

Java Runtime (JRE)

Java Runtime (JRE) is required to run CiteSpace. Install the JRE that matches to your system. If you have a 32-bit system, you need to install the JRE for Windows x86. If you have a 64-bit system, install the JRE for Windows x64. CiteSpace is currently optimized for Windows 64-bit with Java 8. You can use 64-bit versions on your 32-bit computer... enough. Download Java JRE 64-bit / Windows x64

下载Java运行环境安装包

图 9.39　在官网下载安装包

点击链接后，我们可看到不同版本的 jre 文件，读者可以根据自己的电脑系统选择对应文件下载。笔者的 windows 电脑是 windows 64 位系统，所以下载了对应的 jre-8u291-windows-x64.exe 文件。点击下载后，会立即跳出一个登录 Oracle 的界面，需要注册并登录才能下载。

下载完成后，双击运行 jre 文件安装包，系统默认将 Java 环境安装在 C 盘中，我们也可以自己更改目标文件夹位置。为了方便后续的安装设置，笔者新建了一个名为"Java"的文件夹，并将 jre 安装包存储在该文件夹中。

到这一步尚未完成 Java 环境的安装，我们还需要设置电脑的环境变量。首先，在"我的电脑/此电脑"中右键选择"属性"，接着选择"高级系统设置"，在跳出的窗口中选择右下角的"环境变量"（见图 9.40）。

图 9.40　选择"环境变量"

　　在"环境变量"界面，我们主要设置"系统变量"。首先，打开 jre 文件安装的目标文件夹并复制地址路径。点击"系统变量"板块下方的"新建"，新建一个系统变量，变量名设置为"JAVA-HOME"，变量值为刚才复制的 jre 文件夹路径地址，点击确定（见图 9.41）。

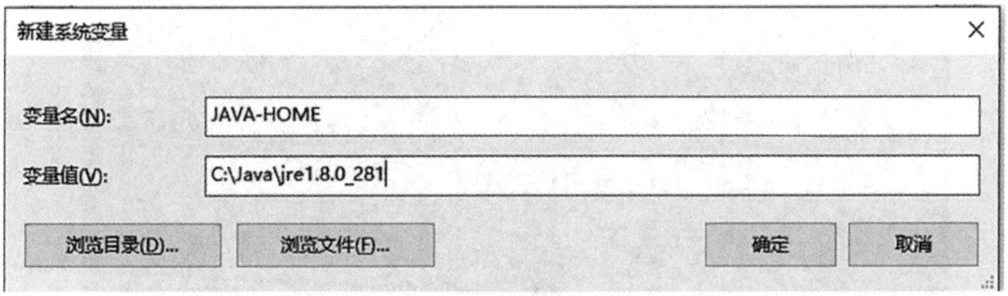

图 9.41　新建系统变量

　　接下来，回到 jre 所在文件夹，打开其中的"lib"文件夹并复制地址路径，在图 9.42 所示"系统变量"下方找到变量"path"并点击"编辑"，在跳出的"编辑环境变量"窗口点击右侧的"新建"，将刚才复制的"lib"文件夹地址路径粘贴在图 9.42 箭头所指处，点击确定。同样地，再次回到 jre 所在文件夹，复制其中 "bin" 文件夹地址路径，并再新建一个环境变量，复制刚才的路径地址，点击确定即可。

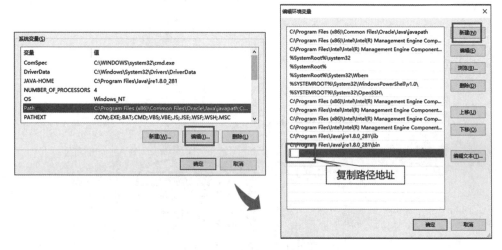

图 9.42　新建环境变量

按上述步骤进行操作即可完成对 Java 环境的安装。为了检验是否安装成功，可以打开系统 "cmd" 中输入 "Java"，若出现图 9.43 所示界面，就说明成功给电脑配置了 Java 运行环境。

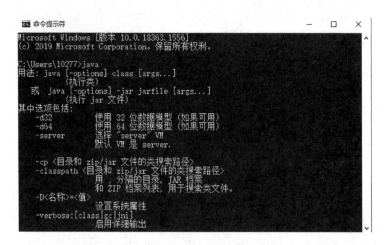

图 9.43　检验 Java 环境

9.6.2 具体使用方法

安装完软件后，先从数据库中导出文献。笔者以 Web of Science 为例，检索关键词组合 concrete and microcracking（混凝土和微观裂缝），将检索结果按相关性排序后导出前 500 篇文献，选择"导出为其他文件形式"，记录内容为"全记录及其参考文献"，并保存为纯文本 txt 格式文件。由于 CiteSpace 软件的识别要求，需要将文件名以"download"开头。

接下来打开 CiteSpace 软件导入数据，点击 Data—Import/Export，选择数据库为 WOS。如图 9.44 所示，我们需要分别新建名为"input"和"output"的两个文件夹，input 中存放从数据库中导出的 txt 文件，而 output 则先空置用作导出文献的存储路径。设置好文件夹后，再点击 Remove Duplicates 去除重复文献，这时去重结果就会自动输出到 output 文件夹里。

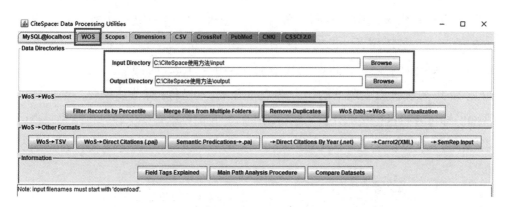

图 9.44 在 CiteSpace 中导入文献并去重

我们还需要再建两个文件夹，分别命名为"data"和"project"，用来存放待分析的文献和分析软件运行的结果，并将 output 中的文件全部复制到 data 文件夹里。

导入完文件后，回到 CiteSpace 主界面，点击"New"新建项目。如图 9.45所示，笔者将项目的 title 命名为"concrete and microcracking"，并将下面两个路径设置为刚才创建的"project"和"data"文件夹的路径，保存设置。

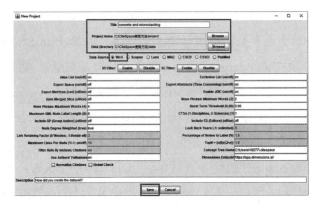

图 9.45　新建项目

再次回到主界面，我们可以看到已经新建了一个名为"concrete and microcracking"的项目，接下来就可以正式开始文献分析了。如图 9.46 所示，右上角可以设置引文数据的时间，在"Node Types（节点类型）"中可以勾选想要分析的节点，包括作者、机构、国别、主题、关键词、参考文献等。笔者选择 keyword 关键词来分析，将时间段选择为 2011-2020，时间切片为 2 年，以了解近 10 年来该研究主题下的研究热点是什么。设置好所有参数后，点击按键"GO!"即可开始运行文献分析。运行结束后，我们可以直接保存分析结果，也可以选择可视化呈现。笔者在此处选择可视化的形式更直观地呈现文献分析结果。

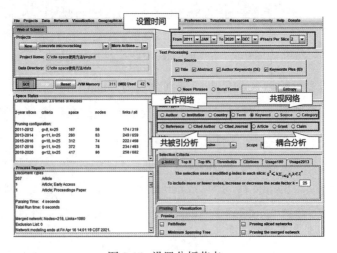

图 9.46　设置分析节点

进入可视化界面,如图 9.47 所示,我们可以看到中间所有被分析文献的关键词共现的一张巨大的知识图谱。图谱中,每一个节点代表一个关键词,圆圈大小表示关键词出现的频次,节点之间的连线表示不同关键词出现在同一篇文献中,一定程度上也反映了该领域的结构层次。右键点击任意节点,选择 List Citing Papers to the Cluster,可以看到该关键词聚类下对应的具体是哪些文献。界面左侧部分是各关键词出现的频次统计表格,我们可以在右边的 control panel 控制面板以及界面上方的菜单栏设置知识图谱呈现的样式。

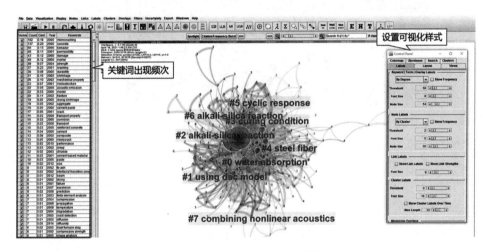

图 9.47 CiteSpace 可视化分析

CiteSpace 分析文献的一大亮点在于在知识图谱中添加时间因素,可以绘制关键词主题路径图(也被称为时区图),展现研究关键词演进的时间路径。例如在图 9.48 中从左往右时区依次增加,每个时区是 2 年(也可设置成其他时间段)。从该图中,我们可以得到最近几年新的关键词,以此启发我们新的研究方向。比如在图 9.48 中最近两年中,新出现了关键词有 sorptivity、degradation 等。通过利用这些关键词进一步检索文献,我们可以更加深入地了解相关的研究方向和内容,以此启发科研想法。

具体可在控制面板中,点击 Layout 选择 Timezone View 显示关键词主题路径图(时区图),即可看到如图 9.48 所示的不同年份/时间区间的论文关键词情况。圆圈代表一个关键词,其出现的位置为首次出现的年份,如 aggregate 在

2015—2016 时间段内出现。点击图 9.48 上方方框中的箭头，可查看关键词随着时间段的不断增加而发生的变化情况。

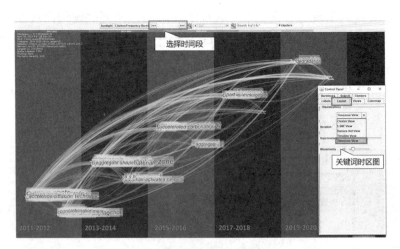

图 9.48　CiteSpace 绘制关键词主题路径图（时区图）

除了关键词主题路径图外，我们也可以在 Layout 中选择 Timeline View 绘制如图 9.49 所示的关键词时间线图，将不同聚类下的关键词按时间线铺开，清晰地展现每个聚类中关键词的演进时间。这些关键词聚类代表着所选年份内论文高频关键词的所属类别，这些类别整体上代表了主要研究主题。如图 9.49 中笔者挑选了前 9 个关键词聚类（如 drying-induced non-uniform deformation），通过阅读理解它们，我们可以认识主要研究主题或研究方向。这有助于理解专业词汇和专业内容，扩大知识面，从而利于设置检索关键词。

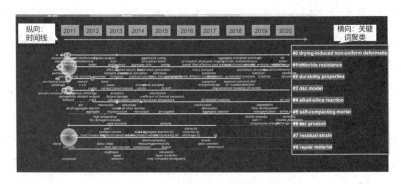

图 9.49　CiteSpace 绘制关键词时间线图

虽然 CiteSpace 功能完善，文献分析较为深入，但操作比较复杂，入门操作门槛较高，因此笔者也推荐另外一款文献分析软件 VOSViewer，其操作简单，可满足基本的文献分析需求。其操作逻辑与 CiteSpace 类似，笔者不再赘述。读者可以灵活组合使用两款软件。

9.7　安装英文翻译插件或借助 AI 模型阅读文献

和英文文献打交道是科研人员学习工作中必不可少的环节。如果英文基础相对薄弱，阅读英文文献可能就是一个艰巨的任务，我们常常会借助一些英文学术翻译工具来辅助阅读。然而，这些翻译工具大多需要先复制文本，再跳转到翻译的页面，然后粘贴翻译结果。如果不理解的英文词句比较多，就要重复复制、跳转、粘贴的工作，很容易打乱阅读节奏。

笔者建议大家安装一个翻译插件，提高阅读英文文献的效率。Saladict 沙拉查词是一款划词翻译插件（见图 9.50），无需跳转页面，即可实现即时翻译。沙拉查词插件的使用非常便捷，鼠标选中要翻译的词句后，会自动出现悬浮图标，点击图标就能得到翻译结果。

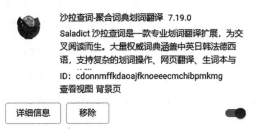

图 9.50　沙拉查词插件

沙拉查词支持中英互译。它聚合了多种词典，例如柯林斯词典、剑桥词典、必应词典、有道词典、谷歌翻译等等，并将不同词典的翻译结果同时呈现，如图9.51 所示，用户可以对比不同词典的翻译结果，选择最贴切的翻译。很多翻译工具在翻译专业词汇时存在较大偏差，大家可以选择沙拉查词的学术模式。在该模式下，其对于学术专业词汇的翻译和解释更加准确。

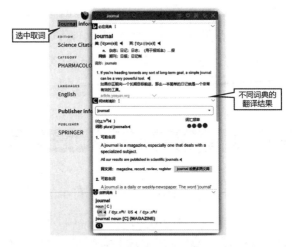

图 9.51　选词翻译

那么如果科研人员想要阅读下载在本地的文献还能继续使用沙拉查词吗？答案是肯定的，右键点击沙拉查词插件，选择"在 PDF 阅读器中打开"，就能在阅读本地文献时使用插件来辅助阅读了。阅读中的重点词汇还可以点击红心加入生词本，记录包含释义、来源、日期以及翻译等内容，并随时添加笔记，还可以导出生词本的 txt. 文档方便保存和记忆。

沙拉查词插件的安装过程非常简单，在搜索引擎中搜索 Saladict 沙拉查词，进入官网后（https://saladict.crimx.com）即可找到下载安装的链接，插件支持 Chrome、火狐、Edge 等多种浏览器。其中插件在 Chrome 浏览器中下载安装比较复杂，需要通过如图 9.52 所示方法下载 crx 文件，接着打开 Chrome 浏览器的扩展程序页面，开启"开发者模式"，再将下载的沙拉查词 crx 文件拖入空白区域安装（见图 9.53）。

下载

* Chrome 商店（上不了可以尝试加速）
* Firefox 商店
* Edge 商店（由 @rumosky 上传）
* Safari

墙内及其它国产浏览器可用 Chrome Extension Downloader / Crx4Chrome / 网盘

（⚠ 请勿解压使用开发者模式安装 ⚠ 直接拖入 crx 文件到扩展管理页面即可）

（注意谷歌扩展更新了打包格式，部分内核比较滞后的国产浏览器可能安装不了）

（非官方市场安装请在浏览器扩展管理处核对扩展 id 为 cdonnmffkdaoajfknoeeecmchibpmkmg ）

图 9.52　下载沙拉查词插件

图 9.53 安装沙拉查词插件

除了沙拉查词，笔者还推荐使用 DeepL 翻译插件开展句子和段落翻译，其能够理解句子的上下文，从而提供更自然、更贴近人工翻译的结果。

如果你的英语基础较好，能直接阅读英语论文而不需要借助翻译工具，则可以考虑通过一些人工智能工具辅助理解文章内容。例如借助人机对话智能工具 SciSpace Copilot（https://typeset.io），我们可以实现对文章的问答式阅读，如快速得到论文核心内容和单词或词组的英文解释。

9.8 如何泛读论文

在第7章平行阅读法中笔者详细介绍了如何利用平行阅读法精读高质量文献。虽然精读高质量的论文是必须的，但有时要读的文献太多也会耗费大量时间。例如写文献综述时，来不及每篇都细细研读，因此我们有必要掌握快速阅读论文的技能。笔者建议大家可以根据阅读目的开展泛读。

泛读是与精读相对应的概念，目的是快速获取目标信息，不像精读那样需要系统和深入了解整篇论文的知识点。因此，相较精读来说，泛读不需要仔细研读文献的各部分内容，只需快速浏览抓住目标信息即可，那么哪些文章可以泛读呢？一般来说，以下这 3 类文献可以泛读。

① 与研究主题有一定相关性的交叉行业论文，其研究思路可以被借鉴或研究方法可以被模仿使用。

② 与研究主题虽然较为相关但是质量较差（如研究方案有较大不足），我们只需大致了解下研究思路即可。

③ 相似研究想法的高质量论文，精读 1～3 篇即可，泛读其他论文，领会其中的创新之处即可。

泛读整篇论文时，可以先读完题目和摘要后马上阅读图表，这样就能大致把握论文的主要研究思路和结论。如果文献阅读和总结的经验多了，对同主题课题的研究思路更为熟悉，也就更容易快速抓取论文核心思路和关键信息。

此外，一篇文献中的重点部分需要精读，其他与自己阅读目标关联不大的部分则可以泛读。例如为了深入了解同行研究 A 变量对材料属性的影响而采用的测试方法，就可以只重点精读论文的方法部分而泛读其他部分。对于更为局部的信息，可以在论文中通过关键词检索快速找到，特别是在综述论文中寻找信息。例如，某课题拟调研人工智能模型在临床医学影像上的预测分析，想快速了解模型验证相关的知识，这时就可以在综述论文中检索"validation"或"验证"，找到相关部分进行阅读即可。

总之，笔者建议先通过平行阅读法精读代表性文献构建起文献知识体系（详见第 7 章），然后通过泛读其他次要文献不断在知识体系图上补充信息，最终建立起一个内容丰富、结构完善、逻辑清晰的知识体系图。这样就非常有利于了解研究全貌，提炼科研想法了。

9.9 如何提升学术演讲能力

研究生组会、开题答辩、毕业答辩、项目答辩、学术报告……这些都是科研人员会遇到的学术演讲场景。在文献调研和提炼想法阶段，笔者非常强调要做好总结和交流，以便更好地听取他人意见和改善研究思路。另外，也不能关起门来，两耳不闻窗外事。在笔者看来，学会总结已有研究成果很重要，但汇报和交流总结成果也同等重要。笔者在英国读博期间参加过很多场学术交流活动，很明显能感受到英国人的口头演讲或汇报能力远远强于日本人和中国人。笔者依然清晰记得在法国的某次国际会议上一位日本博士生做报告时几乎照着 PPT 读，而一位牛津大学的女教授则风趣自然、活灵活现地展示其研究成果，形成了巨大的反差。大家在听人做学术汇报或其他类型的公开演讲时，应该也会有这样的感受；明明是同样的内容，有的人讲得平淡无奇、听之乏味，而有的人却能讲得条理清晰、生动有趣。可以说，提升学术交流和演讲能力对于我们中国人来说非常有必要。

笔者反思自己过去的演讲，也存在着枯燥、声调单一、单页 PPT 内容太多等毛病。好在笔者在英国留学和加拿大工作期间深受西方人士强大演讲能力的熏陶以及经过后续大量的模仿练习，最终能较为自然地掌控学术演讲。也正是掌握了公开演讲的方法和注意事项，笔者现在才能游刃有余，保持高频次的演讲激情（目前几乎每周就要开展一到两次科研指导相关的学术报告）。

为了帮助大家提升学术演讲能力，笔者结合自己过去的经历和对优秀演讲必备要素的分析，在下文中提出了几个优秀学术演讲的关键要点。

9.9.1　要点一：以听众思维为核心开展演讲

演讲最忌讳的就是自己讲得很嗨或自我感觉很好，却忘记下面的听众对演讲毫无感觉甚至觉得内容晦涩难懂，和自己没有关系。因此，重要的是让听众能理解并愉快地接受你的观点而且对他们产生启发而不是彰显演讲人自己有多厉害。这就是笔者要强调的"听众思维"：了解听众的基本情况，明确他们的听课需求和接受知识点的难易程度，并以他们最容易接受的听课形式交流内容。在这样的思维引导下，我们就需要确保我们演讲的内容是听众想听的内容（即演讲和听众产生联系）并且能最大限度满足听众的需求（即演讲给听众带来最大帮助），如图9.54 所示。

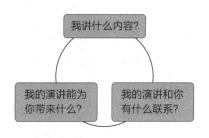

图 9.54　演讲与听众的关系

例如，某单位邀请你演讲《如何写好高水平 SCI 论文？》，而演讲当天单位组织的听众却都是只需要发表中文核心期刊论文的研究生，这就使得你演讲的内容和听众联系不大（毕竟 SCI 论文和中文核心论文有较大差别）。听众由于没有 SCI 论文的阅读和写作基础，就很难听懂演讲内容，也就很难有好的收获。而如果将演讲题目修改为《写好中文核心论文的新方法——从 SCI 论文中借鉴思路》，即将 SCI 论文的写作思路运用于写作中文核心期刊论文上。这样演讲重点就变成了如何写好中文核心论文，也就和听众紧密相关，并且能满足他们想提升中文核心论文档次的需求。

在满足图 9.54 中展示的三者联系的要求之上，我们还需要注意听众的消化吸收能力和快慢程度。因为不同的听众，对学术知识的了解程度各有差异，这就要求在演讲前需要先了解你的听众，根据听众水平以恰当的形式讲解适合的内容。例如研究生毕业答辩时，面向的听众是导师和其同行学者，基础性的内容简单带过即可，主要时间用于讲解专业研究内容和成果。若是面向学术基础较弱或交叉行业的听众，在介绍某个概念时就需要用较为通俗易懂的简单语言解释说明概念，否则听众会因为根本听不懂内容而失去听讲的兴趣。

例如，你在讲解知识点"嗜睡是阻塞性睡眠呼吸暂停患者最常见的症状"时（演讲方式一）。如果面对研究睡眠问题的研究生，这样直接呈现专业知识的演说方式能被理解和接受，但如果听众是研究航空器的研究生，就会让他们觉得嗜睡和阻塞性睡眠呼吸暂停这两个概念较为抽象而难以理解。这时，我们就可以改成演讲方式二，对概念进行解释，用简单语言解说抽象概念。

演讲方式一："嗜睡是阻塞性睡眠呼吸暂停患者最常见的症状。"

演讲方式二："如果你发现自己有过度的白天睡眠，例如一看电视就发困和想睡，这可能就是嗜睡的表现了。研究表明，嗜睡常常发生在打鼾者身上。严重的打鼾者在医学上可被称为阻塞性睡眠呼吸暂停患者。因此，我们一般认为嗜睡是阻塞性睡眠呼吸暂停患者最常见的症状。"

在向国内外同行汇报自己的研究成果时，我们难免会遇到不同领域的大同行，这就要求我们综合运用演讲方式一和二开展演讲。

9.9.2 要点二：从挑战出发直击重点

很多缺乏经验的演讲者会犯这样一个错误，花费太多时间介绍背景知识与研究的细节内容，或者均衡布局演讲的各部分内容比重（不分主次）。然而听众的注意力是有限的，他们很难完整地记住一场演讲的全部内容。一些非重点的内容占据过多注意力，会使听众摸不清或者等不及重点内容的呈现。另外一个现象是很多人从原则或者概念出发开始演讲，看似干货满满，但完全没有钩住听众的心，反而让他们失去继续往下听的兴趣和耐心。因此演讲时要注意，我们不是要把研究的内容一股脑全讲给听众，重点讲解最关键、最重要的内容即可。如果能做到诙谐有趣，那样会更好。而且，由于学术研究重在解决前人留下的挑战性问题，这就启发我们可以从要解决的挑战问题入手讲解，调动听众的兴趣。

为了让读者更好实操要点二，笔者分享在帝国理工读博士二年级时做的博士早期阶段答辩（Early Stage Assessment, ESA）的 PPT 目录和翻译（见图 9.55）。这个 ESA 答辩类似于国内的开题报告答辩。为了在演讲开始时就突出研究挑战，笔者在标题页面之后的第 2 和 3 页就直接介绍背景和存在的挑战（见图 9.55 中的 Background 背景），然后顺势摆出研究目标，这就立马满足了答辩评审老师一开始就想知道论文的研究动机、研究内容及目标等需求。接着，笔者再通过 Literature review 文献综述详细论述前人研究进展，为提出上述背景和目标提供数据和资料的支撑。由于本课题的研究对象是 microcracking 微观裂缝，听众会很关心它是如何产生的，因此笔者又对背后的产生机理展开了简要说明，以增加本课题研究的可行性。其次，笔者再重点介绍课题的研究方案，即实验所用的材料和方法以阐述如何实现前面提出的研究目标，最后则是展示已有研究工作和未来的研究计划。

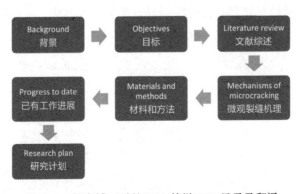

图 9.55　笔者博二时的 ESA 答辩 PPT 目录及翻译

试想，如果以上演讲的内容顺序换成先介绍自己的学术背景（体现研究基础），然后铺垫研究背景和文献综述及微观裂缝机理再讲出研究目标及研究方案等，则会让听众在整个演讲的前半段都听不到最想听到的核心内容。毕竟这里的听众是自己领域内的专家学者，一般都比较熟悉研究背景，相比于了解演讲人的背景，他们更关注研究的内容和研究思路。而在笔者参与过的政府人才类项目答辩中，由于人才类项目更看重人才情况，同时听众也来自高校学者、企业投资界专家以及政府官员等跨界领域，他们就更关心答辩者的人才发展经历和个人成果。因此，答辩者首先要介绍自己过往经历，再介绍创业项目，并且突出项目要解决的挑战性问题和提供的独特解决路径。

9.9.3 要点三：结构逻辑清晰、内容凝练

国内外学术会议或者一般项目答辩的时间一般都控制在 15 分钟到半小时内。要在这么短的时间内展现出丰富的研究成果，我们需要呈现一个清晰简单的演讲结构，并在其中紧凑地填充内容，以逻辑清晰的方式将丰富内容传递给听众。一个好的演讲结构和思路可以一直带着听众的理解，一直吸引着听众融入其中。如果有适当的诙谐幽默，还可以让听众粲然一笑。

一般来说，如果演讲内容可以由浅入深，则可以从听众较为熟悉的知识点切入，然后展开重点内容的讲解。比如图 9.56 是笔者针对临床科研小白开展的"临床医生如何高效开展方案设计"的演讲课件提纲，就是先从常见的研究范式（定性和定量研究）基本概念和容易理解的定性研究入手讲解，然后重点介绍临床研究中占比最大的定量研究。这部分内容又按照先总后分的顺序开讲，即先从总体设计流程入手，然后过渡到具体每种研究方案的设计方法，最后以方案设计中容易犯错的知识点为内容提炼注意事项。

图 9.56　笔者的"临床医生如何高效开展方案设计"演讲课件的提纲

如果演讲内容较为复杂和抽象，则可以采取先简单后复杂的结构设计思路，以故事或对话等场景形式引入，并采用复杂和简单内容相互交织的布局。例如笔者在开展《SCI论文被拒稿理由与成功发表关键因素》的演讲时，就采取了图9.57的设计思路：先用一个真实的论文投稿—拒稿—修改—再投稿—录用发表的"悲催"故事让听众迅速感同身受，激发对后续内容的强烈兴趣，然后再具体分析论文被拒稿的主要原因和相应的成功发表的关键要素，中间则穿插图片、提问、反常结果等相对轻松和有趣的交流内容。

需要强调的是，不管采取哪种整体内容布局方式，我们都需要换位思考，以听众思维去设置局部内容。比如每隔3～4页幻灯片设置一张相对轻松/诙谐幽默的幻灯片让听众在理解复杂内容后获得短暂的休息。这有利于保持全场注意力集中，不至于让他们因为疲劳听讲错过重要内容。

图9.57 笔者的"SCI论文被拒稿理由与成功发表关键因素"演讲课件的提纲

在上述良好的演讲结构和思路之上，我们还需要保持内容凝练、语言简单、格式统一，即要做到：

① 避免一页幻灯片中的知识点过多。知识点一般不超过三个。如果超过三个，则可以将次要部分列成"其他"类别，并举例说明即可；如果多个知识点都是同等重要，也可以另起一页展示其他知识点。

② 避免大段文字出现在幻灯片中。试想如果我们在PPT上放了大量的文字，听众的注意力可能就从演讲者身上转移到了PPT的文字上。阅读文字需要花费大量时间，并且难以快速抓住重点。我们需要把关键内容凝练成简明的文字，配合图表演说。这对听众来说，更容易理解和记忆，但也对演讲人提出了更高要求，毕竟这需要对演讲内容非常熟悉演讲内容。

③ 多用图片或表格。相比于文字，听众处理图片信息的速度更快。我们可以用图片来解释研究内容，例如用流程图来介绍实验过程，并配上一些关键字句加以解释。表格则可以起到规整列举关键数字信息的作用。此外，要确保你的图

表够大、够清晰、表达重点突出，能让听众快速抓取到图表的关键信息。

④ 在讲解复杂内容或流程时，可以用动画拆分讲解，但建议不要设置复杂和过多的动画效果而分散听众注意力。

⑤ 排版简洁清爽且格式一致，避免使用复杂的图像背景和颜色，以学术演讲内容为主。为了保持格式、背景、脚注、logo 位置等在所有幻灯片中的一致性，笔者不建议在各个幻灯片中进行复制粘贴操作。大家可采取如下统一设置的方法：打开 View 视图—点击 Slide Master 幻灯片母版进行设置，在左侧边栏中最顶部的幻灯片是主幻灯片，在其中添加的设置都将适用于此主模板中的所有幻灯片。

9.9.4 要点四：掌握公开演讲的技巧

发表学术演讲除了设置好演讲内容和演讲逻辑外，也需要掌握一些公开演讲的技巧，帮助我们更好地呈现自己的研究内容。笔者根据自己的演讲经验总结了以下几个方面。

① 演讲不能打无准备之仗。在演讲前，演讲者需要多次练习直到对内容烂熟于心，尽可能地减少"嗯""啊""然后"等影响观众听感的口癖词。

② 演讲时可以多描述画面，引入个人故事或感受等，营造一种代入感，建立演讲内容与听众之间的关联。学术演讲虽然比较专业，但也不能全程都在讲干货内容。中间可以穿插一些案例辅助和互动，让听众对你的演讲感兴趣，加深印象便于理解内容。

③ 保持升降交替的语调。试想如果全程都用平缓的语调演讲，是否产生催眠的效果？所以演讲时要结合内容，适时变换语调，达到抑扬顿挫的效果。在讲解重点内容时，我们可以提升语调突出重点，并利用肢体语言（特别是打手势）辅助强调。

④ 除了语调外，演讲的语速和节奏也不是一成不变的。我们可以向观众抛出一个问题后作适当停顿，启发观众进行思考。

⑤ 演讲时不要只盯着 PPT 或者讲稿，多与听众进行眼神的自然交流（eye contact），这有助于保持听众的注意力。同时，笔者的上百场演讲经验也表明，如果听众和我有眼神交流互动，会反向刺激我保持演讲的激情，往往会越讲越投入，形成正向循环。

9.10 如何撰写英文邮件高效沟通

在文献调研阶段，由于需要阅读大量的文献，我们势必要和同行进行交流。除了和国内学者交流或请教问题外，笔者发现很多科研人员忽视了还可以和西方学者进行学术交流。笔者从读博开始就一直通过邮件和西方学者保持学术交流。此做法令笔者受益良多并且成为笔者一直坚持的工作方式。由于邮件是西方学者日常沟通的主要方式之一，请教不认识的国外教授和学者，或者申请国外博士研究生时联系导师，都可以通过邮件进行沟通。

笔者首先分享一个故事，来自笔者读博期间的一则笔记，希望能给大家带来启发。

"教师节刚过去一天，就收到学院办管理老师菲奥诺拉（Fionnuala）的邮件，让我去取一封信。仔细一回想，好像没人说要给我来信，而且在这个信息迅猛增长，邮件已经基本取代信件的时代，多少有点让我怀疑是无关紧要的广告。

结果一拿到信，一看是手写体，就开始有点期待了，拆开后竟然是一篇论文，一封邮件和名片（见图 9.58）。仔细看内容，我才回想起来竟然是去年 10 月份向一位陌生的 Kjellsen（杰尔森）教授咨询了一个问题，并希望他能提供一篇他的文章。这下可好，他竟然不仅把文章送上，而且手写回复邮件，并附上他现在的名片！要知道，我是第一次向他咨询，先前并不认识他，并且看名片，他已经在企业界工作了，竟然还抽空给我回信。我马上看寄出的时间，刚好是我发邮件的第三天。很难相信一个教授能这么快回信，但是不知道什么原因，今天才送到，时间已经过去将近一年！

这是一封弥足珍贵的信件，我会永远保留。这是我博士生涯收到的最好礼物之一，如果有幸，我以后一定去拜访他。这份感恩完全超出了他寄给我的那篇论文，让我再次感受到教授的亲和力，而且给我在繁忙的实验中，带来心灵的巨大鼓舞。谢谢您，Prof. Kjellsen。"

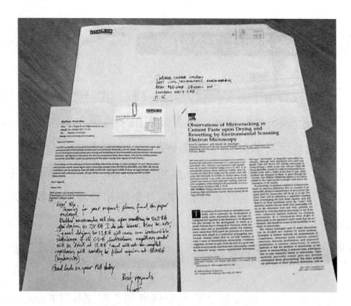

图 9.58　Kjellsen 教授回复的纸质信件

笔者还经历过几个类似的感人事件，其中，印象中比较深的是通过阅读论文和通讯作者在邮件中交流论文内容，然后有幸受邀参加对方在法国巴黎组织的国际会议的机会，并且获得足额经费支持；通过邮件咨询同行论文中的实验方法而进一步通过电话交流学习到实验方法的细节和详细操作步骤，进而在笔者研究中得到应用，笔者在论文致谢中予以了真诚的感谢。

通过笔者的案例，我们不难看出，邮件交流可以带来诸多好处。例如认识国际同行、鼓舞人心、获得技术支持等。此外，在撰写邮件过程中对疑惑或知识点进行了梳理和消化，我们就可以加深对论文内容的理解，并有助于结合自己课题启发新想法。那么如何撰写一份有效的英文邮件而大概率得到对方的回复呢？可能很多人害怕自己的用词不够礼貌和准确，在写邮件时处处咬文嚼字，不知从何起笔。笔者因此总结了撰写英文邮件的十大常见注意事项。

① 使用正式机构邮箱，如学校、医院、研究院，体现专业性，避开 163、QQ 等邮箱。

② 显示发件人名字：第一时间让对方看到你的英文全名，比如 Dehua Liu，可在邮件中设置发件人显示的名字。

③ 邮件标题：使用简洁而又具体的标题，包含最核心的关键词，如"Inquiry about 2021 Nature paper methodology"表示想咨询有关在2021年对方发表的 Nature 论文中的方法。

④ 邮件签名：人名（全名）、学位 / 职称、所在单位、通讯地址和电话。

⑤ 恰当的称呼：使用 Dear+ 学术头衔（Dr. 或 Prof.）+ 姓，如 Dear Prof. Buenfeld，和对方熟悉之后，可以直接用 Dear+ 名的形式，如 Dear Nick；在北美（美国和加拿大），熟悉之后可用 Hi + 名的形式，如 Hi Nick；在欧洲，则一直以 Dear+ 名的形式为主。

⑥ 介绍自己并说明联系方式的来源：清楚表明自己是研究哪方面的研究生、讲师或教授，同时说明获得对方联系方式的途径。比如是导师介绍，还是读了对方的论文了解到的，或是在学术会议上碰到过，这样不至于唐突，可以拉近距离；

⑦ 简洁明确地说明交流内容：考虑到学者经常很忙，一定要非常简洁地说明邮件来意，且事项不宜过多，最好一次邮件就交流一个问题。同时，我们还可以想办法给对方选项做选择，比如能否分享论文全文或是分享论文的网址，让对方来选择，这样就可以节省对方思考的时间。

⑧ 自己先努力尝试解决再提问：给出一些自己尝试的结果，这会让对方有回答的基础，也明白你的诚意。比如已经找遍了可找的如 Web of Science 和 ScienceDirect 等论文数据库也下载不到你的论文，希望你能发送给我。又比如，阅读大量文献后发现主要有两个理论可用于解释某个实验现象，但是某个方面却解释不了，再说出要请教的具体问题。

⑨ 掌握常用的礼貌和正式的英文表达，如在开头和结尾要使用礼貌用语，另外语言要润色后再发送，保证表述准确、逻辑清晰。

⑩ 不要在周末、西方节假日等非工作日发邮件打扰，发送后等待两周若没有收到回复再发提醒信，收到回信后要记得尽快回复。

笔者在图 9.59 中整理了一份详细的英文邮件模板，并在图中关键部分做了注释。大家在和国外教授学者沟通时，可以参考以下模板撰写邮件。

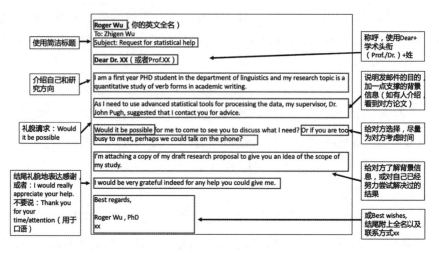

图 9.59　英文邮件模板

　　也许大家会遇到发邮件提问，对方不回的情况。除了注意以上十大方面外，大家还是要相信有像笔者遇到的 Kjellsen 这样的教授存在，勇敢地给他们发送邮件。同时，即便对方不回复，我们在撰写邮件过程中也对问题进行了梳理和重新认识，不仅加深了理解，而且可能温故而知新，产生新的想法。笔者博士期间大量的邮件沟通经历表明，邮件回复率会随着自己撰写邮件能力的提升和对研究课题的理解深入而显著增加。同时，随着自己科研成果的不断出现，也可以带给对方帮助而不是一味请求帮助，如建立合作，予以在论文中致谢对方而扩大其影响力等。这样就逐步建立了对等关系，而让邮件沟通变得更加顺畅。

　　有利于提升文献调研质量和效率的 10 个锦囊到此就介绍完毕，其中大部分方法在笔者的科研工作中经常被使用。它们不仅让笔者的效率得到很大提升，更让笔者能专注于思考分析文献内容上。笔者在此也希望它们能成为读者在科研路上的左膀右臂。

参考文献：

[1]　WANG W, DENG L, YOU B, et al. Digital object identifier and its use in core Chinese academic journals: A Chinese perspective[J]. Learned Publishing, 2017, 31(2): 149-154.